"十三五"职业教育国家规划教材

AutoCAD 机械制图教程

新世纪高职高专教材编审委员会 组编

主　编　王技德　王　艳

副主编　赫焕丽　张晓娟　李园奇

　　　　郝利梅　李　智

主　审　胡宗政

第三版

U0245352

大连理工大学出版社

图书在版编目(CIP)数据

AutoCAD 机械制图教程 / 王技德,王艳主编. — 3 版
. — 大连 : 大连理工大学出版社,2018.1(2022.7 重印)
新世纪高职高专机电类课程规划教材
ISBN 978-7-5685-1277-0

Ⅰ. ①A… Ⅱ. ①王… ②王… Ⅲ. ①机械制图—
AutoCAD 软件—高等职业教育—教材 Ⅳ. ①TH126

中国版本图书馆 CIP 数据核字(2017)第 328164 号

大连理工大学出版社出版
地址:大连市软件园路 80 号 邮政编码:116023
发行:0411-84708842 邮购:0411-84708943 传真:0411-84701466
E-mail:dutp@dutp.cn URL:http://dutp.dlut.edu.cn
大连雪莲彩印有限公司印刷 大连理工大学出版社发行

幅面尺寸:185mm×260mm 印张:17.75 字数:430 千字
2010 年 2 月第 1 版 2018 年 1 月第 3 版
2022 年 7 月第 9 次印刷

责任编辑:刘 芸 吴媛媛 责任校对:陈星源
封面设计:张 莹

ISBN 978-7-5685-1277-0 定 价:45.80 元

前　言

　　《AutoCAD 机械制图教程》(第三版)是"十三五"职业教育国家规划教材、"十二五"职业教育国家规划教材,也是新世纪高职高专教材编审委员会组编的机电类课程规划教材之一,是面向工科类各专业的工程素质教育的技能训练型教材。

　　本教材此次修订是为了顺应"互联网+"和教育信息化的时代要求,在上一版的基础上,按照"做中学、做中教"和"任务驱动教学法"的高职教育教学思想进行编写。在编写过程中,编者认真概括和总结了多年来的教学和实践经验,并博采目前各种同类教材的精华,力求突出以下特点:

　　1. 将"互联网+"的理念融入教材,通过扫描书中的二维码就可观看相应的微课视频,让学生随时随地利用手机进行自主学习,为"翻转课堂"的教学创造了条件。

　　2. 强调学以致用,突出实践。本教材设计的 13 个任务,使枯燥的国家标准《机械制图》与《技术制图》以及绘图命令、编辑命令、文本的输入与编辑、尺寸标注、块与属性、表格绘制与编辑、设计中心等得以应用在实践中,这样既能培养学生的实践能力,又贯彻了学以致用的思想,从而激发了学生的学习兴趣。

　　3. 按照任务驱动教学法的思想设计教材内容。本教材围绕"AutoCAD 在机械制图中的应用"这一主题,按照任务驱动教学法的思想共设计了 13 个任务,并将绘制机械图样所需的所有命令融入这些任务,每个任务都给出了知识目标、技能目标、相关知识、实施步骤及检测练习题,为完成该任务提供了清晰的思路、方法、操作步骤和结果,使学生在完成既定任务的过程中掌握知识,提高操作技能,掌握发现问题、思考问题及解决问题的方法。

　　4. 采用较新的 AutoCAD 2013 软件和传统的经典界面,很好地解决了版本升级后学习新知识的需要与适应低版本和教学条件之间的矛盾。

　　5. 与时俱进,严格执行现行的国家制图标准。

　　6. 重视学习者的认知规律。本教材在每个任务的内容编排上,首先通过典型实例引出问题,然后针对问题对理论知识进行深入浅出的讲解,从而使问题得到解决,能力得到提高,这不仅符合当今高等职业教育的发展方向,还符合学习者的认知规律。

考虑到教材的完整性和参考的方便,本教材在内容上留有适当的裕量,教师可根据学时数和教学条件按一定的深度、广度进行取舍。

本教材既可作为高职高专机械制造、机械电子、模具、数控等各专业的教材,又可供有关工程技术人员参考。

本教材由兰州职业技术学院王技德、王艳任主编,咸宁职业技术学院赫焕丽、安徽工商职业学院张晓娟、重庆机电职业技术大学李园奇、甘肃长风电子科技有限责任公司郝利梅、李智任副主编。具体编写分工如下:任务1、2由张晓娟编写;任务3由郝利梅编写;任务4由李园奇编写;任务5～7由王艳编写;任务8、9、13由王技德编写;任务10由李智编写;任务11、12由赫焕丽编写。全书由王技德负责统稿和定稿。兰州职业技术学院胡宗政和兰州兰石国民油井石油工程有限公司的高级工程师姚金昌对本教材的编写提供了技术支持和建设性意见,在此深表感谢!

在编写本教材的过程中,编者参考、引用和改编了国内外出版物中的相关资料以及网络资源,在此表示深深的谢意!相关著作权人看到本教材后,请与我社联系,我社将按照相关法律的规定支付稿酬。

最后,恳请使用本教材的广大读者在使用过程中,对书中的错误和不足予以关注,并将意见和建议及时反馈给我们,以便修订时完善。

编　者

2018 年 1 月

所有意见和建议请发往:dutpgz@163.com

欢迎访问职教数字化服务平台:http://sve.dutpbook.com

联系电话:0411-84707424　84708979

目 录

本书配套微课资源使用说明

本书配套的微课资源以二维码形式呈现在书中,用移动设备扫描书中的二维码,即可观看微课视频进行相应知识点的学习。

具体扫描位置和微课名称见下表:

扫描位置	微课名称	扫描位置	微课名称
1 页	点的直角坐标与极坐标的输入方法	189 页	轴零件图的绘制(直径尺寸标注)
21 页	使用相对直角坐标绘制三角形	190 页	轴零件图的绘制(局部放大图的尺寸标注)
22 页	使用相对极坐标绘制三角形	190 页	轴零件图的绘制(倒角的标注)
38 页	复杂直线图形的绘制	190 页	轴零件图的绘制(尺寸公差的标注)
42 页	使用极轴追踪绘制复杂直线图形	196 页	油封盖立体展示
54 页	基本几何图形的绘制(多边形及圆)	207 页	属性块的创建与应用
54 页	基本几何图形的绘制(正多边形)	212 页	阀盖立体展示
55 页	基本几何图形的绘制(椭圆)	214 页	支架立体展示(1)
55 页	基本几何图形的绘制(矩形)	228 页	支架立体展示(2)
56 页	基本几何图形的绘制(其他圆)	229 页	支架立体展示(3)
58 页	均匀及对称图形的绘制	231 页	铣刀头底座立体展示
P76	均匀及对称图形的绘制(环形阵列)	245 页	泵体立体展示(1)
77 页	均匀及对称图形的绘制(矩形阵列)	246 页	泵体立体展示(2)
96 页	圆弧连接类图形的绘制	249 页	千斤顶立体展示
114 页	三视图与剖视图的绘制	270 页	凸缘联轴器立体展示
175 页	轴零件图的绘制(设置文字样式)	275 页	铣刀头立体展示
189 页	轴零件图的绘制(线性尺寸标注)		

任务 1

简单直线图形的绘制

任务描述 >>>

按1∶1的比例绘制图1-1所示的三角形。要求：用绝对直角坐标输入法绘制；在打开和关闭"动态输入"功能时用相对直角（极）坐标输入法分别绘制。

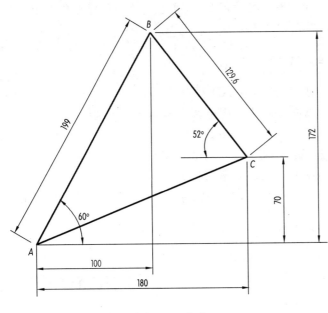

图 1-1　三角形

微课1

点的直角坐标与
极坐标的输入方法

任务目标 >>>

1. 知识目标

认识工作空间；掌握 AutoCAD 2013 的启动、退出；文件、命令的操作方法；图形界限与单位设置的方法；图形的缩放与平移的方法；点坐标的输入方法。

2. 技能目标

能够熟练启动 AutoCAD 2013 绘图软件；能够新建、打开、保存文件；能够熟练应用直线命令及点坐标的输入方法绘制图 1-1 所示图形。

知识储备 >>>

一、鼠标的用法

1. 左键

左键用于拾取屏幕上的点、对象、菜单命令选项或工具栏按钮等。即移动鼠标，当光标移至菜单命令选项或工具栏相应按钮，单击鼠标左键，相应的命令立即被执行。此时在命令行窗口会显示相应的命令及命令提示。与键盘输入命令不同之处是此时在命令前面有一下划线。

2. 右键

右键相当于 Enter 键，用于结束当前的命令。另外，在绘图过程中，用户可以随时在绘图区单击鼠标右键，AutoCAD 将根据当前操作弹出一个快捷菜单，用户可选择执行相应的命令。当使用 Shift 键和鼠标右键的组合时，系统将弹出一个快捷菜单，用于设置捕捉点。

3. 滚轮

向上滚动滚轮放大视图，向下滚动滚轮缩小视图，按住滚轮移动鼠标平移视图，双击滚轮将所有图形全部显示在屏幕上。

二、AutoCAD 2013 的启动

一般情况下，可用以下几种方法启动 AutoCAD 2013：

(1) 双击桌面上 AutoCAD 2013 的快捷方式图标。

(2) 单击 Windows 任务栏上的【开始】→【AutoCAD 2013－简体中文（Simplified Chinese）或者【开始】→【所有程序】→【Autodesk】→【AutoCAD 2013－简体中文（Simplified Chinese）→【AutoCAD 2013－简体中文（Simplified Chinese)】。

(3) 双击已经存盘的任意一个 AutoCAD 2013 的图形文件（后缀为＊.dwg 的文件）。

三、AutoCAD 2013 的退出

在 AutoCAD 2013 中可使用以下方法退出程序：

(1) 菜单命令：【文件】→【退出】。

(2) 键盘输入：EXIT↙或 QUIT↙。

(3) 工作界面：单击右上角的"关闭"按钮 ⊠。

如果用户对图形所做修改尚未保存，则弹出如图 1-2 所示的"AutoCAD"对话框，提示用户保存文件。如果文件已命名，直接单击【是】按钮，AutoCAD 将以原名保存文件，然

图 1-2 "AutoCAD"对话框

后退出程序；单击【否】按钮，不保存直接退出程序；单击【取消】按钮，取消该对话框，重新回到编辑状态。如果当前文件从未保存过，单击【是】按钮，则 AutoCAD 会弹出如图 1-3 所示

的"图形另存为"对话框,要求用户确定图形文件存放的位置、名称和文件类型等选项,之后单击【保存】按钮,AutoCAD 将以用户确定的文件名保存文件并退出程序。

图 1-3　"图形另存为"对话框

四、AutoCAD 2013 的欢迎屏幕

启动 AutoCAD 2013 后,在默认情况下打开如图 1-4 所示的欢迎屏幕,从中可以新建或打开 AutoCAD 图形文件,学习 AutoCAD 2013 的新增内容或快速入门知识等。如果用户希望启动 AutoCAD 2013 时不打开欢迎屏幕,则单击欢迎屏幕左下角"启动时显示"复选框,去掉复选标记即可。如果找不到这个复选框,则把鼠标指向左下角的空白处,按住左键向下拉,该复选框就出来了。

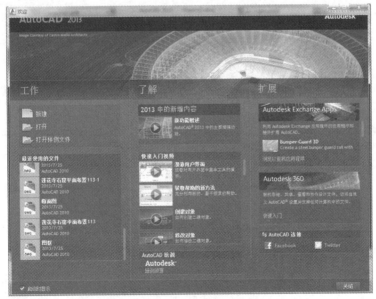

图 1-4　欢迎屏幕

五、AutoCAD 2013 的工作空间

1. AutoCAD 2013 的工作空间模式

工作空间是菜单栏、工具栏、功能区选项卡和功能区面板的集合。AutoCAD 2013 提供了"草图与注释""三维基础""三维建模""AutoCAD 经典"等四种工作空间模式。不同的工作空间，所显示的工具、功能区选项卡及其面板也不同，在默认打开的"草图与注释"工作空间（图1-5）中主要显示二维绘图特有的工具；在"三维基础"工作空间（图1-6）中主要显示特定于三维建模的基础工具；在"三维建模"工作空间（图1-7）中则显示的是三维建模特有的工具；而在"AutoCAD 经典"工作空间（图1-8）中没有功能区，但却多了一个菜单栏，而且工具栏布置在工作空间四周，比较容易调用。为了解决版本升级后学习新知识的需要与适应低版本的教学条件之间的矛盾，本书以"AutoCAD 经典"工作空间模式进行讲解。

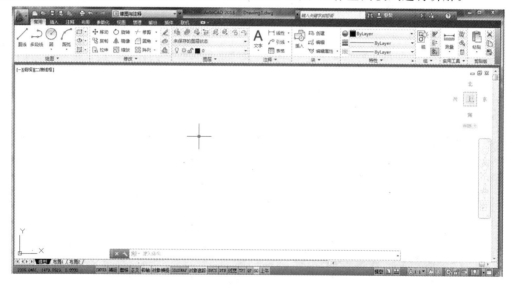

图 1-5 "草图与注释"工作空间

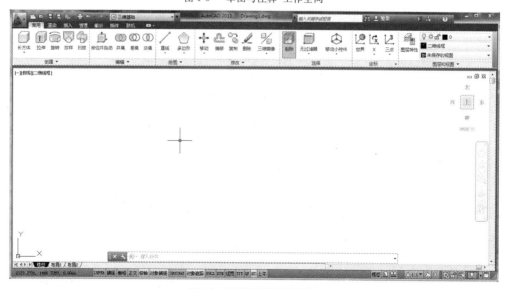

图 1-6 "三维基础"工作空间

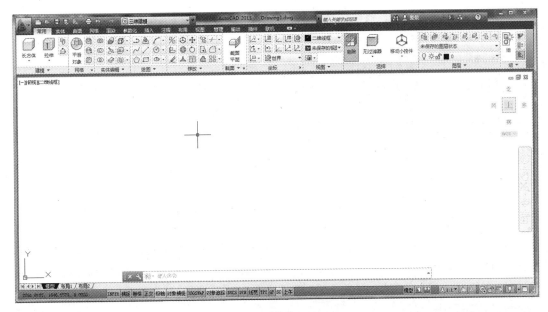

图 1-7　"三维建模"工作空间

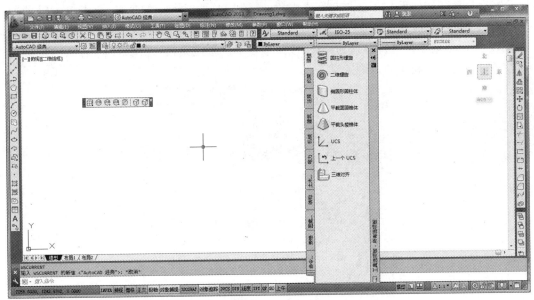

图 1-8　"AutoCAD 经典"工作空间

2. AutoCAD 2013 的工作空间切换

AutoCAD 2013 工作空间的切换，主要有以下几种方法：

（1）单击状态栏上的"切换工作空间"按钮，在弹出的菜单中选择对应的绘图工作空间即可，如图 1-9（a）所示。

（2）单击绘图窗口上方最左边的〖工作空间〗工具栏上的"工作空间控制"选项框，从弹出的下拉列表中选择对应的绘图工作空间即可，如图 1-9（b）所示。

（3）单击最上边〖快速访问〗工具栏右侧的"工作空间"选项框，从弹出的下拉列表中选择对应的绘图工作空间即可，如图 1-9（c）所示。

(4)单击菜单栏【工具】→【工作空间】命令,在弹出的子菜单中选择对应的绘图工作空间即可,如图1-9(d)所示。

| (a) | (b) | (c) | (d) |

图1-9 工作空间的切换方式

3. AutoCAD 2013 的工作空间组成

AutoCAD 2013 中文版的工作空间由"应用程序"按钮、〖快速访问〗工具栏、标题栏、功能区选项卡及其面板、菜单栏、工具栏、绘图窗口、光标、坐标系图标、模型/布局选项卡、滚动条、视图方位显示(ViewCube)导航工具、视口控件、命令行窗口与文本窗口、状态栏等组成。

(1)"应用程序"按钮

"应用程序"按钮▲位于工作空间左上角,是选择及搜索命令的工具,单击该按钮,展开如图1-10所示的"应用程序"下拉菜单,将光标放在有小箭头的菜单选项上,会在右侧显示子菜单,通过该菜单可执行对应的操作;该菜单顶部设置搜索栏,在搜索栏中输入关键字,就可以显示与关键字相关的命令。

图1-10 "应用程序"下拉菜单

(2)〖快速访问〗工具栏

〖快速访问〗工具栏位于"应用程序"按钮右侧及菜单栏顶部,默认情况下,有经常访问的

"新建""打开""保存""另存为""Cloud 选项""打印""放弃""重做"等 8 个按钮和 1 个"工作空间"选项框,如图 1-11 所示。

图 1-11　〖快速访问〗工具栏

如果想在〖快速访问〗工具栏中添加或删除按钮,通过单击〖快速访问〗工具栏右侧的"自定义"按钮▼,从弹出的下拉菜单中选择或者取消对应的选项即可。

(3)标题栏

标题栏位于〖快速访问〗工具栏右侧及菜单栏顶部,用于显示当前正在运行的 AutoCAD 2013 应用程序名称和文件名等信息,默认新建的文件名是 Drawing1.dwg,如图 1-12 所示。

图 1-12　标题栏

(4)功能区选项卡及其控制的面板

默认情况下,"AutoCAD 经典"工作空间中没有功能区。功能区选项卡及其控制的面板位于绘图窗口的上方,默认的"草图与注释"工作空间共有"常用"、"插入"、"注释"、"布局"、"参数化"、"视图"、"管理"、"输出"、"插件"和"联机"等 10 个选项卡,每个选项卡中包含若干个面板,每个面板中又包含许多由图标表示的命令按钮,如"常用"选项卡中默认包含"绘图"、"修改"、"图层"、"注释"、"块"、"特性"、"组"、"实用工具"和"剪贴板"等 9 个面板,其中"绘图"面板中包含"直线""多段线""圆""圆弧"等多个图标表示的命令按钮,如图1-13所示。

图 1-13　功能区选项卡及其控制的面板

若要指定欲显示的功能区选项卡和面板,在功能区上单击鼠标右键,然后在弹出的快捷菜单中选择或清除选项卡或面板的名称。

如果拖动面板标题栏,从功能区拉出放入绘图区中,则该面板将在放置的位置浮动。浮动面板将一直处于打开状态,直到被放回功能区(即使在切换了功能区选项卡的情况下也是如此)。

面板标题栏右侧的下拉箭头▼表明用户可以展开该面板,以显示其他工具和控件。默认情况下,在单击其他面板时,展开的面板会自动关闭。若要使面板处于展开状态,单击展开的面板左下角的图标。

如果要在"AutoCAD 经典"工作空间显示功能区,单击菜单栏【工具】→【选项板】→【功能区】命令即可。

(5)菜单栏

默认情况下,只有"AutoCAD 经典"工作空间显示菜单栏。AutoCAD 2013 默认菜单栏共有 12 个菜单选项,几乎包含了所有的绘图和编辑命令,如图 1-14 所示。如果要在其他工作空间显示菜单栏,则单击〖快速访问〗工具栏右侧的"自定义"按钮▼,在弹出的下拉菜单中单击【显示菜单栏】命令即可调出菜单栏;如果要隐藏菜单栏,则单击"自定义"按钮▼,在弹出的下拉菜单中单击【隐藏菜单栏】命令,或者在菜单栏区域单击鼠标右键,再单击弹出的【显示菜单栏】命令即可。

文件(F) 编辑(E) 视图(V) 插入(I) 格式(O) 工具(T) 绘图(D) 标注(N) 修改(M) 参数(P) 窗口(W) 帮助(H)

图 1-14　菜单栏

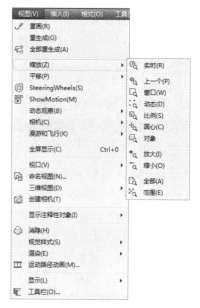

单击菜单栏中的某一选项,会弹出相应的下拉菜单,如图 1-15 所示为"视图"下拉菜单。下拉菜单中右侧有小三角的命令选项,表示该命令选项还有子菜单,图 1-15 显示出了"缩放"子菜单;右侧有三个小点的命令选项,表示单击该命令选项后要弹出一个对话框;右侧没有内容的命令选项,单击它后会执行对应的 AutoCAD 命令。

AutoCAD 还提供了另外一种菜单,即快捷菜单。当光标在屏幕上不同的位置或不同的进程中单击鼠标右键,将弹出不同的快捷菜单。

(6)工具栏

AutoCAD 2013 提供了 40 多个工具栏,每一个工具栏上均有一些形象化的按钮。单击某一按钮,可以启动 AutoCAD 的对应命令。

用户可以根据需要打开或关闭任一工具栏,方法有两种:一是在菜单栏上,依次单击【工具】→【工具栏】→【AutoCAD】命令,在展开的菜单上单击对应的工具栏名称命令。如果未显示菜单栏,则在〖快速访问〗工具栏上

图 1-15　"视图"下拉菜单与"缩放"子菜单

单击"自定义"按钮▼,在弹出的下拉菜单中单击【显示菜单栏】命令。二是在显示的工具栏上单击鼠标右键,在弹出的快捷菜单中单击对应的工具栏名称命令。

为使工作空间美观,便于操作,还可对工具栏的位置进行调整,其方法是按住鼠标左键拖动其左侧暗灰色的标题区域,将其放在合适的位置。

(7)绘图窗口

绘图窗口是用户绘制和编辑图形的工作区域,默认情况下,AutoCAD 2013 的绘图区域是黑色的。如果想调整背景颜色,可以通过如图 1-16 所示的"选项"对话框中的相应参数来进行设置。方法是单击菜单栏【工具】→【选项】命令,在弹出的"选项"对话框中打开"显示"选项卡,之后单击"窗口元素"选项区中的【颜色】按钮,打开如图 1-17 所示的"图形窗口颜色"对话框,单击"颜色"选项框,从弹出的下拉列表中选择适当的颜色即可。

在工作空间的右下角单击"全屏显示"按钮□或者按"Ctrl+0"组合键,可以使工作空间全屏显示,此时绘图窗口将最大化显示。

(8)光标

当光标位于 AutoCAD 的绘图窗口时为十字形状,所以又称其为十字光标。十字线的交点为光标的当前位置。AutoCAD 的光标用于绘图、选择对象等操作。

(9)坐标系图标

坐标系图标通常位于绘图窗口的左下角,表示当前绘图所使用的坐标系的形式以及坐标方向等。AutoCAD 2013 中文版提供有世界坐标系(WCS)和用户坐标系(UCS)两种坐标系。世界坐标系为默认坐标系。

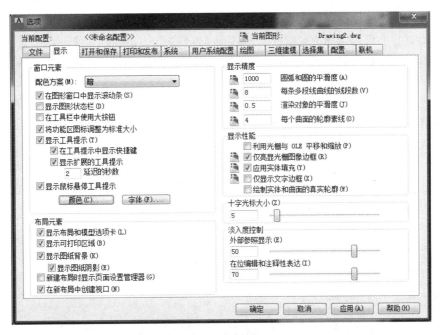

图 1-16 "选项"对话框

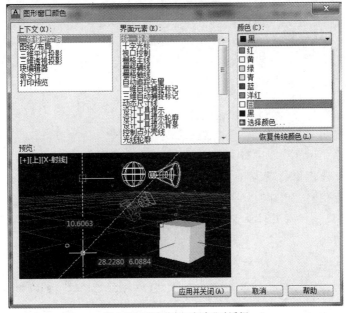

图 1-17 "图形窗口颜色"对话框

(10)"模型/布局"选项卡

绘图窗口最底部左侧有"模型/布局"选项卡,用于实现模型空间与图纸空间的切换。其方法是单击"模型"、"布局 1"或"布局 2"选项即可。

(11)滚动条

绘图窗口底部与右侧分别有水平和垂直滚动条,利用它可以使图纸沿水平或垂直方向移动,即平移绘图窗口中显示的内容。

（12）视图方位显示（ViewCube）导航工具

绘图窗口右上角为视图方位显示导航工具 ViewCube，如图 1-18 所示，利用它可以方便地将视图按不同的方位显示，但对于二维绘图，此功能作用不大。

（13）视口控件

默认状态下，每个视口左上角的［－］［俯视］［二维线框］是视口控件，图 1-18　ViewCube 提供更改视口、视图、视觉样式和其他设置的便捷方式。单击视口控件［－］，可显示如图 1-19（a）所示的菜单，用于最大化视口、更改视口配置或控制导航工具的显示；单击视口控件［俯视］，可显示如图 1-19（b）所示的菜单，用于在几个标准和自定义视图之间选择视图；单击视口控件［二维线框］，可显示如图 1-19（c）所示的菜单，用于选择一种视觉样式，除"二维线框"外，其他大多数视觉样式均用于三维可视化。

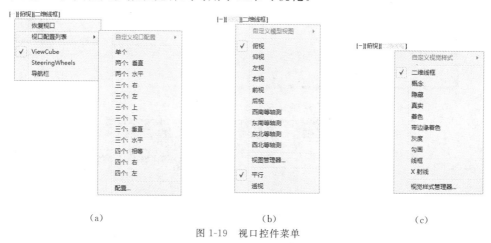

（a）　　　　　　　　　（b）　　　　　　　　　（c）

图 1-19　视口控件菜单

（14）命令行窗口与文本窗口

命令行窗口是 AutoCAD 进行人机交互、输入命令和显示相关信息与提示的区域。固定命令行窗口位于绘图窗口下方和状态栏的上方，AutoCAD 在命令行上面保留最后 3 行所执行的命令或提示信息，如图 1-20 所示。用户可以将光标定位在窗口顶部的水平分割条上，待光标显示为双线和箭头时垂直拖动分割条改变命令行窗口的大小。

图 1-20　固定命令行窗口

AutoCAD 2013 命令行窗口的功能大大增强了。双击固定命令行窗口左侧暗灰色栏中的空白区域或拖动"移动控制柄"（▦）将窗口拖离固定区域可变为浮动命令行窗口，也可以将它拖动到绘图区域的顶部或底部边界线，从而将其固定。浮动命令行窗口以单行显示，并显示帮助用户完成命令序列的提示，如图 1-21 所示。通过拖动分割条（它位于命令行窗口的顶部或底部边界线上）可以垂直调整命令行窗口的大小；通过拖动左侧或右侧边界线，可以水平调整命令行窗口的大小。

图 1-21　浮动命令行窗口

在命令行窗口中的任意位置单击鼠标右键或单击命令行窗口左侧的"自定义命令行设置"按钮 🔧，在弹出的菜单中可设置"自动完成"选项、临时提示历史记录的行数、命令行窗口透明度等，如图 1-22 所示。

图 1-22　自定义命令行窗口的显示

对于浮动的命令行窗口，按 F2 键或单击浮动命令行右侧的上拉按钮 ▲ 来显示更多行的命令历史记录，如图 1-23 所示。

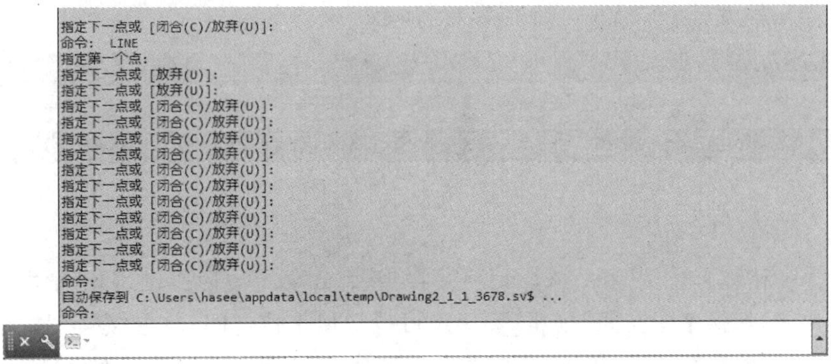

图 1-23　命令历史记录

文本窗口是记录 AutoCAD 历史命令的窗口，是放大的命令行窗口。对于浮动的命令行窗口，按"Ctrl＋F2"组合键可显示文本窗口；对于固定的命令行窗口，按"Ctrl＋F2"组合键或 F2 键可显示文本窗口，如图 1-24 所示。按 F2 键则关闭文本窗口。

命令行窗口还可以被隐藏，单击命令行窗口左侧的"关闭"按钮 ✕ 或单击菜单栏【工具】→【命令行】命令后，在弹出的"命令行-关闭窗口"对话框中单击【是】按钮，命令行窗口即被隐藏；如果要恢复命令行窗口，再单击菜单栏【工具】→【命令行】命令即可。用组合键"Ctrl＋9"也可完成上述操作。

（15）状态栏

状态栏位于绘图窗口的底端，显示光标位置、绘图工具以及会影响绘图环境的工具。默认情况下，状态栏上位于左侧的一组数字反映当前光标的坐标，绘图工具以图标按钮显示，如图 1-25（a）所示，从左到右分别表示当前是否启用了推断约束、捕捉模式、栅格显示、正交模式、极轴追踪、对象捕捉、三维对象捕捉、对象捕捉追踪、动态 UCS、动态输入、线宽显示、透明度显示、快捷特性、选择循环、注释监视器等工具。单击按钮，当其颜色呈天蓝色状态表

图 1-24　文本窗口

示启用该工具,当其呈灰色状态则表示未启用该工具;在任一按钮上单击鼠标右键,在弹出的快捷菜单中单击【使用图标】命令,则这些按钮显示为文字,如图 1-25(b)所示。

此外,状态栏上还包括模型与图纸空间切换工具、快速查看工具、注释工具、工作空间切换工具、锁定与全屏显示工具等,如图 1-25(a)所示。

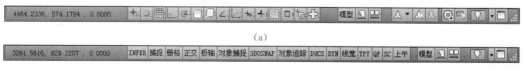

(a)

(b)

图 1-25　状态栏

注释工具有"注释比例"和"注释可见性",当注释比例更改时自动将比例添加至注释性对象工具;单击"切换工作空间"按钮🔧,用户可以切换工作空间;单击"锁定"按钮🔒,可锁定工具栏和窗口的当前位置;单击"全屏显示"按钮▢,可将绘图窗口最大化显示。另外,在状态栏的空白区域单击鼠标右键,可通过弹出的快捷菜单向状态栏添加或从中删除按钮。

(16)鼠标悬停工具提示

鼠标悬停工具提示显示选定特性的当前值。AutoCAD 2013 的工具提示功能已得到增强,现在包括两个级别的内容:基本工具提示和补充工具提示。光标最初悬停在命令或控件上时,将显示基本工具提示。基本工具提示包含对该工具或控件的概括说明、命令名、快捷键和命令标记。当光标在命令或控件上的悬停时间累积超过一个特定数值时,将显示补充工具提示,该提示提供了有关命令或控件的附加信息,并且显示图示说明。

六、文件操作

1. 新建图形文件

新建图形文件就是从无到有创建一个新的图形文件。执行"新建"命令的方式如下:

(1)菜单命令:【文件】→【新建】或"应用程序"按钮▨→【新建】→【图形】。

(2)工具栏:〖标准〗工具栏→"新建"按钮▢或〖快速访问〗工具栏→"新建"按钮▢。

(3)键盘输入:NEW ↙ 或 QNEW ↙ 或"Ctrl＋N"组合键。

无论使用以上哪种方法,均会弹出如图 1-26 所示的"选择样板"对话框,在"名称"列表框中选中某一样板文件(二维选择"acadiso",三维选择"acadiso3D"),之后单击【打开】按钮,可以以选中的样板文件为样板创建新图形。

图 1-26　"选择样板"对话框

2. 打开图形文件

打开图形文件就是将原来已保存的图形文件打开以进行操作。执行"打开"命令的方式如下:

(1)菜单命令:【文件】→【打开】或"应用程序"按钮■→【打开】→【图形】或"应用程序"按钮■→"最近使用的文档"列表中显示的最近使用过的文件。

(2)工具栏:〖标准〗工具栏→"打开"按钮▷或〖快速访问〗工具栏→"打开"按钮▷。

(3)键盘输入:OPEN↙ 或"Ctrl+O"组合键。

(4)鼠标:使用鼠标左键双击 DWG 格式的文件。

使用前三种方法打开图形文件时,均会弹出如图 1-27 所示的"选择文件"对话框。在"名称"列表框中选择已有的图形文件,在右面的"预览"框中将显示出该图形文件的预览图像,单击【打开】按钮打开图形文件。默认情况下,打开的图形文件的格式为.dwg。

在 AutoCAD 中,也可以单击【打开】按钮右侧的下拉按钮▼,其下拉菜单中给出了"打开"、"以只读方式打开"、"局部打开"和"以只读方式局部打开"四种不同的打开图形文件的方式。当以"打开"或"局部打开"方式打开图形文件时,可以对打开的图形进行编辑;当以"以只读方式打开"或"以只读方式局部打开"方式打开图形文件时,则无法对打开的图形进行编辑。

如果选择"局部打开"或"以只读方式局部打开"方式打开图形文件时,系统将弹出"局部打开"对话框。可以在"要加载几何图形的视图"选项区域中选择要打开的视图,在"要加载几何图形的图层"选项区域中选择要打开的图层,然后单击【打开】按钮,即可在视图中打开选中图层上的对象。

3. 保存图形文件

保存图形文件就是将当前的图形文件保存在磁盘中以保证数据的安全,或便于以后再次使用。执行"保存"命令的方式如下:

图 1-27 "选择文件"对话框

（1）菜单命令：【文件】→【保存】或"应用程序"按钮 ████ →【保存】。

（2）工具栏：〖标准〗工具栏→"保存"按钮 █ 或〖快速访问〗工具栏→"保存"按钮 █。

（3）键盘输入：QSAVE ↙ 或"Ctrl＋S"组合键。

　　若当前图形文件曾经保存过，则直接使用当前图形文件名称保存在原路径下。若当前图形文件从未保存过，则弹出如图 1-28 所示的"图形另存为"对话框。默认情况下，文件以"AutoCAD 2013 图形（＊.dwg）"格式保存。

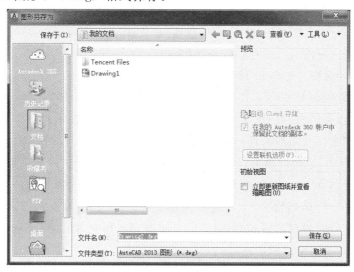

图 1-28 "图形另存为"对话框

　　若当前图形文件需要在低版本的 AutoCAD 中使用，则可在"图形另存为"对话框（若当前图形文件曾经保存过，应执行"另存为"命令打开该对话框）的"文件类型"下拉列表中选择保存文件的格式或不同的版本，如图 1-29（a）所示。若所有图形文件需要在低版本的 Auto-CAD 中使用，可单击图 1-28 所示的"图形另存为"对话框右上角的【工具】→【选项】命令，则弹出如图 1-29（b）所示的"另存为选项"对话框，然后在"所有图形另存为"下拉列表中选择

保存文件的格式或不同的版本。如果需要将当前文件保存为样板文件,也可在此处进行
选择。

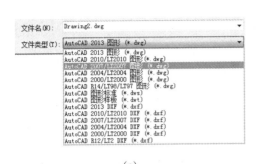
　(a)

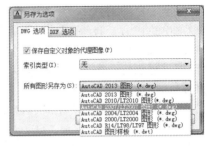
　(b)

图 1-29   "文件类型"下拉列表和"所有图形另存为"下拉列表

4. 改名另存图形文件

改名另存图形文件就是对已保存过的当前图形文件的文件名、保存路径、文件类型进行
修改。执行"另存为"命令的方式如下:

(1)菜单命令:【文件】→【另存为】或"应用程序"按钮 ![图标]→【另存为】。

(2)工具栏:〖快速访问〗工具栏→"另存为"按钮 ![图标]。

(3)键盘输入:SAVEAS↙或"Ctrl+Shift+S"组合键。

执行"另存为"命令后,AutoCAD 弹出如图 1-28 所示的"图形另存为"对话框,要求用户
确定文件的文件名、保存路径及文件类型,用户响应即可。

5. 图形文件的密码保护

为了更好地确保图形文件的安全,可以对图形文件进行加密保护。在图 1-28 所示的
"图形另存为"对话框中,单击【工具】→【安全选项】命令,弹出如图 1-30 所示的"安全选项"
对话框,打开"密码"选项卡,在"用于打开此图形的密码或短语"文本框中输入密码后,单击
【确定】按钮。

图 1-30   "安全选项"对话框

6. 关闭图形文件

单击"应用程序"按钮 ![图标],在弹出的菜单中选择【关闭】→【当前图形】命令或在绘图窗口
中单击右上角的"关闭"按钮 ![图标],均可以关闭当前的图形文件。

七、命令的操作

1. 执行命令的方式

（1）菜单执行命令：打开某个菜单，在其上单击需要的菜单命令，即可执行对应命令。例如，单击【绘图】→【直线】命令，即可启动"直线"命令。

（2）工具栏执行命令：在工具栏上单击图标按钮，则执行相应命令。例如，单击〖绘图〗工具栏✓按钮，即可执行"直线"命令。

（3）命令行执行命令：在 AutoCAD 命令行窗口中的命令提示符"键入命令"后，输入命令名（或命令别名）并按 Enter 键（回车）或空格键以执行命令。例如，在命令行窗口中输入命令 LINE 或命令别名 L，按 Enter 键即可启动"直线"命令。

（4）按 Enter 键或空格键执行命令：当完成某一命令的执行后，如果需要重复执行该命令，可以直接按键盘上的 Enter 键或空格键。

（5）右键快捷菜单执行命令：使光标位于绘图窗口，单击鼠标右键，AutoCAD 弹出快捷菜单，在快捷菜单中选择命令。

2. 响应命令的方式

（1）在绘图区操作：在执行命令后，用户需要输入点的坐标值、选择对象以及选择相关的选项来响应命令。

（2）在命令行操作：在命令行操作是 AutoCAD 最传统的方法。在执行命令后，根据命令行的提示，用键盘输入坐标值或有关参数后再按 Enter 键或空格键即可执行有关操作。

3. 放弃命令的方式

放弃命令可以实现从最后一个命令开始，逐一取消前面已经执行了的命令。执行"放弃"命令的方式如下：

（1）菜单命令：【编辑】→【放弃】。

（2）工具栏：〖标准〗工具栏→"放弃"按钮 或〖快速访问〗工具栏→"放弃"按钮 。

（3）键盘输入：UNDO✓ 或 U✓ 或"Ctrl＋Z"组合键。

4. 重做命令的方式

重做命令可以恢复刚执行的"放弃"命令所放弃的操作。执行"重做"命令的方式如下：

（1）菜单命令：【编辑】→【重做】。

（2）工具栏：〖标准〗工具栏→"重做"按钮 或〖快速访问〗工具栏→"重做"按钮 。

（3）键盘输入：REDO✓。

5. 中止命令的方式

命令的中止即中断正在执行的命令，回到等待命令状态。执行"中止"命令的方式如下：

（1）键盘输入：Esc✓ 或 Esc 键。

（2）鼠标操作：右击→快捷菜单【取消】命令。

6. 重复命令的方式

使用命令的重复方式能快速调用刚执行完的命令，因此可以提高操作速度。执行"重复"命令的方式如下：

（1）键盘输入：Enter 键或空格键。

（2）鼠标操作：右击→快捷菜单【重复××】命令。

7. 透明命令

在 AutoCAD 中，透明命令是指在执行其他命令的过程中可以执行的命令。例如，在绘制直线过程中执行的缩放命令就是透明命令。透明命令多为修改图形设置、绘图工具等命令,例如捕捉(SNAP)、栅格(GRID)、缩放(ZOOM)等命令。

输入透明命令前应先输入一个单引号"'"。在命令行中,透明命令的提示符前有一个双折号">>"。透明命令执行结束,将继续执行原命令。

八、图形的缩放

缩放图形可以增大或减小图形在绘图窗口中的显示比例,满足了用户既能观察图形中复杂的细部结构,又能观看图形全貌的需求。缩放图形不会改变图形实际尺寸的大小。一般通过"滚动鼠标中键"的方法来缩放图形,也可以用"缩放"命令来缩放图形。执行"缩放"命令的方式如下:

(1)菜单命令:【视图】→【缩放】→"缩放"菜单中相应的命令(图 1-31(a))。

(2)工具栏:〖标准〗工具栏上的相应按钮及其下拉按钮(图 1-31(b))或〖缩放〗工具栏上相应按钮(图 1-31(c))。

(3)键盘输入:ZOOM↙或 Z↙。

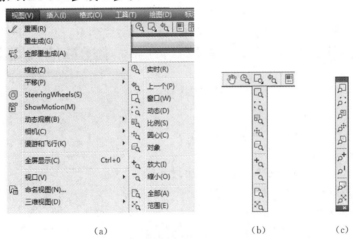

(a)　　　　　　　　　　　　(b)　　　　(c)

图 1-31　执行"缩放"命令的方式

"缩放"菜单中各命令的含义如下:

● 实时(R):选择此命令后,在屏幕上会出现一个放大镜形状的光标。按住鼠标左键向上移动光标,可放大图形;按住鼠标左键向下移动光标,可缩小图形。通过这个命令,用户可以方便自如地观察图形。

● 上一个(P):该命令可使 AutoCAD 返回上一视图,连续使用该命令,可逐步后退,返回到前面的视图。

● 窗口(W):该命令允许用户以输入一个矩形窗口的两个对角点的方式来确定要观察的区域,这两个对角点的指定既可通过键盘输入,也可用鼠标拾取。

● 动态(D):该命令先临时显示整个图形,同时自动构造一个可移动的视图框,用此视图框来确定新视图的位置和大小。

● 比例(S):该命令将保持图形的中心点位置不变,允许用户输入新的缩放比例倍数对图形进行缩放。

● 圆心(C):该命令将根据用户所指定的新的中心点建立一个新的视图。选择该命令后用户可直接在屏幕上选择一个点作为新的中心点,确定中心点后,用户可重新输入放大系数或新视图的高度。如果输入的数值后加上字母 X，表示放大系数；如果未加 X，则表示新视图的高度。

● 对象：该命令用于在缩放时尽可能大地显示一个或多个选定的对象，并使其位于绘图区域的中心。

● 放大（I）和缩小（O）：执行一次【放大】命令，将以 2 倍的比例对图形进行放大；执行一次【缩小】命令，将以 1/2 的比例对图形进行缩小。

● 全部（A）：该命令将依照图形界限或图形范围的尺寸，在绘图区域内显示全部图形。

● 范围（E）：该命令将所有图形全部显示在屏幕上，与"全部"命令不同的是其将最大限度地充满整个屏幕，而与图形的边界无关。

九、图形的平移

由于屏幕的大小是有限的，在 AutoCAD 中绘图时，如果图形比较大，必然会有部分内容无法显示在屏幕内。如果想查看屏幕外的图形，就可以平移图形。平移是指移动整个图形，就像是移动整个图纸，以便使图纸的特定部分显示在绘图窗口。平移图形后，图形相对于图纸的实际位置并不发生变化。一般通过"按住鼠标中键移动光标"的方法来平移图形，也可以使用"平移"命令来平移图形，执行"平移"命令的方式如下：

(1)菜单命令：【视图】→【平移】→"平移"菜单中相应的命令（图 1-32）。

(2)工具栏：〖标准〗工具栏→"实时平移"按钮 ◯。

(3)键盘输入：PAN↙。

执行该命令，AutoCAD 在屏幕上出现一个小手光标，并在命令行窗口提示：

按 Esc 或 Enter 键退出，或单击右键显示快捷菜单。

同时在状态栏提示：

按住拾取键并拖动进行平移。

此时按下拾取键（左键）并向某一方向拖动鼠标，就

图 1-32　"平移"菜单命令

会使图形向该方向移动；按 Esc 键或 Enter 键可结束 PAN 命令的执行；如果单击鼠标右键，AutoCAD 会弹出快捷菜单供用户选择。

十、设置图形单位与图形界限

1.设置图形单位

在 AutoCAD 中，用户可以采用 1∶1 的比例绘图，因此，所有的直线、圆和其他对象都可以以真实大小来绘制，在需要打印出图时，再将图形按图纸大小进行缩放。执行"单位"命令的方式如下：

(1)菜单命令：【格式】→【单位】或"应用程序"按钮 →【图形实用工具】→【单位】。

(2)键盘输入：UNITS↙或 UN↙。

启动"单位"命令后，可打开如图 1-33 所示的"图形单位"对话框。在该对话框中，用户可以选择当前图形文件的长度和角度类型以及各自的精度。

图 1-33　"图形单位"对话框

"图形单位"对话框中各主要选项的含义如下:

"长度"选项组:指定测量的当前单位及当前单位的精度。

"角度"选项组:指定当前角度格式和当前角度显示的精度。若勾选"顺时针"复选框,将指定以顺时针方向计算正的角度值。默认的正角度方向是逆时针方向。

2.设置图形界限

设置图形界限就是标明用户的工作区域和图纸的边界,它确定的区域是可见栅格指示的区域,也是选择【视图】→【缩放】→【全部】命令时决定显示多大图形的一个参数。

执行"图形界限"命令的方式如下:

(1)菜单命令:【格式】→【图形界限】。

(2)键盘输入:LIMITS✓。

启动"图形界限"命令后,在命令行窗口提示:

指定左下角点或[开(ON)/关(OFF)]<0,0>:

//输入图形界限左下角位置点的坐标,如果直接按Enter键或空格键则采用默认值(0,0)

指定右上角点或[开(ON)/关(OFF)]<420,297>:

//输入图形界限的右上角位置点的坐标,如果直接按Enter键或空格键则采用默认值(420,297)

开(ON)——该选项用于打开图形界限检验功能,即执行该选项后,用户只能在设定的图形界限内绘图,如果所绘图形超出界限,AutoCAD将拒绝执行,并给出相应的提示信息。

关(OFF)——该选项用于关闭AutoCAD的图形界限检验功能,执行该选项后,用户所绘图形的范围不再受所设图形界限的限制。

十一、点坐标的输入方法

在AutoCAD中,点的输入既可使用鼠标拾取,也可通过键盘输入。

1.用鼠标在屏幕上拾取点

在绘图区移动鼠标,使光标移到相应的位置(AutoCAD一般会在状态栏动态地显示出光标的当前坐标),单击鼠标左键来确定点的过程称为用鼠标在屏幕上拾取点。

2.用对象捕捉方式捕捉特殊点

利用AutoCAD提供的"对象捕捉"功能,可使用户准确地捕捉到一些特殊点,如圆心、切点、中点、交点等。详见任务2的"对象捕捉"功能。

3.通过键盘输入点坐标

(1)绝对直角坐标

表示某点相对于当前坐标原点的坐标值。通过直接输入 X、Y、Z 坐标值来表示(如果绘制平面图形,Z 坐标默认为0,可以不输入)。例如"17,28"表示当前点相对于坐标原点的 X 坐标为17,Y 坐标为28,Z 坐标为0。

(2)相对直角坐标

用相对于上一已知点之间的绝对直角坐标值的增量来确定输入点的位置。输入 X、Y

增量时,其前必须加"@",其格式为"@X,Y"。例如 A 点的绝对直角坐标为"10,15",B 点相对 A 点的相对直角坐标为"@15,-5",则 B 点的绝对直角坐标为"25,10"。

(3)绝对极坐标

绝对极坐标使用"长度＜角度"来表示。这里的长度是指该点与坐标原点的距离,角度是指该点与坐标原点的连线与 X 轴正向之间的夹角,逆时针为正,顺时针为负。如"50＜75"表示当前点与坐标原点的距离为 50,当前点与坐标原点的连线与 X 轴正向之间的夹角为 75°。

(4)相对极坐标

用相对于上一已知点之间的距离及和上一已知点的连线与 X 轴正向之间的夹角来确定输入点的位置,格式为"@长度＜角度"。例如"@8＜40"表示当前点到上一点的距离为 8,当前点与上一点的连线与 X 轴正向的夹角为 40°。

注意:如果状态栏上的"动态输入(DYN)"功能按钮为选中状态,对于第二点和后续输入的点,系统都自动以相对坐标点表示,即在坐标值前自动加入一个"@"符号。如果用户使用绝对坐标点的输入方法定位点,需要将状态栏上的"动态输入"功能关闭。

十二、帮 助

AutoCAD 2013 提供了强大的帮助功能,用户在绘图时可以随时使用帮助功能。

选择【帮助】→【帮助】命令,AutoCAD 弹出如图 1-34 所示的"AutoCAD 2013-Simplified Chinese-帮助"窗口。用户可以通过此窗口得到相关的帮助信息,了解 AutoCAD 2013 提供的全部命令和系统变量的功能与使用方法。

图 1-34 "AutoCAD 2013-Simplified Chinese-帮助"窗口

任务实施 >>>

第1步:创建新图形文件

单击【文件】→【新建】命令,弹出如图1-26所示的"选择样板"对话框,选择"acadiso. dwt"样板文件,单击【打开】按钮;然后单击【文件】→【另存为】命令,弹出如图1-28所示的"图形另存为"对话框,在"文件类型"下拉列表中选择"AutoCAD 2013 图形(＊. dwg)",输入文件名为"三角形",之后单击【保存】按钮。

第2步:设置图形单位

单击【格式】→【单位】命令,打开如图1-33所示的"图形单位"对话框,将"长度"选项组的"类型"设置为"小数","精度"设置为"0";将"角度"选项组的"类型"设置为"十进制度数","精度"设置为"0",之后单击【确定】按钮。

第3步:设置图形界限

(1)单击【格式】→【图形界限】命令,在命令行窗口中输入图形界限两个对角点的坐标"0,0"和"297,210";

(2)在命令行窗口中输入 Z↙,再输入 A(即选择"全部(A)"选项)↙,单击状态栏上【栅格】按钮,显示图形界限。

第4步:绘制三角形

方法1:使用绝对直角坐标

命令:L↙

指定第一个点:**100,100** ↙   //输入 A 点的绝对直角坐标

指定下一点或[放弃(U)]:**200,272** ↙   //输入 B 点的绝对直角坐标

指定下一点或[放弃(U)]:**280,170** ↙   //输入 C 点的绝对直角坐标

指定下一点或[闭合(C)/放弃(U)]:**C**↙   //闭合三角形

注意:绘图时灵活使用滚轮进行视图缩放与平移。

方法2:使用相对直角坐标

关闭"动态输入"功能的绘制方法:

命令:L↙

指定第一个点:**在屏幕上单击**   //用鼠标在屏幕上拾取 A 点

指定下一点或[放弃(U)]:**@100,172** ↙   //输入 B 点的相对直角坐标

指定下一点或[放弃(U)]:**@80,－102** ↙   //输入 C 点的相对直角坐标

指定下一点或[闭合(C)/放弃(U)]:**C**↙   //闭合三角形

打开"动态输入"功能的绘制方法:

命令:L↙

指定第一个点:**在屏幕上单击**   //用鼠标在屏幕上拾取 A 点

指定下一点或[放弃(U)]:**100,172**↙   //输入 B 点的相对直角坐标

指定下一点或[放弃(U)]:**80,－102** ↙   //输入 C 点的相对直角坐标

指定下一点或[闭合(C)/放弃(U)]:**C**↙   //闭合三角形

微课2

使用相对直角坐标
绘制三角形

方法 3：使用相对极坐标

关闭"动态输入"功能的绘制方法：

命令：**L**↙

指定第一个点：**在屏幕上单击**   //用鼠标在屏幕上拾取 A 点

指定下一点或［放弃(U)］：**@199＜60**↙   //输入 B 点的相对极坐标

指定下一点或［放弃(U)］：**@129.6＜-52**↙   //输入 C 点的相对极坐标

指定下一点或［闭合(C)/放弃(U)］：**C**↙   //闭合三角形

打开"动态输入"功能的绘制方法：

命令：**L**↙

指定第一个点：**在屏幕上单击**   //用鼠标在屏幕上拾取 A 点

指定下一点或［放弃(U)］：**199＜60**↙   //输入 B 点的相对极坐标

指定下一点或［放弃(U)］：**129.6＜-52**↙ //输入 C 点的相对极坐标

指定下一点或［闭合(C)/放弃(U)］：**C**↙   //闭合三角形

第 5 步：保存文件

单击〖快速访问〗工具栏上的"保存"按钮 💾。

微课 3

使用相对极坐标
绘制三角形

任务检测与技能训练 >>>

1.用直线命令和点的相对极坐标输入法绘制图 1-35 所示的图形。

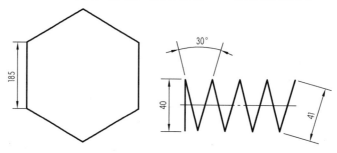

图 1-35   1 题图

2.选择合适的图幅用 1：1 的比例绘制图 1-36 所示的图形。

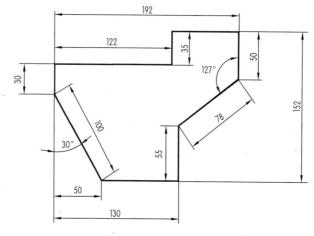

图 1-36   2 题图

任务 2

复杂直线图形的绘制

任务描述 >>>

用 1∶1 的比例绘制图 2-1 所示的 A3 横放留装订边的图幅、标题栏及图形。要求：布图匀称，图形正确，线型符合国家标准规定，不标注尺寸，不填写标题栏。

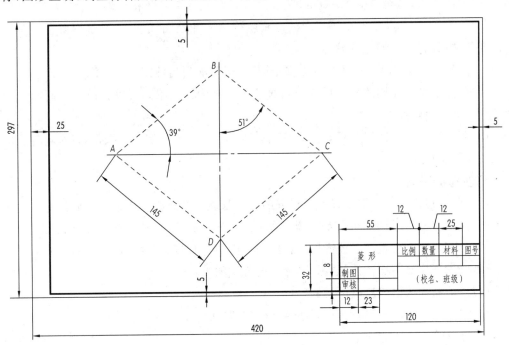

图 2-1　直线图形

任务目标 >>>

1.知识目标

掌握创建与设置图层的方法；掌握"栅格""正交""极轴追踪""对象捕捉""对象捕捉追踪""动态输入"等绘图工具的使用。

2. 技能目标

能够按照制图规范设置绘图环境；能够熟练应用直线命令、图层和绘图工具绘制图 2-1 所示图形。

知识储备 >>>

一、图层的设置与管理

在机械、建筑等工程制图中，图形主要由中心线、轮廓线、虚线、剖面线、尺寸标注以及文字说明等元素构成。如果用图层来管理它们，不仅能使图形的各种信息清晰、有序、便于观察，而且也会给图形的编辑和输出带来很大的方便。图层设置与管理包括创建新图层、设置图层属性、设置图层状态和管理图层等内容。

1. 图层特点

（1）用户可以在一幅图中指定任意数量的图层。系统对图层数没有限制，对每一个图层上的对象数也没有任何限制。

（2）每一个图层都有一个名称加以区别。当开始绘制一幅新图时，AutoCAD 自动创建名称为"0"的图层，这是 AutoCAD 的默认图层，其余图层需用户来定义。

（3）一般情况下，位于一个图层上的对象应该是一种绘图线型，一种绘图颜色。用户可以改变各图层的线型、颜色等属性。

（4）虽然 AutoCAD 允许用户建立多个图层，但只能在当前图层上绘图。

（5）各图层具有相同的坐标系和相同的显示缩放倍数。用户可以对位于不同图层上的对象同时进行编辑操作。

（6）用户可以对各图层进行打开、关闭、冻结、解冻、锁定与解锁等操作，以决定各图层的可见性与可操作性。

2. 创建新图层

图层可以想象为没有厚度又完全对齐的若干张透明图纸叠加起来。它们具有相同的坐标、图形界限及显示时的缩放倍数。默认情况下，AutoCAD 自动创建一个图层名为"0"的图层，用户不能删除或重命名该图层。在绘图过程中，如果用户要使用更多的图层来组织图形，就需要先创建新图层。执行"图层"命令的方式如下：

（1）菜单命令：【格式】→【图层】。

（2）工具栏：〖图层〗工具栏→"图层特性管理器"按钮 。

（3）键盘输入：LAYER↙。

执行"图层"命令后，打开如图 2-2 所示的"图层特性管理器"选项板，单击"新建图层"按钮 ，这时在图层列表中将出现一个名称为"图层 1"的新图层。默认情况下，新建图层与当前图层的状态、颜色、线型、线宽等设置相同。当创建了图层后，图层的名称将显示在图层列表框中，如果要更改图层名称，可单击该图层名，然后输入一个新的图层名并按 Enter 键即可。

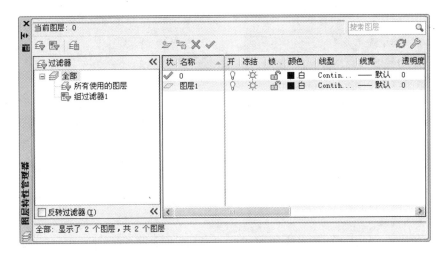

图 2-2　"图层特性管理器"选项板

3. 设置图层属性

所谓图层属性通常是指该图层所特有的线型、颜色、线宽等。设置图层的属性,可以更好地组织不同的图形信息。例如,将机械图样中各种不同的线型设置在不同的图层中,并赋予不同的颜色,可增加图形的清晰性。将图形绘制与尺寸标注及文字注释分层进行,并利用图层状态控制各种图形信息的可否显示、修改与输出等,会给图形的编辑带来很大的方便。

（1）设置图层颜色

为便于区分图形中的元素,要为新建图层设置颜色。AutoCAD 2013 提供了丰富的颜色方案供用户使用,可直接在"图层特性管理器"选项板上单击图层列表中该图层所在行的颜色块,此时系统将弹出如图 2-3 所示的"选择颜色"对话框,对话框中有"索引颜色"、"真彩色"和"配色系统"3 个选项卡,分别用于以不同的方式确定绘图颜色。其中最常用的颜色方案是采用索引颜色,即用自然数表示颜色,共有 255 种颜色,其中 1~7 表示标准颜色:1 表示红色;2 表示黄色;3 表示绿色;4 表示青色;5 表示蓝色;6 表示洋红;7 表示白色

图 2-3　"选择颜色"对话框

（如果绘图背景的颜色是白色,7 号颜色显示成黑色）。单击所要选择的颜色如"绿色",再单击【确定】按钮即可。

（2）设置图层线型

线型也用于区分图形中不同元素,例如点画线、虚线等。默认情况下,图层的线型为 Continuous（连续线型）。要改变线型,可在图层列表中单击相应的线型名,如"Continuous",在弹出的"选择线型"对话框中选中要选择的线型,如图 2-4 所示。如果"已加载的线型"列表中没有满意的线型,可单击【加载】按钮,打开"加载或重载线型"对话框,从"可用线型"库中选择需要加载的线型,如图 2-5 所示。之后单击【确定】按钮,则该线型即被加载到"选择线型"对话框中,可以继续选择。

图 2-4 "选择线型"对话框　　　　　图 2-5 "加载或重载线型"对话框

(3)设置图层线宽

在机械图样中,不同的线型其线宽是不一样的,以此提高图形的表达能力和可识别性。设置线宽时,在图层列表中单击其所对应的"线宽"项,如" 默认",打开"线宽"对话框,如图 2-6 所示,在"线宽"列表中进行选择。

选择菜单栏【格式】→【线宽】命令,系统将弹出"线宽设置"对话框,如图 2-7 所示。该对话框的"线宽"列表框中列出了 AutoCAD 2013 提供的 20 余种线宽,用户可从中在"ByLayer(随层)"、"ByBlock(随块)"或某一具体的线宽之间选择。其中,"ByLayer(随层)"表示绘图线宽始终与图形对象所在图层设置的线宽一致,这也是最常用到的设置。还可以通过此对话框进行其他设置,如单位、显示比例等。如果选中"显示线宽"复选框,设置"默认"线宽为"0.25 mm",则系统将在屏幕上显示线宽设置效果。调节"调整显示比例"滑块,可以调整线宽显示效果。另外,单击用户界面状态栏上的【线宽】按钮,也可以打开或关闭线宽的显示。

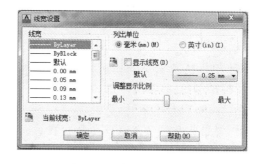

图 2-6 "线宽"对话框　　　　　　图 2-7 "线宽设置"对话框

(4)设置线型比例

在 AutoCAD 中,系统提供了大量的非连续线型,如虚线、点画线等。通常,非连续线型的显示和实线线型不同,要受绘图时所设置的图形界限尺寸的影响,如图 2-8 所示。其中图 2-8(a)为虚线圆在按 A4 图幅设置图形界限时的显示效果;图 2-8(b)则是虚线圆在按 A2 图幅设置图形界限时的显示效果。这是因为设置大尺寸的图形界限时,非连续线型的间距太小,从而显示为连续线。为此可对图形设置线型比例,以改变非连续线型的外观。

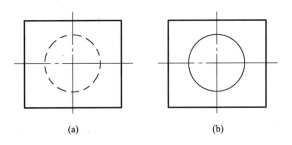

图 2-8　非连续线型受图形界限尺寸的影响

　　设置线型比例的方法是执行菜单命令【格式】→【线型】,打开"线型管理器"对话框,如图 2-9(a)所示。单击【显示细节】按钮,对话框变为如图 2-9(b)所示形式,在"线型"列表中选择某一线型,然后在"详细信息"选项区域中的"全局比例因子"文本框中输入适当的比例系数,即可设置图形中所有非连续线型的外观。利用"当前对象缩放比例"文本框,可以设置将要绘制的非连续线型的外观,而原来绘制的非连续线型的外观并不受影响。

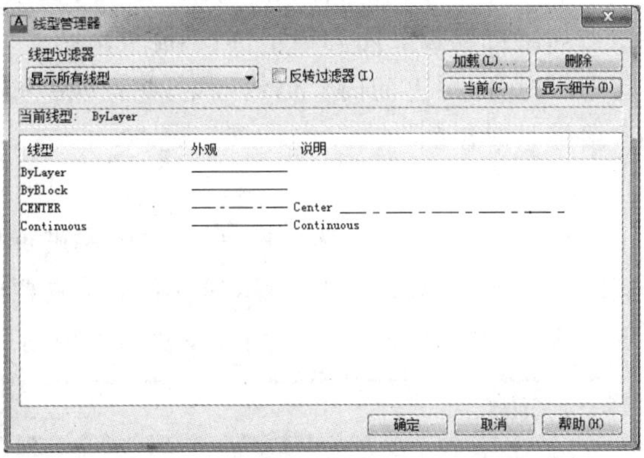

（a）

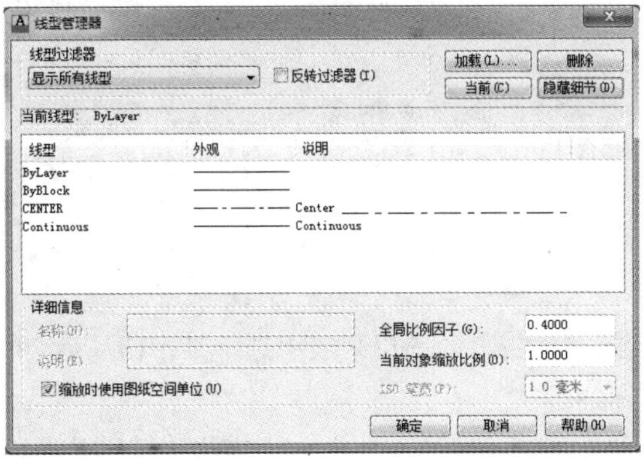

（b）

图 2-9　"线型管理器"对话框

　　另外,在 AutoCAD 中也可以使用"LTSCALE"命令来设置全局线型比例,使用"CELT-SCALE"命令来设置当前对象线型比例。

4.设置图层状态

图层的状态是指图层的打开/关闭、冻结/解冻、锁定/解锁状态等。在如图 2-2 所示的"图层特性管理器"选项板上单击打开/关闭、解冻/冻结、解锁/锁定等特征图标 🔆、🔆、🔓，可控制图层的状态。如图 2-10 所示，图层 01 为打开、解冻、解锁状态；图层 02 为关闭、冻结、锁定状态。

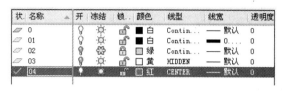

图 2-10 设置图层状态

（1）打开/关闭：图层打开时，可显示和编辑图层上的内容；图层关闭时，图层上的内容全部隐藏，且不可被编辑或打印。

（2）冻结/解冻：冻结图层时，图层上的内容全部隐藏，且不可被编辑或打印，从而减少复杂图形的重新生成时间，当前层可以被关闭和锁定，但不能被冻结。

（3）锁定/解锁：锁定图层时，图层上的内容仍然可见，并且能够捕捉或添加新对象，但不能被编辑。默认情况下，图层是解锁的。

5.管理图层

使用如图 2-2 所示的"图层特性管理器"选项板，可以对图层进行更多的设置与管理，如图层的切换、重命名与删除等。此外，如图 2-11 所示的〖图层〗工具栏中的主要选项与"图层特性管理器"选项板上的内容相对应，因此也可以用来设置与管理图层特性。

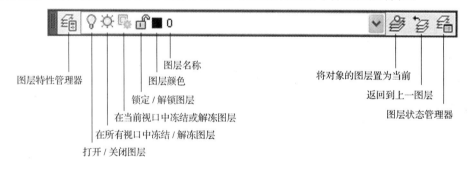

图 2-11 〖图层〗工具栏

（1）切换当前层

在"图层特性管理器"选项板上的图层列表中选择某一图层后，单击"置为当前"按钮 ✔，即可将该图层设置为当前层。

在实际绘图时，主要是通过〖图层〗工具栏上的"图层控制"下拉列表来实现图层切换的，这时只需选择要将其设置为当前层的图层名称即可，如图 2-12 所示。

（2）删除图层

选中要删除的图层后，单击"图层特性管理器"选项板上的"删除图层"按钮 ✖，或按下键盘上的 Delete 键，可删除该图层。但是，当前层、0 层、Defpoints 层（对图形标注尺寸时，系统自动生成的图层）、参照层和包含图形对象的图层不能被删除。

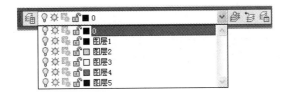

图 2-12 〖图层〗工具栏上的"图层控制"下拉列表

（3）重命名图层

若要重命名图层，可选中该图层，然后在"图层特性管理器"选项板上慢双击图层的名称，使其变为待修改状态时再重新输入新名称。

（4）过滤图层

①使用"新建特性过滤器"过滤图层

当图形中包含大量图层时，在"图层特性管理器"选项板上单击"新建特性过滤器"按钮，打开如图 2-13 所示的"图层过滤器特性"对话框，通过"过滤器定义"来过滤图层。

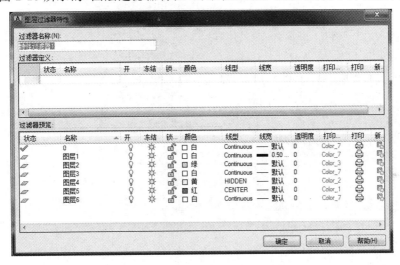

图 2-13 "图层过滤器特性"对话框

②使用"新建组过滤器"过滤图层

在"图层特性管理器"选项板上单击"新建组过滤器"按钮，则在下面的"过滤器"树列表中添加一个"组过滤器 1"（也可以根据需要命名组过滤器）。在"过滤器"树列表中单击"所有使用的图层"或其他过滤器，显示对应的图层信息，然后将需要分组过滤的图层拖动到创建的"组过滤器 1"上即可，如图 2-14 所示。

（5）改变对象所在图层

在实际绘图中，如果绘制完某一图形元素后，发现该元素并没有绘制在预先设置的图层上，可选中该图形元素，并在〖图层〗工具栏上的"图层控制"下拉列表中选择预设图层名，然后按 Esc 键即可改变对象所在图层。

（6）使用图层工具管理图层

利用图层工具，用户可以更加方便地管理图层。选择菜单栏【格式】→【图层工具】命令，打开"图层工具"子菜单，如图 2-15 所示，利用该菜单中的命令，可以更加方便地管理图层。

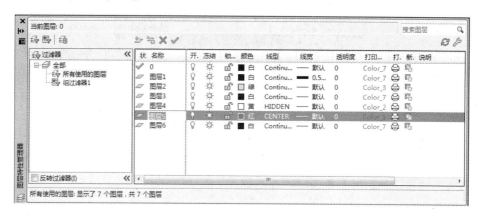

图 2-14 使用"新建组过滤器"过滤图层

图 2-15 "图层工具"子菜单

二、〖特性〗工具栏

利用〖特性〗工具栏,用户可快速、方便地设置绘制图形的颜色、线型以及线宽,如图 2-16 所示。

图 2-16 〖特性〗工具栏

下面介绍〖特性〗工具栏的主要功能。

1. 控制颜色

〖特性〗工具栏上的"颜色控制"下拉列表框用于设置绘图颜色。单击此下拉列表框,AutoCAD 将打开其下拉列表,如图 2-17 所示。用户可通过该下拉列表设置绘图颜色(一般应选择"ByLayer(随层)")或修改当前图形对象的颜色。

修改图形对象颜色的方法是:首先选择图形,然后在如图 2-17 所示的"颜色控制"下拉列表中选择对应的颜色。如果单击下拉列表中的"选择颜色"选项,AutoCAD 会弹出"选择颜色"对话框,供用户选择。

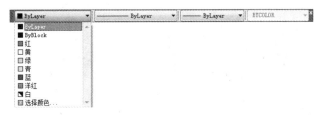

图 2-17 〖特性〗工具栏上的"颜色控制"下拉列表

2. 控制线型

〖特性〗工具栏上的"线型控制"下拉列表框用于设置绘图线型。单击此下拉列表框，AutoCAD 将打开如图 2-18 所示的"线型控制"下拉列表。用户可通过该下拉列表设置绘图线型(一般应选择"ByLayer(随层)")或修改当前图形对象的线型。

图 2-18 〖特性〗工具栏上的"线型控制"下拉列表

修改图形对象线型的方法是：选择对应的图形，然后在如图 2-18 所示的"线型控制"下拉列表中选择对应的线型。如果单击下拉列表中的"其他"选项，AutoCAD 会弹出"线型管理器"对话框，供用户选择。

3. 控制线宽

〖特性〗工具栏上的"线宽控制"下拉列表框用于设置绘图线宽。单击此下拉列表框，AutoCAD 将打开如图 2-19 所示的"线宽控制"下拉列表。用户可通过该下拉列表设置绘图线宽(一般应选择"ByLayer(随层)")或修改当前图形对象的线宽。

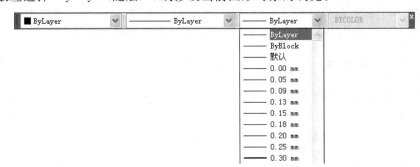

图 2-19 〖特性〗工具栏上的"线宽控制"下拉列表

修改图形对象线宽的方法是：选择对应的图形，然后在"线宽控制"下拉列表中选择对应的线宽。

三、快捷特性

单击状态栏上的"快捷特性"按钮，可以控制快捷特性的打开与关闭。当"快捷特性"按钮为选中状态时即启用"快捷特性"功能，用户选择对象后即可显示"快捷特性"选项板，如图 2-20 所示，从而方便地修改图形的颜色、图层、线型等属性。

单击菜单栏【工具】→【绘图设置】命令，在弹出的"草图设置"对话框中打开"快捷特性"选项卡，选中"选择时显示快捷特性选项板"复选框，同样可以启用"快捷特性"功能，如

图 2-21 所示。

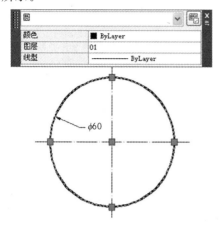

图 2-20　启用"快捷特性"功能后选择对象　　　　图 2-21　"快捷特性"选项卡

四、特性匹配

AutoCAD 提供了特性匹配命令 MATCHPROP 和 PAINTER，可以方便地把一个图形对象的图层、线型、线型比例、线宽和厚度等特性赋予另一个对象，而不需再逐项设定，这样可大大提高绘图速度，节省时间。执行"特性匹配"命令的方式如下：

(1)菜单命令：【修改】→【特性匹配】。

(2)工具栏：〖标准〗工具栏→"特性匹配"按钮 。

(3)键盘输入：MATCHPROP↙或 PAINTER↙或 MA↙。

执行该命令后，首先选择源对象，然后系统提示"选择目标对象或[设置(S)]："，如果选择目标对象，则目标对象的部分或者全部属性和源对象相同。如果选择"设置(S)"选项，将弹出如图 2-22 所示的"特性设置"对话框，从中可设置匹配源对象的特性。

五、栅格和捕捉

栅格是按照设置的间距显示在图形区域中的点，使用栅格类似于在图形下面放置一张坐标纸。利用栅格可以对齐对象，并直观显示对象之间的距离和位置，便于绘图时进行定位。另外，栅格还显示了当前图形界限的范围，因为栅格只在图形界限以内显示。

为实现栅格的定位功能，必须将"捕捉"功能打开，使光标只能停留在图形中指定的栅格上。利用"草图设置"对话框中的"捕捉和栅格"选项卡可进行栅格捕捉与栅格显示方面的设置。选择【工具】→【绘图设置】命令，或在状态栏上的【捕捉】或【栅格】按钮上单击鼠标右键，从弹出的快捷菜单中选择【设置】命令，AutoCAD 弹出如图 2-23 所示的"草图设置"对话框，其中，"捕捉和栅格"选项卡用于栅格捕捉、栅格显示方面的设置；"启用捕捉"和"启用栅格"复选框分别用于启用"捕捉"和"栅格"功能；"捕捉间距"和"栅格间距"选项区域分别用于设置捕捉间距和栅格间距；用户可通过此对话框进行其他设置。

六、正交

"正交"可以将光标限制在水平或垂直方向上移动，以便于快速、精确地创建或修改对象。打开"正交"模式时，使用直接距离输入方法可创建指定长度的正交线或将对象移动指定的距离。

图 2-22　"特性设置"对话框　　　　　　图 2-23　"草图设置"对话框

在绘图和编辑过程中,可以随时打开或关闭"正交"模式,其切换方法是单击状态栏上的【正交】按钮或按 F8 键。输入坐标或指定对象捕捉时将忽略"正交"。

七、极轴追踪

所谓极轴追踪,是指当 AutoCAD 提示用户指定点的位置(如指定直线的另一端点)时,拖动光标,使光标接近预先设定的方向(即极轴追踪方向),AutoCAD 会自动将橡皮筋线吸附到该方向,同时沿该方向显示出极轴追踪矢量,并浮出一小标签,说明当前光标位置相对于前一点的极坐标,如图 2-24 所示。从图 2-24 可以看出,当前光标位置相对于前一点的极坐标为 33.3<135,即两点之间的距离为 33.3,极轴追踪矢量与 X 轴正方向的夹角为 135°。此时单击拾取键,AutoCAD 会将该点作为绘图所需点;如果直接输入一个数值(如输入50),AutoCAD 则沿极轴追踪矢量方向按此长度值确定出点的位置;如果沿极轴追踪矢量方向移动光标,AutoCAD 会通过浮出的小标签动态地显示与光标位置对应的极轴追踪矢量的值(即显示"距离<角度")。

系统默认的极轴追踪角为 90°,用户可根据需要自行设置极轴追踪角。方法是选择【工具】→【绘图设置】命令,系统弹出"草图设置"对话框,打开"极轴追踪"选项卡,如图 2-25 所示,从中设置"增量角"和"附加角"。

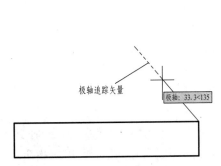

图 2-24　极轴追踪

图 2-25　"极轴追踪"选项卡

"极轴追踪"选项卡各主要选项功能如下：

(1)"启用极轴追踪"复选框：打开或关闭极轴追踪功能。

(2)"增量角"选项框：用于选择极轴夹角的递增值，当极轴夹角为该值倍数时，均显示辅助线。

(3)"附加角"复选框：当"增量角"下拉列表中的角不能满足需要时，先选中该复选框，然后单击【新建】按钮增加特殊的极轴夹角。

在绘图过程中，可以随时打开或关闭"极轴追踪"功能，其方法有以下三种：

(1)快捷菜单：右击状态栏上的【极轴】按钮→选择快捷菜单中【设置】命令→打开"极轴追踪"选项卡→选中(或不选中)"启用极轴追踪"复选框。

(2)状态栏：【极轴】按钮。

(3)键盘输入：功能键 F10。

八、对象捕捉

在 AutoCAD 中，用户不仅可以通过输入点的坐标绘制图形，而且还可以使用系统提供的对象捕捉功能捕捉图形对象上的某些特征点，如圆心、端点、中点、切点、交点、垂足等，从而快速、精确地绘制图形。

1. 对象捕捉的模式

AutoCAD 2013 提供了多种对象捕捉模式，下面简述如下：

● 捕捉端点：捕捉直线、曲线等对象的端点或捕捉多边形的最近一个角点。

● 捕捉中点：捕捉直线、曲线等线段的中点。

● 捕捉交点：捕捉不同图形对象的交点。

● 捕捉外观交点：捕捉在三维空间中图形对象(不一定相交)的外观交点。

● 捕捉延长线：捕捉直线、圆弧、椭圆弧、多段线等图形延长线上的点。

● 捕捉圆心：捕捉圆、圆弧、椭圆、椭圆弧等的圆心。

● 捕捉象限点：捕捉圆、圆弧、椭圆、椭圆弧等图形相对于圆心 $0°$、$90°$、$180°$、$270°$处的点。

● 捕捉切点：捕捉圆、圆弧、椭圆、椭圆弧、多段线或样条曲线等的切点。

● 捕捉垂足：绘制与已知直线、圆、圆弧、椭圆、椭圆弧、多段线或样条曲线等图形相垂直的直线。

● 捕捉平行线：用于画已知直线的平行线。

● 捕捉节点：捕捉用"画点"命令(POINT)绘制的点。

● 捕捉插入点：捕捉插入在当前图形中的文字、块、图形或属性的插入点。

● 捕捉最近点：捕捉图形上离光标位置最近的点。

2. 使用对象捕捉模式

用户可以通过以下三种方法使用对象捕捉模式。

(1)〖对象捕捉〗工具栏

在任一工具栏上单击鼠标右键，从弹出的快捷菜单中单击【对象捕捉】命令(使其为选中状态)，打开如图 2-26 所示的〖对象捕捉〗工具栏。在绘图过程中，当要求用户指定点时，单击该工具栏上相应的特征点按钮，再将光标移到要捕捉对象的特征点附近，即可捕捉到所需的点。

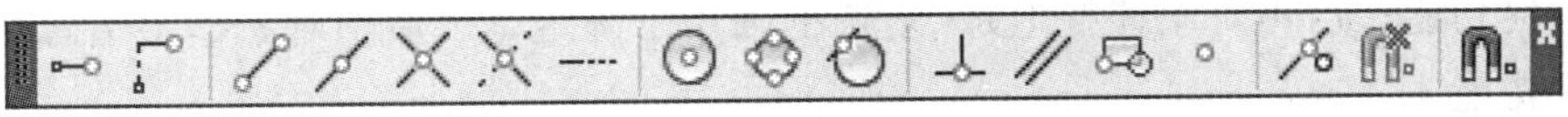

图 2-26 〖对象捕捉〗工具栏

（2）"对象捕捉"快捷菜单

当要求用户指定点时，按下 Shift 键，同时在绘图区单击鼠标右键，打开"对象捕捉"快捷菜单，如图 2-27 所示。利用该快捷菜单用户可以选择相应的对象捕捉模式。在"对象捕捉"快捷菜单中，除了与〖对象捕捉〗工具栏中的模式相对应的选项外，还有【临时追踪点】、【自】、【两点之间的中点】、【点过滤器】、【三维对象捕捉】、【无】、【对象捕捉设置】等命令。【点过滤器】命令用于捕捉满足指定坐标条件的点，【三维对象捕捉】命令用于捕捉三维对象上满足设置条件的点。

（3）"对象捕捉"关键字

不管当前对象捕捉模式如何，当命令提示要求用户指定点时，输入对象捕捉关键字，如 END、MID、QUA 等，直接给定对象捕捉模式。该模式常用于临时捕捉某一特征点，操作一次后即退出指定捕捉模式。

图 2-27 "对象捕捉"快捷菜单

3. 使用自动对象捕捉功能

所谓自动对象捕捉，就是当用户把光标放在一个图形对象上时，系统根据用户设置的对象捕捉模式，自动捕捉到该对象上所有符合条件的特征点，并显示出相应的标记。

（1）设置"自动对象捕捉"模式

选择【工具】→【绘图设置】命令，或右击状态栏上的【对象捕捉】按钮，在弹出的从快捷菜单中选择【设置】命令，系统弹出"草图设置"对话框，打开"对象捕捉"选项卡，如图 2-28 所示，在"对象捕捉"选项卡中选中相应复选框，再选中"启用对象捕捉"复选框，之后单击【确定】按钮。

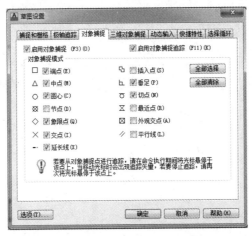

图 2-28 "对象捕捉"选项卡

在"对象捕捉"选项卡中，可以通过"对象捕捉模式"选项区域中的各复选框确定对象捕捉模式，即确定使 AutoCAD 将自动捕捉到哪些点；"启用对象捕捉"复选框用于确定是否启用自动捕捉功能;"启用对象捕捉追踪"复选框则用于确定是否启用对象捕捉追踪功能,后面将介绍该功能。

(2)使用"自动对象捕捉"功能

利用"对象捕捉"选项卡设置默认捕捉模式并启用"对象捕捉"功能后,在绘图过程中每当 AutoCAD 提示用户确定点时,如果使光标位于对象上在对象捕捉模式中设置的对应点的附近,AutoCAD 会自动捕捉到这些点,并显示出捕捉到相应点的小标签,此时单击拾取键,AutoCAD 就会以该捕捉点为相应点。

在绘图过程中,可以随时打开或关闭"自动对象捕捉"功能,其方法有以下三种:

(1)快捷菜单:右击状态栏上的【对象捕捉】按钮→选择快捷菜单中【设置】命令→打开"对象捕捉"选项卡→选中(或不选中)"启用对象捕捉"复选框,并选择对象捕捉模式。

(2)状态栏:【对象捕捉】按钮。

(3)键盘命令:功能键 F3。

九、对象捕捉追踪

"对象捕捉追踪"是利用已有图形对象上的捕捉点来捕捉其他位置点的一种快捷作图方法。"对象捕捉追踪"功能常用于事先不知具体的追踪方向,但已知图形对象间的某种关系(如正交)的情况下使用。

使用"对象捕捉追踪"的方法是:首先单击状态栏上的【对象捕捉】和【对象追踪】按钮,启用这两项功能;执行一个绘图命令后将十字光标移动到一个对象捕捉点处作为临时获取点,但此时不要单击它,当显示出捕捉点标识之后,暂时停顿片刻即可获取该点;获取点之后,当移动鼠标时,将显示相对于获取点的水平、垂直或极轴对齐的追踪线,在该追踪线上定位点。例如,已知图 2-29(a)中有一个圆和一条直线,当执行 LINE 命令确定直线的起始点时,利用对象捕捉追踪可以找到一些特殊点,如图 2-29(b)和图 2-29(c)所示。图 2-29(b)中捕捉到的点的 Y 坐标与圆心的 Y 坐标相同,且位于 45°的追踪线上。如果单击拾取键,就会得到对应的点。图 2-29(c)中捕捉到的点的 X、Y 坐标分别与已有直线端点的 X 坐标和圆心的 Y 坐标相同。

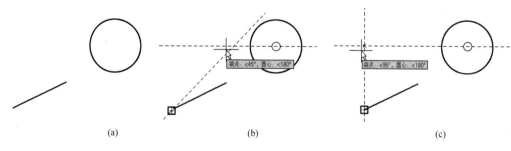

(a)   (b)   (c)

图 2-29　对象捕捉追踪

十、动态输入

"动态输入"在光标附近提供了一个命令界面,以帮助用户专注于绘图区域。

1. 打开或关闭"动态输入"功能

单击状态栏上的"动态输入"按钮 **DYN**,可以打开或关闭"动态输入"功能,按下 F12 键也可以打开或关闭"动态输入"功能。

2."动态输入"功能的设置与使用

"动态输入"功能包括指针输入、标注输入和动态提示三项功能。其设置方法是：首先在状态栏的"动态输入"按钮 DYN 上单击鼠标右键，在弹出的快捷菜单中单击【设置】命令，然后在弹出的"草图设置"对话框的"动态输入"选项卡中设置相应的选项，如图 2-30所示。

图 2-30　"动态输入"选项卡

（1）指针输入

在"草图设置"对话框的"动态输入"选项卡中，选中"启用指针输入"复选框可以启用指针输入功能。在"指针输入"选项区域中单击【设置】按钮，系统弹出"指针输入设置"对话框，如图 2-31 所示，在该对话框中可以设置指针的格式和可见性。

当启用指针输入功能且有命令在执行时，十字光标的位置将在光标附近的工具提示中显示为坐标。可以在工具提示中输入坐标值，而不用在命令行中输入。第二个点和后续点的输入法默认设置为相对极坐标，不需要输入"@"符号。要输入相对极坐标，输入距第一点的距离并按 TAB 键（或＜），然后输入角度值按 Enter 键。要输入笛卡尔坐标，输入 X 坐标值和逗号（,），然后输入 Y 坐标值按 Enter 键。如果需要使用绝对坐标，请使用井号（♯）前缀。例如，要将对象移到原点，请在提示输入第二个点时，输入"♯0,0"。

（2）标注输入

在"草图设置"对话框的"动态输入"选项卡中，选中"可能时启用标注输入"复选框，可以启用标注输入功能。在"标注输入"选项区域中单击【设置】按钮，系统弹出"标注输入的设置"对话框，在该对话框中可以设置标注的可见性，如图 2-32 所示。启用"标注输入"功能时，当命令行提示输入第二点时，工具提示将显示距离和角度值。在工具提示中的值将随着光标的移动而改变。在工具提示中输入距离和角度值，按 Tab 键在它们之间切换。

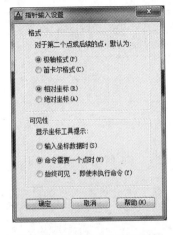

图 2-31　"指针输入设置"对话框

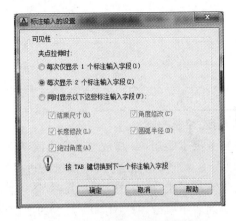

图 2-32　"标注输入的设置"对话框

（3）动态提示

在"草图设置"对话框的"动态输入"选项卡中，选中"动态提示"选项区域中的"在十字光标附近显示命令提示和命令输入"复选框，可以在光标附近显示命令提示，用户可以在工具提示（而不是在命令行）中输入响应，如图2-33所示。按向下箭头键"↓"可以查看和选择选项；按向上箭头键"↑"可以显示最近的输入。

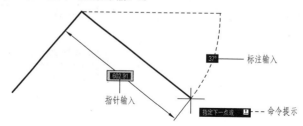

图 2-33　显示动态提示

任务实施 >>>

第 1 步：创建新图形文件

第 2 步：设置图形单位

单击【格式】→【单位】命令，打开"图形单位"对话框。将"长度"选项组的"类型"设置为"小数"，"精度"设置为"0"；将"角度"选项组的"类型"设置为"十进制度数"，"精度"设置为"0"，之后单击【确定】按钮。

微课 4

复杂直线图形的绘制

第 3 步：设置图形界限

（1）单击【格式】→【图形界限】命令，在命令行窗口中输入图形界限两个点的坐标"0,0"和"420,297"；

（2）在命令行窗口中输入 Z↙，再输入 A（即选择"全部（A）"选项）↙，单击状态栏上的【栅格】按钮，显示图形界限。

第 4 步：设置图层

打开"图层特性管理器"选项板，设置图层、颜色、线型和线宽，见表2-1。

表 2-1　　　　　　　　　　　　　　　　设置图层

图层名	颜色	线型	线宽
01	黑色	Continuous	0.5 mm
02	绿色	Continuous	默认
04	黄色	HIDDEN	默认
05	红色	CENTER	默认

第 5 步：绘制图框

本任务要求绘制 A3 横放留装订边的图框，其尺寸如图2-34所示。操作如下：

（1）用绝对直角坐标绘制 A3 图纸的边界线

首先选择图层：单击【图层】工具栏"图层控制"选项框右侧的下拉按钮，在展开的图层控制下拉列表中单击"02"，则"02"层变为当前层。

其次绘制 A3 图纸的边界线。

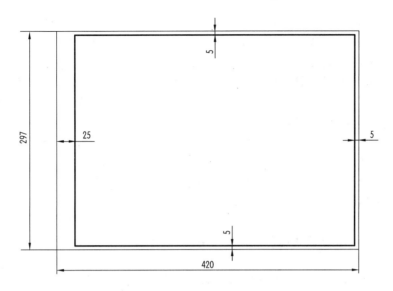

图 2-34 A3 横放留装订边的图框尺寸

命令:**L** ✓	//输入直线命令
指定第一个点:**0,0** ✓	//指定起始点
指定下一点或[放弃(U)]:**420,0** ✓	//指定右下角点
指定下一点或[放弃(U)]:**420,297** ✓	//指定右上角点
指定下一点或[闭合(C)/放弃(U)]:**0,297** ✓	//指定左上角点
指定下一点或[闭合(C)/放弃(U)]:**C** ✓	//闭合

（2）使用"正交"工具绘制 A3 图纸的图框线

首先绘制 A3 图纸的图框线。

命令:**L** ✓	//输入直线命令
指定第一个点:**25,5** ✓	//指定起始点
指定下一点或[放弃(U)]:**390** ✓（打开正交模式）	//沿水平向右给定长度390
指定下一点或[放弃(U)]:**287** ✓	//沿垂直向上给定长度287
指定下一点或[闭合(C)/放弃(U)]:**390** ✓	//沿水平向左给定长度390
指定下一点或[闭合(C)/放弃(U)]:**C** ✓	//闭合

其次置换图层:单击图框线后,再单击〖图层〗工具栏"图层控制"下拉列表中的"01"层,将图框线设置为"01"层。

第 6 步:绘制标题栏

本任务要求绘制如图 2-35 所示的标题栏。操作步骤如下:

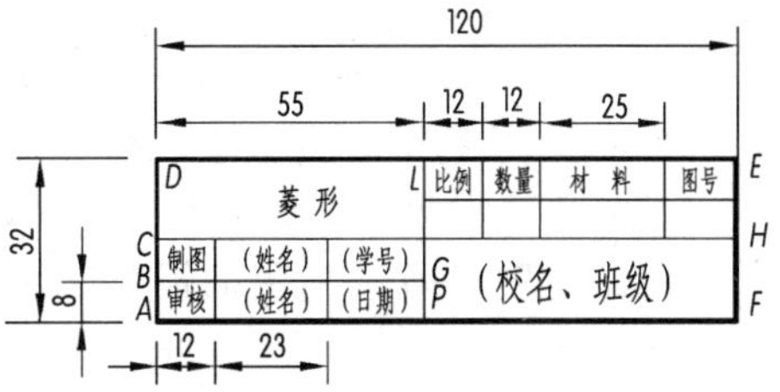

（1）通过〖图层〗工具栏,将"01"层设置为当前层。

图 2-35 标题栏

命令:**L** ✓	//输入直线命令
指定第一个点:**295,5** ✓（打开"动态输入"功能）	//指定起始点
指定下一点或[放弃(U)]:**32** ✓（打开正交模式）	//沿垂直向上给定长度32

指定下一点或[放弃(U)]:**120** ↙   // 沿水平向右给定长度 120

指定下一点或[闭合(C)/放弃(U)]:↙   // 结束命令

(2)通过〖图层〗工具栏将"02"层设置为当前层。

在状态栏的【对象捕捉】按钮上单击鼠标右键,在弹出的快捷菜单中单击【设置】命令,系统弹出"草图设置"对话框,在"对象捕捉"选项卡中选择"中点"、"垂足"、"端点"和"启用对象捕捉"复选框,之后单击【确定】按钮。

命令:**L** ↙   // 输入直线命令

指定第一个点:**移动光标到直线 AD 上捕捉中点 C**

指定下一点或[放弃(U)]:**移动光标到直线 EF 上捕捉垂足 H**

指定下一点或[闭合(C)/放弃(U)]:↙   // 结束命令

命令:**L** ↙   // 输入直线命令

指定第一个点:**以 D 点为临时追踪参考点,向右移动光标出现水平追踪线时输入 55** ↙
                                                 // 确定点 L

指定下一点或[放弃(U)]:**向下移动光标到直线 AF 上捕捉垂足 P**

指定下一点或[闭合(C)/放弃(U)]:↙   // 结束命令

命令:**L** ↙   // 输入直线命令

指定第一个点:**移动光标到直线 AC 上捕捉中点 B**

指定下一点或[放弃(U)]:**移动光标到直线 PL 上捕捉垂足 G**

指定下一点或[闭合(C)/放弃(U)]:↙   // 结束命令

应用同样的方法绘出标题栏内的其他细实线。

第 7 步:绘制菱形 ABCD

首先通过〖图层〗工具栏将"04"层设置为当前层。

其次绘制菱形 ABCD。

命令:**L** ↙   // 输入直线命令

指定第一个点:**在图框内的合适位置单击指定起始点 A**

指定下一点或[放弃(U)]:**145<39** ↙(打开"动态输入"功能)
                                                 // 指定 B 点

指定下一点或[放弃(U)]:**@145<-39** ↙(关闭"动态输入"功能)
                                                 // 指定 C 点

指定下一点或[闭合(C)/放弃(U)]:**@145<219**   // 指定 D 点

指定下一点或[闭合(C)/放弃(U)]:**C** ↙   // 闭合

第 8 步:绘制中心线

首先通过〖图层〗工具栏将"05"层设置为当前层。

其次打开"正交""对象捕捉""对象跟踪"功能,绘制中心线。

命令:**L** ↙   // 输入直线命令

指定第一个点:**跟踪 A 点向左偏移 5 mm 单击**   // 指定水平中心线的左端点

指定下一点或[放弃(U)]:**跟踪 C 点向右偏移 5 mm 单击** // 指定水平中心线的右端点

指定下一点或[放弃(U)]:↙   // 结束命令

同理绘制竖直中心线。

第 9 步:保存文件

单击〖快速访问〗工具栏上的"保存"按钮。

任务检测与技能训练 >>>

1.用直线命令绘制图 2-36 所示图形。要求:图形正确,线型符合国家标准规定,不标注尺寸,不填写标题栏。

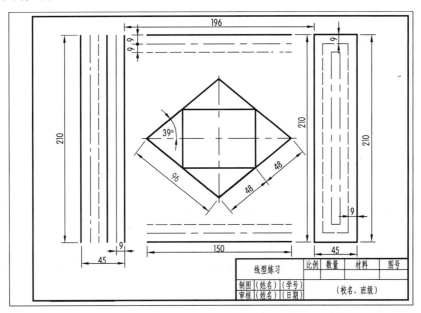

图 2-36　1 题图

2.选择合适的图幅用 1∶1 的比例绘制图 2-37 所示图形。要求:布图匀称,图形正确,线型符合国家标准规定,不标注尺寸。

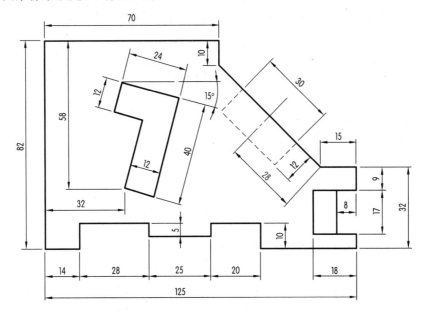

图 2-37　2 题图

3.选择合适的图幅用1:1的比例绘制图 2-38 所示图形。要求:布图匀称,图形正确,线型符合国家标准规定,不标注尺寸。

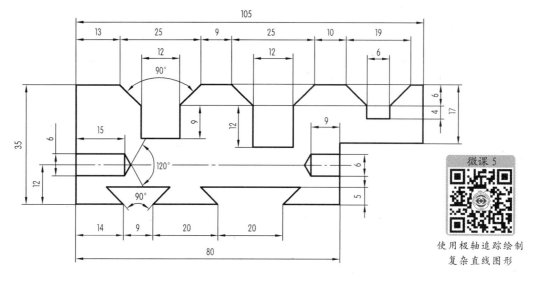

图 2-38　3 题图

4.选择合适的图幅用1:1的比例绘制图 2-39 所示图形。要求:布图匀称,图形正确,线型符合国家标准规定,不标注尺寸。

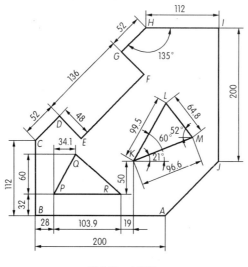

图 2-39　4 题图

任务 3

基本几何图形的绘制

任务描述 >>>

用 1：1 的比例绘制图 3-1 所示图形。要求：图形正确，线型符合国家标准规定，不标注尺寸。

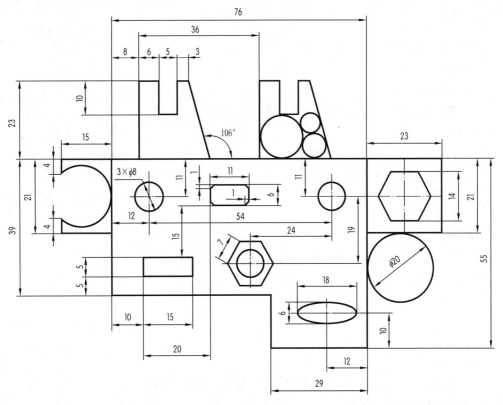

图 3-1　平面图形

任务目标 >>>

1.知识目标

掌握圆、圆弧、正多边形、矩形、椭圆等的绘制方法;掌握平面图形的基本绘图方法和步骤。

2.技能目标

能够正确使用绘图命令画出基本几何图形;熟练应用 AutoCAD 绘图工具绘制图 3-1 所示图形。

知识储备 >>>

一、圆的绘制

圆是绘图过程中使用最多的基本图形元素之一。执行"圆"命令的方式如下:

(1)键盘输入:CIRCLE ↙或 C ↙。

(2)菜单命令:【绘图】→【圆】。

(3)工具栏:〖绘图〗工具栏→"圆"按钮 ⊙。

AutoCAD 提供了六种画圆的方法,通过菜单栏【绘图】→【圆】命令,在打开的子菜单中选择绘制圆的方法,如图 3-2 所示。

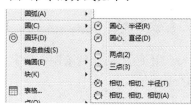

图 3-2 绘制"圆"的菜单

①用"圆心、半径"方式画圆

步骤如下:

命令:CIRCLE ↙

指定圆的圆心或[三点(3P)/两点(2P)/切点、切点、半径(T)]:**0,0** ↙

指定圆的半径或[直径(D)]:**20** ↙

绘制结果如图 3-3 所示。

②用"圆心、直径"方式画圆

步骤如下:

命令:CIRCLE ↙

指定圆的圆心或[三点(3P)/两点(2P)/切点、切点、半径(T)]:**0,80** ↙

指定圆的半径或[直径(D)]<20.000>:**D** ↙

指定圆的直径 <40.000>:**30** ↙

③用"两点"方式画圆

步骤如下:

命令:CIRCLE ↙

指定圆的圆心或[三点(3P)/两点(2P)/切点、切点、半径(T)]:**2P** ↙或单击两点(2P)

指定圆直径的第一个端点:**捕捉图 3-4 中点 A**

指定圆直径的第二个端点:**捕捉图 3-4 中点 B**

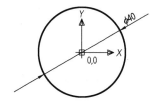

图 3-3 以"圆心、半径"方式画圆

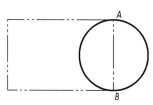

图 3-4 以"两点"方式画圆

系统将以点 A、B 的连线为直径绘出所需的圆。绘制结果如图 3-4 所示。

④用"三点"方式画圆

通过不在同一直线上的三点画圆,步骤如下:

命令:**CIRCLE** ✓

指定圆的圆心或[三点(3P)/两点(2P)/切点、切点、半径(T)]:**3P** ✓ 或单击三点(3P)

指定圆上的第一个点:**捕捉图 3-5 中点 A**

指定圆上的第二个点:**捕捉图 3-5 中点 B**

指定圆上的第三个点:**捕捉图 3-5 中点 C**

绘制结果如图 3-5 所示。

⑤用"相切、相切、半径"方式画圆

画一个与屏幕上的两个现存实体(圆、圆弧、直线等)相切的圆,步骤如下:

命令:**CIRCLE** ✓

指定圆的圆心或[三点(3P)/两点(2P)/切点、切点、半径(T)]:**T** ✓ 或单击切点、切点、

半径(**T**)

指定对象与圆的第一个切点:**单击图 3-6 中点 A**   // 在直线上选取一点 A

指定对象与圆的第二个切点:**单击图 3-6 中点 B**   // 在圆 1 上选取一点 B

指定圆的半径 <20.000>:**20** ✓   // 输入圆的半径

结果如图 3-6 中的圆 2 所示。

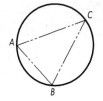   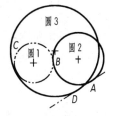

图 3-5 用"三点"方式画圆   图 3-6 用"相切、相切、半径"方式画圆

命令:**CIRCLE** ✓

指定圆的圆心或[三点(3P)/两点(2P)/切点、切点、半径(T)]:**T** ✓ 或单击切点、切点、

半径(**T**)

指定对象与圆的第一个切点:**单击图 3-6 中点 D**   // 在直线上选取一点 D

指定对象与圆的第二个切点:**单击图 3-6 中点 C**   // 在圆 1 上选取一点 C

指定圆的半径 <20.000>:**35** ✓   // 输入圆的半径

绘制结果如图 3-6 中的圆 3 所示。

说 明

使用这种方法绘制圆时要注意切点的捕捉,在不同的位置捕捉可以得到不同的相切圆。

⑥用"相切、相切、相切"方式画圆

画一个与屏幕上的三个现存实体(圆、圆弧、直线等)相切的圆,步骤如下:

单击【绘图】→【圆】→【相切、相切、相切】命令,命令行提示:

指定圆的圆心或[三点(3P)/两点(2P)/切点、切点、半径(T)]:_3p 指定圆上的第一个

点：_tan 到：**单击图 3-7 中点 C**　　　　　　　　// 在直线上选取一点 C
　指定圆上的第二个点：_tan 到：**单击图 3-7 中点 A**　// 在圆 1 上选取一点 A
　指定圆上的第三个点：_tan 到：**单击图 3-7 中点 B**　// 在圆 2 上选取一点 B
　绘制结果如图 3-7 中的圆 3 所示。

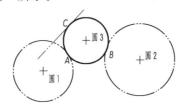

图 3-7　用"相切、相切、相切"方式画圆

二、圆弧的绘制

圆弧也是绘制图形时使用最多的基本图形之一，它在实体元素之间起着光滑的过渡作用。AutoCAD 提供了 11 种绘制圆弧的方法，如图 3-8 所示。执行"圆弧"命令的方式如下：

（1）菜单命令：【绘图】→【圆弧】。

（2）工具栏：〖绘图〗工具栏→"圆弧"按钮 。

（3）键盘输入：ARC↙或 A↙。

下面就常用的圆弧绘制方法加以说明。

①用"三点"方式画圆弧

若已知圆弧的起点、终点和圆弧上任一点，则可用 ARC 命令的默认方式"三点"画圆弧。例如依次选取 A、B、C 三点即可绘制如图 3-9(a)所示圆弧，具体步骤如下：

单击【绘图】→【圆弧】→【三点】命令，命令行提示：

图 3-8　绘制"圆弧"的菜单

　指定圆弧的起点或［圆心(C)］：**单击点 A**
　指定圆弧的第二个点或［圆心(C)/端点(E)］：**单击点 B**
　指定圆弧的端点：**单击点 C**

②用"起点、圆心、端点"方式画圆弧

若已知圆弧的起点、圆心和终点（即命令中的端点），则可以通过这种方式画圆弧。例如，依次选取起点 A、圆心 B 和终点 C，即可绘制如图 3-9(b)所示圆弧，具体步骤如下：

单击【绘图】→【圆弧】→【起点、圆心、端点】命令，命令行提示：

　指定圆弧的起点或［圆心(C)］：**单击点 A**
　指定圆弧的第二个点或［圆心(C)/端点(E)］：_c 指定圆弧的圆心：**单击点 B**
　指定圆弧的端点或［角度(A)/弦长(L)］：**单击点 C**

注意：从几何的角度来说，用"起点、圆心、端点"方式可以在图形上形成两段圆弧。为了准确绘图，默认情况下，系统将按逆时针方向截取所需的圆弧。

③用"起点、圆心、角度"方式画圆弧

若已知圆弧的起点、圆心和圆心角的角度，则可以利用这种方式画圆弧。例如绘制如图 3-9(c)所示圆弧，具体步骤如下：

单击【绘图】→【圆弧】→【起点、圆心、角度】命令，命令行提示：

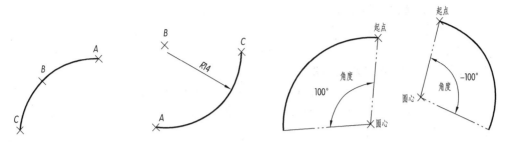

(a) 用"三点"方式画圆弧 (b) 用"起点、圆心、端点"方式画圆弧 (c) 用"起点、圆心、角度"方式画圆弧

图 3-9 绘制圆弧

指定圆弧的起点或[圆心(C)]:**在起点处单击**

指定圆弧的第二个点或[圆心(C)/端点(E)]:_c 指定圆弧的圆心:**在圆心处单击**

指定圆弧的端点或[角度(A)/弦长(L)]:_a 指定包含角:**100** ✓

//指定包含角(圆心角)的度数

单击【绘图】→【圆弧】→【起点、圆心、角度】,命令行提示:

指定圆弧的起点或[圆心(C)]:**在起点处单击**

指定圆弧的第二个点或[圆心(C)/端点(E)]:_c 指定圆弧的圆心:**在圆心处单击**

指定圆弧的端点或[角度(A)/弦长(L)]:_a 指定包含角:**− 100** ✓

//指定包含角(圆心角)的度数

④用"起点、圆心、长度"方式画圆弧

若已知圆弧的起点、圆心和所绘圆弧的弦长(图 3-10(a)),则可以利用这种方式画圆弧。例如绘制如图 3-10 所示圆弧,具体步骤如下:

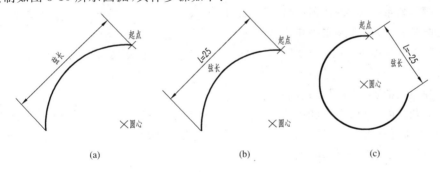

(a) (b) (c)

图 3-10 用"起点、圆心、长度"方式画圆弧

单击【绘图】→【圆弧】→【起点、圆心、长度】命令,命令行提示:

指定圆弧的起点或[圆心(C)]:**在起点处单击**

指定圆弧的第二个点或[圆心(C)/端点(E)]:_c 指定圆弧的圆心:**在圆心处单击**

指定圆弧的端点或[角度(A)/弦长(L)]:_l 指定弦长:**25** ✓   //指定弦长

注意:给定弦的长度应小于圆弧所在圆的直径,否则系统将给出错误提示。默认情况下,系统同样按逆时针方向截取圆弧,弦长为正绘制劣弧(图 3-10(b)),弦长为负绘制优弧(图 3-10(c))。

⑤用"起点、端点、角度"方式画圆弧

若已知圆弧的起点、终点和圆心角的角度,则可以利用这种方式画圆弧。例如绘制如图 3-11(a)左侧所示圆弧,具体步骤如下:

单击【绘图】→【圆弧】→【起点、端点、角度】命令,命令行提示:

指定圆弧的起点或[圆心(C)]:**在起点处单击**

指定圆弧的第二个点或[圆心(C)/端点(E)]:_e　　　　　　　　//系统提示

指定圆弧的端点:**在终点处单击**

指定圆弧的圆心或[角度(A)/方向(D)/半径(R)]:_a 指定包含角:**100**↙ //指定包含角

注意:圆心角为正值时,按逆时针方向绘制圆弧;圆心角为负值时,按顺时针方向绘制圆弧(图 3-11(a))。

⑥用"起点、端点、方向"方式画圆弧

若已知圆弧的起点、终点和所画圆弧起点的切线方向,则可利用这种方式画圆弧。例如绘制如图 3-11(b)所示圆弧,具体步骤如下:

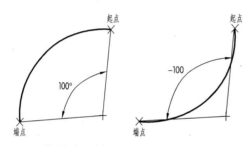 

(a)用"起点、端点、角度"方式画圆弧　　　(b)用"起点、端点、方向"方式画圆弧

图 3-11　绘制圆弧

单击【绘图】→【圆弧】→【起点、端点、方向】命令,命令行提示:

指定圆弧的起点或[圆心(C)]:**在起点处单击**

指定圆弧的第二个点或[圆心(C)/端点(E)]:_e　　　　　　　　//系统提示

指定圆弧的端点:**在终点处单击**

指定圆弧的圆心或[角度(A)/方向(D)/半径(R)]:_d 指定圆弧的起点切向:**在 A 点处单击**

⑦用"起点、端点、半径"方式画圆弧

若已知圆弧的起点、终点和该段圆弧所在圆的半径(图 3-12(a)),则可利用这种方式画圆弧,绘制优弧还是劣弧由半径的正负决定,半径为正绘制劣弧,为负绘制优弧。例如绘制如图 3-12(b)所示圆弧,具体步骤如下:

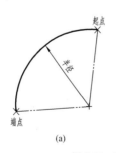

(a)　　　　　　　　　(b)

图 3-12　用"起点、端点、半径"方式画圆弧

单击【绘图】→【圆弧】→【起点、端点、半径】命令,命令行提示:

指定圆弧的起点或[圆心(C)]:**在起点处单击**

指定圆弧的第二个点或[圆心(C)/端点(E)]:_e　　　　　　　　//系统提示

指定圆弧的端点:**在终点处单击**

指定圆弧的圆心或[角度(A)/方向(D)/半径(R)]:_r 指定圆弧的半径:**20** ↙

//输入半径值

再次单击【绘图】→【圆弧】→【起点、端点、半径】命令,命令行提示:

指定圆弧的起点或[圆心(C)]:**在起点处单击**

指定圆弧的第二个点或[圆心(C)/端点(E)]:_e

//系统提示

指定圆弧的端点:**在终点处单击**

指定圆弧的圆心或[角度(A)/方向(D)/半径(R)]:_r 指定圆弧的半径:**-20** ↙

//输入半径值

⑧用"圆心、起点、端点"方式画圆弧(略)

⑨用"圆心、起点、角度"方式画圆弧(略)

⑩用"圆心、起点、长度"方式画圆弧(略)

以上三种方式都可以归结为用"圆心、起点"方式画圆弧,如图 3-13 所示。

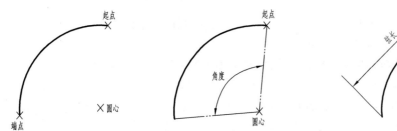

(a) 用"圆心、起点、端点"方式画圆弧　(b) 用"圆心、起点、角度"方式画圆弧　(c) 用"圆心、起点、长度"方式画圆弧

图 3-13　用"圆心、起点"方式画圆弧

⑪用"继续"方式画圆弧

该方式以刚画完的直线或圆弧的终点为起点绘制与该直线或圆弧相切的圆弧,如图 3-14 所示。

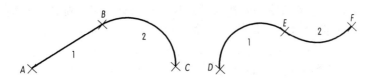

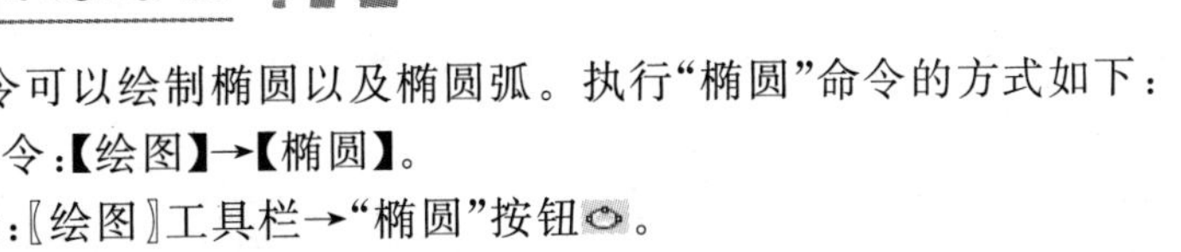

图 3-14　用"继续"方式画圆弧

三、椭圆的绘制

利用该命令可以绘制椭圆以及椭圆弧。执行"椭圆"命令的方式如下:

(1)菜单命令:【绘图】→【椭圆】。

(2)工具栏:〖绘图〗工具栏→"椭圆"按钮 ⬬。

(3)键盘输入:ELLIPSE ↙或 EL ↙。

AutoCAD 提供了三种绘制椭圆的方式,下面分别介绍。

①根据椭圆的圆心和半轴长度绘制椭圆,操作步骤如下:

命令:ELLIPSE ↙

指定椭圆的轴端点或[圆弧(A)/中心点(C)]:**C** ↙或单击中心点(C)

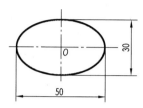
(a) 根据椭圆的圆心和半轴长度绘制椭圆

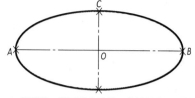
(b) 根据某一轴两端点及另一半轴长度绘制椭圆

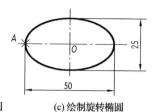
(c) 绘制旋转椭圆

图 3-15　绘制椭圆

指定椭圆的中心点:**在屏幕上拾取一点**

指定轴的端点:**25** ✓　　　　　　　　　　//水平向右追踪,输入椭圆长半轴长度

指定另一条半轴长度或[旋转(R)]:**15** ✓　//垂直向上或向下追踪,输入椭圆短半轴长度

绘制结果如图 3-15(a)所示。

②根据椭圆某一轴上两个端点的位置以及另一轴的半长绘制椭圆,操作步骤如下:

命令:**ELLIPSE** ✓

指定椭圆的轴端点或[圆弧(A)/中心点(C)]:**在点 A 处单击**

指定轴的另一个端点:**在点 B 处单击**

指定另一条半轴长度或[旋转(R)]:**在点 C 处单击**

绘制结果如图 3-15(b)所示。

③绘制旋转椭圆,操作步骤如下:

命令:**ELLIPSE** ✓

指定椭圆的轴端点或[圆弧(A)/中心点(C)]:**在点 A 处单击**

指定轴的另一个端点:**50** ✓　　　　　　　//水平向右追踪,输入椭圆长轴长度

指定另一条半轴长度或[旋转(R)]:**R** ✓或单击旋转(R)

指定绕长轴旋转的角度:**60** ✓

用户输入的角度的范围是:$0° \leqslant \alpha \leqslant 89.4°$,如果直接回车或输入的旋转角度值为"0"、"180"以及"180"的倍数,则所绘的是圆。该选项通过绕第一条轴旋转定义椭圆的长轴短轴比例。该值(从 $0°$ 到 $89.4°$)越大,短轴对长轴的比例越大。$89.4° \sim 90.6°$ 的值无效,因为此时椭圆将显示为一条直线。当输入角度为 $60°$ 时,效果如图 3-15(c)所示。

注意:若设置环境变量 Pellipse 的值为 1,则可以捕捉椭圆切点。

四、椭圆弧命令

椭圆弧就是部分椭圆。在 AutoCAD 中,椭圆弧的绘制命令和椭圆的绘制命令都是 ELLIPSE,但命令行的提示不同。执行"椭圆弧"命令的方式如下:

(1)键盘输入:ELLIPSE ✓。

(2)菜单命令:【绘图】→【椭圆】→【圆弧】。

(3)工具栏:【绘图】工具栏→"椭圆弧"按钮 ⌒。

该命令的使用方法类似于椭圆命令,具体应用请参照椭圆绘制部分。

五、矩形的绘制

"矩形"命令可以绘制多种类型的矩形,是绘制平面图形的常用命令,在 AutoCAD 中矩形作为一个整体是构成复杂图形的基本图形元素。执行"矩形"命令的方式如下：

(1)键盘输入：RECTANGLE ✓或 REC ✓。

(2)菜单命令：【绘图】→【矩形】。

(3)工具栏：〖绘图〗工具栏→"矩形"按钮▭。

绘制矩形的步骤如下：

①输入命令：RECTANGLE ✓；

②命令提示：

指定第一个角点或[倒角(C)/标高(E)/圆角(F)/厚度(T)/宽度(W)]：

各选项的含义及功能说明如下：

● 指定第一个角点：该选项用于确定矩形第一个角点的位置，是系统的默认选项，当用户指定完第一个角点之后，系统随后会提示：

指定另一个角点或[面积(A)/尺寸(D)/旋转(R)]：

AutoCAD 将利用这两个对角点绘制所需的矩形。其中"面积(A)"选项用来根据给定的"面积"以及"长度"或"宽度"计算出另一边的长度，从而绘制矩形；"尺寸(D)"选项根据给定的"长度"或者"宽度"绘制矩形，第一个角点的位置决定了矩形的位置；"旋转(R)"选项用来指定矩形的旋转角度。如果需要根据已有的直线确定矩形的旋转角度，则可选择"旋转(R)"后再选择"拾取点(P)"选项，系统会根据先后拾取的两个点来确定矩形的旋转角度，如图 3-16(a)所示。

● 倒角(C)：该选项用于确定矩形的倒角尺寸。选择此选项后系统提示：

指定矩形的第一个倒角距离 <0.000>：**2.0** ✓　　//输入第一个倒角距离

指定矩形的第二个倒角距离 <4.000>：**4.0** ✓　　//输入第二个倒角距离

提示用户通过设定矩形每个顶点的两个倒角距离来确定倒角尺寸。

● 标高(E)：该选项用于确定矩形的绘图标高(一般用于三维图形)。

● 圆角(F)：该选项用于确定矩形的圆角尺寸。选择此选项后系统提示"指定矩形的圆角半径 <4.000>："，在此输入矩形的圆角半径，绘制带圆角的矩形。

● 厚度(T)：该选项用于确定矩形的厚度(一般用于三维图形)。

● 宽度(W)：该选项用于确定矩形的线宽。选择此选项后系统提示"指定矩形的线宽 <0.000>："，在此输入矩形的线宽值，绘制指定线宽的矩形。

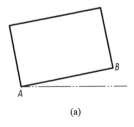
(a)

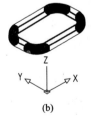
(b)

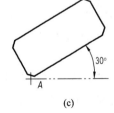
(c)

图 3-16　矩形绘制

【例 3-1】　绘制如图 3-16(b)所示矩形。

操作步骤如下：

命令：RECTANGLE ✓

指定第一个角点或[倒角(C)/标高(E)/圆角(F)/厚度(T)/宽度(W)]：**W** ✓或单击宽度(W)

指定矩形的线宽 <2.000>：**6** ✓

指定第一个角点或[倒角(C)/标高(E)/圆角(F)/厚度(T)/宽度(W)]:**F**↙或单击圆角(F)

指定矩形的圆角半径 <10.000>:**12** ↙

指定第一个角点或[倒角(C)/标高(E)/圆角(F)/厚度(T)/宽度(W)]:**E**↙或单击标高(E)

指定矩形的标高 <0.000>:**50** ↙

指定第一个角点或[倒角(C)/标高(E)/圆角(F)/厚度(T)/宽度(W)]:**T**↙或单击厚度(T)

指定矩形的厚度 <0.000>:**5** ↙

指定第一个角点或[倒角(C)/标高(E)/圆角(F)/厚度(T)/宽度(W)]:**选择左上角点**

指定另一个角点或[面积(A)/尺寸(D)/旋转(R)]:**选择右下角点**

【例 3-2】 绘制如图 3-16(c)所示矩形。

操作步骤如下:

命令:**RECTANGLE** ↙

指定第一个角点或[倒角(C)/标高(E)/圆角(F)/厚度(T)/宽度(W)]:**C**↙或单击倒角(C)

指定矩形的第一个倒角距离 <10.000>:**3** ↙

指定矩形的第二个倒角距离 <10.000>:**3** ↙

指定第一个角点或[倒角(C)/标高(E)/圆角(F)/厚度(T)/宽度(W)]:**选择 A 点**

指定另一个角点或[面积(A)/尺寸(D)/旋转(R)]:**R**↙或单击旋转(R)

指定旋转角度或[拾取点(P)]<0>:**30** ↙

指定另一个角点或[面积(A)/尺寸(D)/旋转(R)]:**A**↙或单击面积(A)

输入以当前单位计算的矩形面积 <600.000>:**600** ↙

计算矩形标注时依据[长度(L)/宽度(W)]<长度>:**L**↙或单击长度(L)

输入矩形长度 <40.000>:**40** ↙

六、正多边形的绘制

正多边形是指由三条或三条以上各边长相等的线段构成的封闭实体。AutoCAD 2013中,用户可以利用"多边形"命令方便地绘出边数为 3～1024 的正多边形。执行"多边形"命令的方式如下:

(1)键盘输入:POLYGON ↙或 POL ↙。

(2)菜单命令:【绘图】→【多边形】。

(3)工具栏:〖绘图〗工具栏→"多边形"按钮⬠。

AutoCAD 中正多边形的画法主要有三种:

①定边法

系统要求指定正多边形的边数(侧面数)及一条边的两个端点,然后系统从该边的第二个端点开始按逆时针方向画出该正多边形,如图 3-17(a)所示。

②内接于圆法

AutoCAD 要求指定正多边形的边数、外接圆的圆心和半径。通过该外接圆,系统绘制所需要的正多边形,如图 3-17(b)所示

③外切于圆法

AutoCAD 要求指定正多边形的边数、内切圆的圆心和半径。通过该内切圆,系统绘制所需要的正多边形,如图 3-17(c)所示。

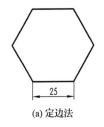

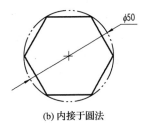

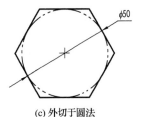

(a) 定边法　　　　　　　　(b) 内接于圆法　　　　　　　(c) 外切于圆法

图 3-17　绘制正六边形

七、捕捉自

"捕捉自"工具并不是对象捕捉模式,但它经常与对象捕捉一起使用,在使用相对坐标指定下一个点时,"捕捉自"工具可以提示用户输入基点(通常捕捉一个特征点作为基点),并将该点作为临时参照点,然后输入下一点相对于这个临时参照点的带前缀"@"的相对坐标,即不管"动态输入"按钮 ➕ 是否激活,都必须在相对坐标前输入前缀"@"。具体用法详见任务实施的第 4 步:绘制 $\phi 8$ 的圆和第 6 步:绘制椭圆。

任务实施 >>>

第 1 步: 创建新图形文件,设置图形单位、图形界限和图层(详细步骤见任务 2)

第 2 步: 绘制如图 3-18 所示的六边形

首先通过〖图层〗工具栏将"01"层设置为当前层,然后用"直线"命令绘制,操作过程如下:

命令:**L** ↙

指定第一个点:**0,0** ↙

指定下一点或[放弃(U)]:**@ - 47,0** ↙　　　//输入相对直角坐标

指定下一点或[放弃(U)]:**@0,39** ↙　　　　//输入相对直角坐标

指定下一点或[闭合(C)/放弃(U)]:**@76,0** ↙　　//输入相对直角坐标

指定下一点或[闭合(C)/放弃(U)]:**@0, - 55** ↙　//输入相对直角坐标

指定下一点或[闭合(C)/放弃(U)]:**@ - 29,0** ↙　//输入相对直角坐标

指定下一点或[闭合(C)/放弃(U)]:**C** ↙　　　　//闭合图形

第 3 步: 使用"极轴追踪"多边形

首先调出"草图设置"对话框,然后打开"极轴追踪"选项卡,在"增量角"下拉列表框中新建附加角 -74°,同时勾选"启用极轴追踪"复选框,然后用直线命令绘制,操作过程如下:

命令:**L** ↙

指定第一个点:**单击〖对象捕捉〗工具栏█按钮,捕捉图 3-19 所示 A 点,然后输入@8,39** ↙

　　　　　　　　　　　　　　　　　　　　　　//指定点相对直角坐标

指定下一点或[放弃(U)]:**@0,23** ↙　　　　//指定点相对直角坐标

指定下一点或[放弃(U)]:**@6,0** ↙　　　　　//指定点相对直角坐标

指定下一点或[闭合(C)/放弃(U)]:**@0, - 10** ↙　//指定点相对直角坐标

指定下一点或[闭合(C)/放弃(U)]:**@5,0** ↙　　//指定点相对直角坐标

指定下一点或[闭合(C)/放弃(U)]:**@0,10** ↙　　//指定点相对直角坐标

指定下一点或[闭合(C)/放弃(U)]:**@3,0** ↙   //指定点相对直角坐标

指定下一点或[闭合(C)/放弃(U)]:**沿 - 74°追踪线捕捉与 BC 的交点 E 作为终点**

绘制结果如图 3-20 所示。用类似的方法绘制另一个相同图形,结果如图 3-21 所示。

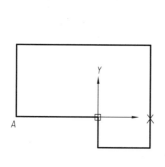
图 3-18 六边形

图 3-19 极轴追踪

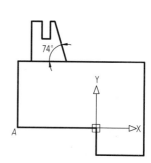
图 3-20 绘制结果 1

第 4 步:绘制 $\phi 8$ 的圆

首先启动"圆"命令,按下键盘上 Shift 键的同时单击鼠标右键,从弹出的快捷菜单中单击【自】命令,捕捉图 3-21 所示 B 点为参照点,输入@12,－11 ↙,指定圆心,再输入半径4 ↙,绘制出六边形内左上角的 $\phi 8$ 圆。同样方法,绘制另两个 $\phi 8$ 的圆。

微课 6

基本几何图形的
绘制(多边形及圆)

其次用直线命令绘制 3 个 $\phi 8$ 圆的中心线,结果如图 3-22 所示。

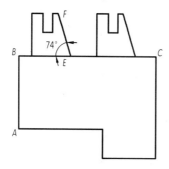
图 3-21 绘制结果 2

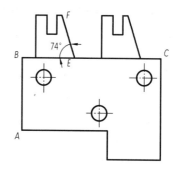
图 3-22 绘制 $\phi 8$ 的圆

第 5 步:绘制多边形

执行"多边形"和"直线"命令,绘制四边形、正六边形及中心线,结果如图 3-23 所示。

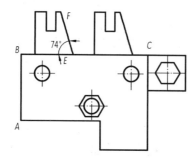
图 3-23 绘制多边形

微课 7

基本几何图形的
绘制(正多边形)

第6步:绘制椭圆

首先用"捕捉自"工具与"椭圆"命令绘制椭圆,操作过程如下:

命令:ELLIPSE ✓

指定椭圆的轴端点或[圆弧(A)/中心点(C)]:C ✓或单击中心点(C),之后按下 Shift 键的同时单击鼠标右键,在弹出的快捷菜单中单击【自】命令

微课8

基本几何图形的
绘制(椭圆)

　　　　　　　　　　　　　　// 利用"捕捉自"工具确定椭圆圆心

指定椭圆的中心点:_from 基点:　　// 捕捉图 3-24 所示 D 点为"捕捉自"参照点

指定椭圆的中心点:_from 基点:<偏移>:@－12,10 ✓

　　　　　　　　　　　　　　// 输入相对坐标值确定椭圆圆心

指定轴的端点:9 ✓　　　　　　// 移动鼠标,当出现水平追踪线时输入"9 ✓",
　　　　　　　　　　　　　　确定水平轴右端点

指定另一条半轴长度或[旋转(R)]:3 ✓　　// 指定竖直轴的半轴长度

其次通过〖图层〗工具栏将"05"层设置为当前层,用"直线"命令绘制中心线,完成椭圆的绘制,结果如图 3-24 所示。

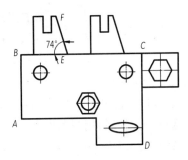

图 3-24　绘制椭圆

第7步:绘制矩形和倒角矩形

通过〖图层〗工具栏将"01"层设置为当前层,用"捕捉自"工具与"矩形"命令绘制矩形和倒角矩形,操作过程如下:

微课9

基本几何图形的
绘制(矩形)

命令:RECTANGLE ✓

当前矩形模式:倒角－9.000×23.457

指定第一个角点或[倒角(C)/标高(E)/圆角(F)/厚度(T)/宽度(W)]:C ✓或单击倒角(C)

指定矩形的第一个倒角距离 <9.000>:0 ✓　　// 输入第一个倒角距离

指定矩形的第二个倒角距离 <23.457>:0 ✓　　// 输入第二个倒角距离

指定第一个角点或[倒角(C)/标高(E)/圆角(F)/厚度(T)/宽度(W)]:_from 基点:按下 Shift 键的同时单击鼠标右键,在弹出的快捷菜单中单击【自】命令

　　　　　　　　　　　　　　// 利用"捕捉自"工具确定矩形的第一个
　　　　　　　　　　　　　　角点

指定第一个角点或[倒角(C)/标高(E)/圆角(F)/厚度(T)/宽度(W)]:_from 基点:

<偏移>:@10,5 ✓　　　　　　// 捕捉图 3-25 所示 A 点为"捕捉自"参

照点,输入@10,5 确定矩形左下角点的坐标

指定另一个角点或[面积(A)/尺寸(D)/旋转(R)]:@15,5✓

//输入矩形右上角点的坐标

命令:RECTANGLE✓

指定第一个角点或[倒角(C)/标高(E)/圆角(F)/厚度(T)/宽度(W)]:C✓

指定矩形的第一个倒角距离 <0.000>:1✓　　//输入第一个倒角距离

指定矩形的第二个倒角距离 <1.000>:1✓　　//输入第二个倒角距离

指定第一个角点或[倒角(C)/标高(E)/圆角(F)/厚度(T)/宽度(W)]:_from 基点:**按下 Shift 键的同时单击鼠标右键,从弹出的快捷菜单中单击【自】命令**

//利用"捕捉自"工具确定矩形的第一个角点

指定第一个角点或[倒角(C)/标高(E)/圆角(F)/厚度(T)/宽度(W)]:_from 基点:<偏移>:**@30,25**✓

//捕捉图 3-25 所示 A 点为"捕捉自"参考点,输入@30,25 确定倒角矩形的左下角点的坐标

指定另一个角点或[面积(A)/尺寸(D)/旋转(R)]:**@11,6**✓

//输入倒角矩形右上角点的坐标

完成矩形的绘制,结果如图 3-25 所示。

微课10

基本几何图形的绘制(其他圆)

第 8 步:绘制图 3-1 所示 φ20 圆和多边形内无尺寸的三个圆

用"相切、相切、半径"方式绘制 φ20 的圆;用"相切、相切、相切"方式分别绘制大、中、小三个圆,如图 3-26 所示。

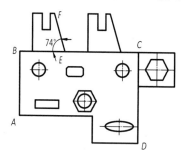

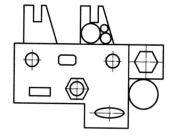

图 3-25　绘制矩形和倒角矩形

图 3-26　绘制圆

第 9 步:用"直线"命令和【绘图】→【圆弧】→【三点】命令并结合快捷菜单中【两点之间的中点】命令画出图 3-1 所示最左侧的图形

第 10 步:保存图形文件。

任务检测与技能训练 >>>

1.利用圆、多边形、直线命令等绘制图 3-27 所示各图形。要求:图形正确,线型符合国家标准规定,不标注尺寸。

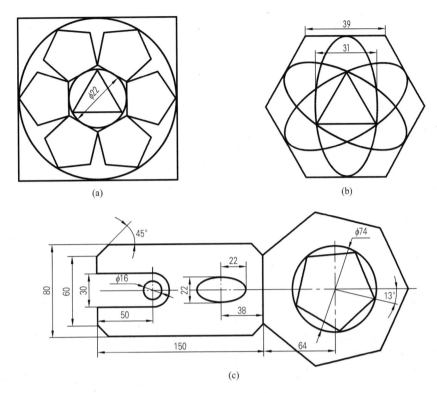

图 3-27 1 题图

2.选择合适的图幅用 1∶1 的比例绘制图 3-28 所示图形。要求:图形正确,线型符合国家标准规定,不标注尺寸。

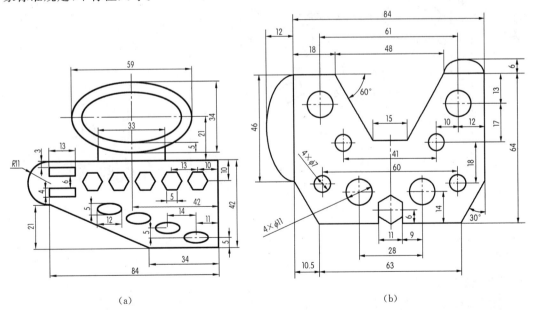

图 3-28 2 题图

任务 4

均匀及对称图形的绘制

任务描述 >>>

根据图形尺寸选择适当图幅以及绘图比例绘制图 4-1 所示图形。要求：图形正确，线型符合国家标准规定，不标注尺寸。

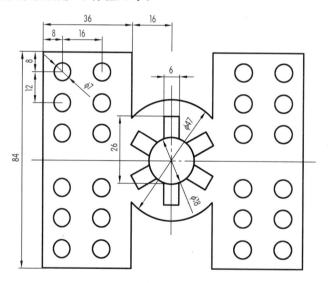

图 4-1　均匀及对称图形

均匀及对称图形的绘制

任务目标 >>>

1. 知识目标

掌握偏移、阵列、镜像、修剪、复制、夹点编辑等编辑命令的使用；熟练掌握平面图形的绘制方法、步骤及状态栏上各绘图工具的使用方法。

2. 技能目标

能够正确应用 AutoCAD 2013 的相关绘图命令、编辑命令和绘图辅助工具绘制图 4-1

所示均匀及对称图形。

知识储备 >>>

一、对象选择

在输入一条编辑命令之后,系统通常会提示"选择对象:",这时光标会变成小方块形状,叫作拾取框,此时可以利用下面介绍的任一种方式选择对象,被选中的对象以"高亮"的方式(虚线)显示。

1. 拾取方式

这是一种默认的选择对象方式。选择过程为:通过鼠标移动拾取框,使其压住希望选择的对象,然后单击鼠标左键,此时该对象会以虚线形式高亮显示,表示已被选中,用此方法可以逐个拾取所需对象,回车可以结束对象选择。这种方式只能逐个选择对象。

2. 窗口方式

当提示"选择对象:"时,如果将拾取框移到图形的左上角或左下角的空白位置单击鼠标左键,AutoCAD 会提示"指定对角点或[栏选(F)/圈围(WP)/圈交(CP)]:",在该提示下将光标移到图形的右下角或右上角的空白位置单击鼠标左键,AutoCAD 自动以这两个拾取点为对角点确定一个矩形拾取窗口(即窗口是从左向右定义的),回车或单击鼠标右键后,位于窗口内部的对象均被选中,而位于窗口外部以及与窗口边界相交的对象不被选中。

3. 窗交方式

当提示"选择对象:"时,如果将拾取框移到图形的右上角的空白位置单击鼠标左键,AutoCAD 会提示:"指定对角点或[栏选(F)/圈围(WP)/圈交(CP)]:",在该提示下将光标移到图形的左下角的空白位置单击鼠标左键,AutoCAD 自动以这两个拾取点为对角点确定一个矩形拾取窗口(即窗口是从右向左定义的),回车或单击鼠标右键后,不仅位于窗口内部的对象被选中,与窗口边界相交的那些对象也均被选中。

4. 矩形窗口方式

该选择方式会选中位于矩形拾取窗口内的所有对象。在"选择对象:"提示下输入"W"并回车,AutoCAD 会依次提示用户确定矩形拾取窗口的两个对角点,位于由这两个对角点确定的矩形窗口之内的所有对象将被选中。

这种方式与前述窗口、窗交方式的区别是:在"指定第一个角点:"提示下确定矩形窗口的第一个角点位置时,无论拾取框是否压住对象,AutoCAD 均将拾取点看成拾取窗口的第一个角点,而不会选中所压对象。另外,在该选择方式中,无论是从左向右还是从右向左定义窗口,被选中的对象均为位于窗口内的对象。

5. 栏选方式

使用这种选择方式很容易选中复杂图形中的对象,选择栏看起来像一条多段线,只要选择栏经过的对象都将被选中。当命令行提示"选择对象:"时,按如下步骤操作:

选择对象:F↙

指定第一个栏选点:　　　　　　　　　　//单击拾取第一点

指定下一个栏选点或[放弃(U)]:　　　　　//单击拾取第二点

……

指定下一个栏选点或[放弃(U)]:找到 7 个　//总共选择了 7 个对象

这种选择方式可以拾取多个点,通过各点构造一条折线,与折线相交的对象将被选中,直至回车结束拾取。如图 4-2 所示,若要选取图形中的圆,可以利用该工具在适当的地方单击确定选择栏的转折点,利用折线准确地选取圆形。

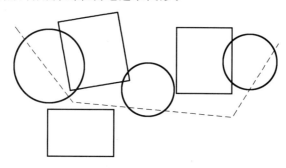

图 4-2 使用"栏选方式"选择对象

6. 全选方式

在"选择对象:"提示下输入 ALL 后按 Enter 键,即可选取不在已锁定或已冻结、关闭图层上的所有对象。

7. 上一个方式

在"选择对象:"提示下输入 P 后按 Enter 键,AutoCAD 会选中在当前操作之前进行的操作中在"选择对象:"提示下所选择的对象。

8. 最后一个方式

在"选择对象:"提示下输入 L 后按 Enter 键,AutoCAD 将选中最后创建的对象。

9. 不规则窗口方式

在"选择对象:"提示下输入 WP 后按 Enter 键,AutoCAD 会提示:

第一圈围点: // 确定不规则拾取窗口的第一个顶点位置

指定直线的端点或[放弃(U)]: // 确定不规则拾取窗口的第二个顶点位置

……

在后续给出的一系列提示下,确定出不规则拾取窗口的其他各顶点位置后按 Enter 键,AutoCAD 选中位于由这些点确定的不规则拾取窗口内的对象。

10. 不规则交叉窗口方式

在"选择对象:"提示下输入 CP 后按 Enter 键,后续操作与前面介绍的不规则拾取窗口选择方式相同,但执行的结果是:位于不规则拾取窗口内以及与该窗口边界相交的对象均被选中。

11. 快速选择

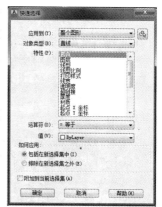

在 AutoCAD 中,当需要选择具有某些共同特性的对象时,可利用"快速选择"对话框,根据对象的图层、线型、颜色、图案填充等特性和类型,创建选择集。选择【工具】→【快速选择】命令,可打开如图 4-3 所示的"快速选择"对话框,从中选择具有某些共同特性的对象。

12. 结束选择方式

在"选择对象:"提示下,直接按 Enter 键或空格键或单击鼠标右键响应,将结束对象选择操作,进入指定的编辑操作。

图 4-3 "快速选择"对话框

13. 取消选择方式

在"选样对象:"提示下输入"UNDO(或 U)"后按 Enter 键,将取消最后一次进行的对象选择操作。

二、选择循环

"选择循环"可选择重叠的对象,并且可以配置"选择循环"列表框的显示设置。为实现重叠对象的选择功能,必须将"选择循环"功能打开。利用"草图设置"对话框中的"选择循环"选项卡可进行"选择循环"列表框显示方面的设置,如图 4-4 所示。

打开或关闭"选择循环"功能的方法是单击状态栏上的"选择循环"按钮 或按"Ctrl＋W"组合键。

重叠对象的选取方法是在"选择对象:"提示下,首先启用"选择循环"功能,在重叠对象上看到双矩形图标时单击鼠标左键,弹出"选择集"列表框,从中单击所需对象即可,如图 4-5 所示。

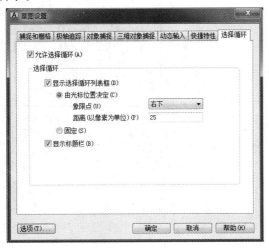

图 4-4　"草图设置"对话框

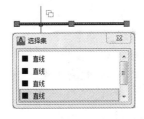

图 4-5　"选择集"列表框

三、对象删除

执行"删除"命令的方式如下:

(1)菜单命令:【修改】→【删除】。

(2)工具栏:〖修改〗工具栏→"删除"按钮 。

(3)键盘输入:ERASE ↙或 E ↙或 Delete 键。

通常,当执行"删除"命令后,需要选择要删除的对象,然后按 Enter 键或空格键结束对象选择,同时删除已选择的对象。如果在"选项"对话框(单击【工具】→【选项】命令可打开该对话框)的"选择集"选项卡中,选中"选择集模式"选项区域中的"先选择后执行"复选框,就可以先选择对象,然后执行"删除"命令进行删除。

四、对象复制

执行"复制"命令的方式如下:

(1)菜单命令:【修改】→【复制】。

（2）工具栏：〖修改〗工具栏→"复制"按钮。

（3）键盘命令：COPY↙或 CO↙。

执行该命令时，首先需要选择对象，然后指定位移的基点和位移矢量（相对于基点的方向和大小）或指定位移的方式复制对象。使用"复制"命令可以同时创建多个副本，在指定第二个点或［阵列（A）］<使用第一个点作为位移>和"指定第二个点或［阵列（A）/退出（E）/放弃（U）］<退出>："提示下，通过连续指定位移的第二点来创建该对象的其他副本，直到按 Enter 键结束。

【例 4-1】 利用"复制"命令将图 4-6 中 $\phi8$ 圆用指定位移的基点和位移矢量的方式复制到 A、B 两点；利用指定位移的方式复制到 C 点。

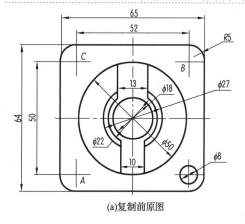

(a)复制前原图

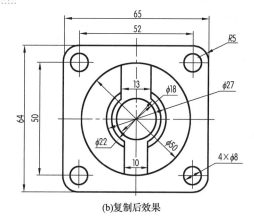

(b)复制后效果

图 4-6　复制圆

操作步骤如下：

命令：**COPY** ↙	//启动"复制"命令
选择对象：找到 1 个	//选择 $\phi8$ 圆
选择对象：↙	//回车，结束对象选择
当前设置：复制模式＝多个	//系统提示
指定基点或［位移（D）/模式（O）］<位移>：**捕捉 $\phi8$ 圆的圆心**	
	//指定位移基点
指定第二个点或［阵列（A）］<使用第一个点作为位移>：**单击点 A**	
	//指定位移基点
指定第二个点或［阵列（A）退出（E）/放弃（U）］<退出>：**单击点 B**	
	//指定位移基点
指定第二个点或［阵列（A）退出（E）/放弃（U）］<退出>：↙	//回车结束命令
命令：**COPY** ↙	//启动"复制"命令
选择对象：找到 1 个	//选择 $\phi8$ 圆
选择对象：↙	//回车，结束对象选择
当前设置：复制模式＝多个	//系统提示
指定基点或［位移（D）/模式（O）］<位移>：**D** ↙	//选择位移复制方式
指定位移 <0.0000,0.0000,0.0000>：**-52,50** ↙	//输入复制的距离

五、镜像对象

"镜像"命令以选定的镜像线为对称轴,生成与编辑对象完全对称的镜像实体,原来的编辑对象可以删除,也可以保留。执行"镜像"命令的方式如下:

(1)菜单命令:【修改】→【镜像】。

(2)工具栏:〖修改〗工具栏→"镜像"按钮 △。

(3)键盘命令:MIRROR ✓ 或 MI ✓。

执行该命令时,需要选择要镜像的对象,然后依次指定镜像线上的两个端点,命令行将显示"删除源对象吗?〔是(Y)/否(N)〕<N>:"提示信息。如果直接按 Enter 键,则镜像复制对象,并保留源对象;如果输入 Y 后按 Enter 键,则在镜像复制对象的同时删除源对象。

【例 4-2】　利用"镜像"命令以直线 *AB* 为镜像轴,复制图 4-7(a)所示图形,完成效果如图 4-7(b)、图 4-7(c)所示。

操作步骤如下:

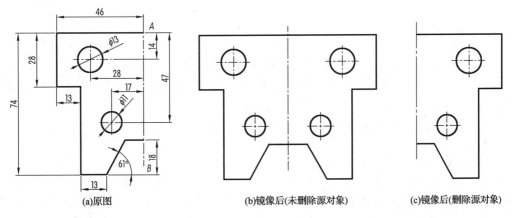

(a)原图　　　　(b)镜像后(未删除源对象)　　　　(c)镜像后(删除源对象)

图 4-7　执行"镜像"命令

命令:**MIRROR** ✓　　　　　　　　　　　//启动"镜像"命令

选择对象:指定对角点:找到 9 个　　　　//用窗口方式选择图 4-7(a)中心
　　　　　　　　　　　　　　　　　　　　　线左侧图形

选择对象:✓　　　　　　　　　　　　　　//回车,结束对象选择

指定镜像线的第一点:**单击点 A**　　　　//捕捉端点 A

指定镜像线的第二点:**单击点 B**　　　　//捕捉端点 B

要删除源对象吗?〔是(Y)/否(N)〕<N>:✓　//选择"否(N)"选项,保留源对象

结果如图 4-7(b)所示。

命令:**MIRROR** ✓　　　　　　　　　　　//启动"镜像"命令

选择对象:指定对角点:找到 9 个　　　　//用窗口方式选择图 4-7(a)中心
　　　　　　　　　　　　　　　　　　　　　线左侧图形

选择对象:✓　　　　　　　　　　　　　　//回车,结束对象选择

指定镜像线的第一点:**单击点 A**　　　　//捕捉端点 A

指定镜像线的第二点:**单击点 B**　　　　//捕捉端点 B

要删除源对象吗?〔是(Y)/否(N)〕<N>:**Y** ✓　//选择"是(Y)"选项,删除源对象

结果如图 4-7(c)所示。

说 明

　　文字也能够进行镜像。在 AutoCAD 中,使用系统变量 MIRRTEXT 可以控制文字对象的镜像方向。如果 MIRRTEXT 的值为 0,则文字对象方向不镜像,如图 4-8(a)所示;如果 MIRRTEXT 的值为 1,则文字对象完全镜像,镜像出来的文字变得不可读,如图 4-8(b) 所示。

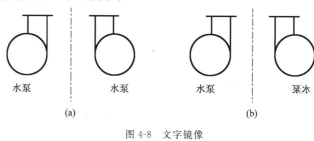

　　　水泵　　　　　水泵　　　　　水泵　　　　　系水

　　　　　(a)　　　　　　　　　　　　　　(b)

图 4-8　文字镜像

六、对象偏移

　　在 AutoCAD 中,可以使用"偏移"命令,对指定的直线、圆弧、圆等对象做偏移复制。在实际应用中,常利用"偏移"命令的特性创建平行线或等距离分布图形。执行"偏移"命令的方式如下:

　　(1)菜单命令:【修改】→【偏移】。

　　(2)工具栏:〖修改〗工具栏→"偏移"按钮�e。

　　(3)键盘输入:OFFSET↙或 O↙。

　　默认情况下,执行"偏移"命令后,指定偏移距离,再选择要偏移复制的对象,然后指定偏移方向,就可以完成对象的偏移复制。也可以根据 AutoCAD 提示中的"通过(T)"选项完成对象的偏移复制。如图 4-9 所示,如果要绘制过 C 点平行于 AB 的直线,由于两直线之间的距离在图样中没有明确给出,所以通过这种方式选取直线 AB 为偏移对象,选取 C 点为通过点,能够高效快捷地完成图示平行线的绘制。具体步骤如下:

　　命令:OFFSET↙　　　　　　　　　　　　　　　　//执行"偏移"命令
　　指定偏移距离或[通过(T)/删除(E)/图层(L)]<通过>:**T**↙　//选择"通过(T)"选项
　　选择要偏移的对象,或[退出(E)/放弃(U)]<退出>:**单击直线 AB** //选择要偏移的对象
　　指定通过点或[退出(E)/多个(M)/放弃(U)]<退出>:**单击 C 点** //捕捉 C 点,完成偏移

七、移动对象

　　使用"移动"命令可以将一个或者多个对象平移到新的位置,可以在指定方向上按指定距离移动对象,对象的位置发生了改变,但方向和大小不改变。如果要精确地移动对象,需配合使用捕捉、坐标、夹点和对象捕捉模式。执行"移动"命令的方式如下:

　　(1)菜单命令:【修改】→【移动】。

　　(2)工具栏:〖修改〗工具栏→"移动"按钮✥。

　　(3)键盘命令:MOVE↙。

　　执行 MOVE 命令,AutoCAD 提示:

　　选择对象:　　　　　　　　　　　　　　//选择要移动位置的对象
　　选择对象:↙　　　　　　　　　　　　　//回车结束对象选择,也可以继续选择对象

指定基点或[位移(D)]＜位移＞：

在该提示下有两种操作方式,分别介绍如下:

(1)指定基点

用单击鼠标或输入坐标的方法确定基点后,AutoCAD 提示:

指定第二个点或 ＜使用第一个点作为位移＞：

在此提示下直接按 Enter 键或空格键,将第一个点的各坐标分量(也可以看成位移量)作为移动位移量移动对象;如果用单击鼠标的方法指定一点或者输入相对基点的坐标值作为位移的第二个点,系统会自动计算这两点之间的位移,并将其作为所选对象移动的位移进行移动。

(2)位移

根据位移量移动对象,执行该选项,AutoCAD 提示:

指定位移＜0.0000,0.0000, 0.0000＞：

如果在此提示下输入坐标(直角坐标或极坐标)值,AutoCAD 将所选对象按与坐标值对应的各坐标分量作为移动位移量移动对象。

另外,还可以使用夹点进行移动。当对所操作的对象选取基点后,按空格键以切换到移动模式,AutoCAD 提示:

指定移动点或[基点(B)/复制(C)/放弃(U)/退出(X)]：

这时用单击鼠标的方法指定一点或者输入相对基点的坐标值作为位移的第二点,系统会自动计算这两点之间的位移,并将其作为所选对象移动的位移进行移动。

【例 4-3】 把图 4-9 中的圆和矩形移动到如图 4-10 所示位置(假设坐标原点在图 4-9 的左下角)。

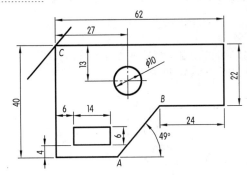

图 4-9 偏移直线到指定位置

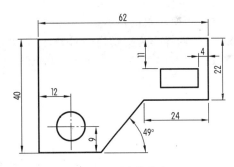

图 4-10 对象的移动

(1)用"指定基点"的方式移动对象,操作步骤如下:

命令:**MOVE** ↙   //启动"移动"命令

选择对象:找到 1 个   //选择圆

选择对象:↙   //回车结束选择

指定基点或[位移(D)]＜位移＞:**单击圆心**   //指定基点

指定第二个点或 ＜使用第一个点作为位移＞:**@ - 15, - 18** ↙ //输入相对基点的坐标值作为位移的第二点移动对象

(2)用"位移"的方式移动对象,操作步骤如下:

命令:**MOVE** ↙   //启动"移动"命令

选择对象:找到 1 个   //选择矩形

选择对象：↙　　　　　　　　　　　　　　//回车结束选择
指定基点或[位移(D)]<位移>：↙　　　//选择位移方式
指定位移 <0.0000,0.0000,0.0000>：**38,19**↙　//输入相对原位置的坐
　　　　　　　　　　　　　　　　　　　　　标值作为位移移动
　　　　　　　　　　　　　　　　　　　　　对象

八、修剪对象

"修剪"命令是指将选定的对象在指定边界一侧的部分剪切掉，即对选定的对象沿事先确定的边界进行裁剪，实现部分擦除。执行"修剪"命令的方式如下：

(1)菜单命令：【修改】→【修剪】。

(2)工具栏：〖修改〗工具栏→"修剪"按钮。

(3)键盘命令：TRIM↙。

执行"修剪"命令并选择了作为剪切边的对象后（可以是多个对象），按 Enter 键将显示如下提示信息：

选择要修剪的对象，或按住 Shift 键选择要延伸的对象，或[栏选(F)/窗交(C)/投影(P)/边(E)/删除(R)/放弃(U)]：

默认情况下，选择要修剪的对象（即选择被剪边），系统将以剪切边为界，将要修剪的对象上位于拾取点一侧的部分剪切掉。如果按下 Shift 键，同时选择与剪切边不相交的对象，剪切边将变为延伸边界，将选择的对象延伸至与剪切边相交。

可以修剪的对象包括直线、射线、圆弧、椭圆弧、二维或三维多段线、构造线及样条曲线等。有效的剪切边包括直线、射线、圆弧、椭圆弧、二维或三维多段线、构造线和填充区域等。剪切边也可以同时作为被剪边。

(1)相交对象的修剪

首先选择作为剪切边的对象，然后再选择要修剪的对象，而且两者必须相交。

【例 4-4】　如图 4-11 所示，以矩形为剪切边，修剪圆 *A*、圆 *B*。

操作步骤如下：

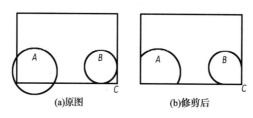

(a)原图　　　　　　　　　(b)修剪后

图 4-11　修剪相交对象

命令：TRIM↙　　　　　　　　　　　　//启动"修剪"命令
当前设置：投影＝UCS,边＝无　　　　　//系统提示
选择剪切边...　　　　　　　　　　　　　//系统提示
选择对象或<全部选择>：**单击矩形**　　//选择矩形
选择对象：↙　　　　　　　　　　　　　　//结束剪切边的选择
选择要修剪的对象，或按住 Shift 键选择要延伸的对象，或[栏选(F)/窗交(C)/投影(P)/边(E)/删除(R)/放弃(U)]：**单击拾取圆 *A* 的下半部分**　//选取被修剪部分
选择要修剪的对象，或按住 Shift 键选择要延伸的对象，或[栏选(F)/窗交(C)/投影(P)/边(E)/删除(R)/放弃(U)]：**单击圆 *B* 靠近 *C* 点的部分**　//选取被修剪部分

选择要修剪的对象,或按住 Shift 键选择要延伸的对象,或[栏选(F)/窗交(C)/投影(P)/边(E)/删除(R)/放弃(U)]:↙　　　　　　　　　//结束"修剪"命令

(2)不相交对象的修剪

对于剪切边与要修剪的对象实际不相交,但是剪切边的延长线与要修剪的对象有交点,则可以采用延伸模式修剪。即当命令行提示选择要修剪的对象时,对不相交的直线剪切可以采用隐含"边(E)"模式,这时输入 E↙,此时系统提示:"输入隐含边延伸模式[延伸(E)/不延伸(N)]<不延伸>:",输入 E↙后,选择要修剪的对象,利用剪切边的延伸交汇点剪切。如图 4-12 所示,以两条直线为剪切边,修剪圆到隐含的交点处。

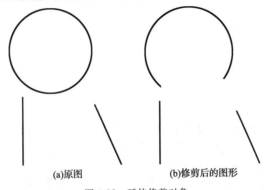

(a)原图　　　　　　　　(b)修剪后的图形

图 4-12　延伸修剪对象

九、阵列对象

AutoCAD 2013 的阵列功能大大增强了,它不但提供了环形阵列、矩形阵列、路径阵列等三种阵列方式,而且阵列增强功能可帮助用户更快、更方便地创建对象:为矩形阵列选择了对象之后,立即显示 3 行 4 列的预览矩形阵列;为环形阵列选择了对象并指定了中心点后,立即显示具有 6 个选定对象的完整的预览环形阵列;为路径阵列选择了对象和路径后,对象会立即沿路径的整个长度均匀显示。对于每种类型的阵列(矩形、环形和路径),在阵列对象上显示的多功能夹点可以动态编辑相关的特性,也可以使用 Ctrl 键循环浏览具有多个功能选项的夹点。除了使用多功能夹点,还可以在功能区上下文选项卡(选择阵列后自动显示在功能区)以及在命令行中修改阵列的值。下面分别介绍如下:

1.矩形阵列对象

矩形阵列可以将选择的对象进行按多行和多列的复制,并能控制行和列的数目以及行间距、列间距。

(1)创建矩形阵列

执行"矩形阵列"命令的方式如下:

①菜单命令:【修改】→【阵列】→【矩形阵列】。

②工具栏:〖修改〗工具栏→"矩形阵列"按钮▦。

③键盘输入:ARRAYRECT↙。

执行"矩形阵列"命令后,命令行窗口提示:"选择对象:",选择要阵列的对象并按 Enter 键,将显示默认的预览矩形阵列(图 4-13),并在命令行窗口提示:"选择夹点以编辑阵列或[关联(AS)/基点(B)/计数(COU)/间距(S)/列数(COL)/行数(R)/层数(L)/退出(X)]<退出>:",这时可有三种方法对预览阵列进行编辑:一是根据命令行窗口的提示,分别选择"列数(COL)""行数(R)""间距(S)"等选项并输入对应的值,从而对预览阵列进行编辑。

二是拖动夹点以调整间距以及行数、列数等，从而对预览阵列进行编辑。当然，某些夹点具有多个功能，当夹点处于选定状态（即变为红色）时，可以按 Ctrl 键来循环浏览这些功能选项，命令行显示夹点当前功能。三是在功能区显示的情况下（单击【工具】→【选项板】→【功能区】命令可切换功能区的显示与否）选择矩形阵列，在功能区自动显示的"矩形阵列创建"上下文选项卡（图 4-14）中修改行数、列数和间距等，按 Enter 键完成预览阵列的编辑。

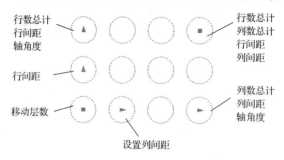

图 4-13　矩形阵列

图 4-14　"矩形阵列创建"上下文选项卡

有关参数的功能如下：

关联（AS）：指定阵列后得到的对象（包括源对象）是关联的还是独立的。如果选择该选项，阵列后得到的对象（包括源对象）是一个整体，否则阵列后各图形对象为独立的对象。

基点（B）：重新定义阵列的基点。

计数（COU）：指定阵列的行数和列数。

间距（S）：设置阵列的列间距和行间距。

列数（COL）：分别设置阵列的列数、列间距。

行数（R）：分别设置阵列的行数、行间距。

层数（L）：分别设置阵列的层数（三维阵列）、层间距。

轴角度：水平方向的三角形夹点上的轴角度是指与 Y 轴的夹角；竖直方向的三角形夹点上的轴角度是指与 X 轴的夹角。

（2）编辑矩形阵列

编辑矩形阵列的方法有三种：一是在选定的矩形阵列上使用夹点来更改阵列配置，各夹点的功能如图 4-13 所示。二是双击矩形阵列的对象，在弹出的"快捷特性"选项板中修改间距以及行数、列数等。三是在功能区显示的情况下选择矩形阵列的对象，在功能区自动显示的"矩形阵列创建"上下文选项卡中进行编辑，该选项卡提供了完整范围的设置，用于调整行数、列数、间距和阵列层级等，不过要注意间距的正负。

2. 环形阵列对象

环形阵列能够围绕指定的中心点将选定的对象做圆形或者扇形的排列，从而完成对象的复制。

（1）创建环形阵列

执行"环形阵列"命令的方式如下：

①菜单命令:【修改】→【阵列】→【环形阵列】。

②工具栏:〖修改〗工具栏→"环形阵列"按钮📲。

③键盘输入:ARRAYPOLAR↙。

执行"环形阵列"命令后,命令行窗口提示:"选择对象:",选择了阵列对象后,命令行窗口提示:"指定阵列的中心点或[基点(B)/旋转轴(A)]:",确定了阵列中心点后,绘图区显示预览阵列,并在命令行窗口提示:"选择夹点以编辑阵列或[关联(AS)/基点(B)/项目(I)/项目间角度(A)/填充角度(F)/行(ROW)/层(L)/旋转项目(ROT)/退出(X)]<退出>:",这时可有三种方法对预览阵列进行编辑:一是根据命令行窗口的提示,输入 I↙,然后输入要排列的对象的数量↙,再输入 A↙,并输入要填充的角度↙,从而对预览阵列进行编辑;二是拖动夹点来调整填充角度和项目数等,从而对预览阵列进行编辑;三是在打开功能区的情况下选择环形阵列,在功能区自动显示的"环形阵列创建"上下文选项卡(图 4-15)中修改项目数、项目间角度、填充角度等,按 Enter 键完成对预览阵列的编辑。

有关参数的功能如下:

关联(AS):指定阵列后得到的对象(包括源对象)是关联的还是独立的。如果选择"关联(AS)",阵列后得到的对象(包括源对象)是一个整体,否则阵列后得到的对象是独立的。

基点(B):重新定义阵列的基点。

项目(I):使用值或表达式指定阵列中的项目数。

项目间角度(A):使用值或表达式指定项目之间的角度。

填充角度(F):使用值或表达式指定阵列中第一个和最后一个项目之间的角度。

行(ROW):分别设置阵列的行数、行间的距离、行间的标高增量等。

层(L):三维阵列时设置阵列的层数。

旋转项目(ROT):控制在排列项目时是否旋转项目。

旋转轴(A):三维阵列时设置阵列的旋转轴。

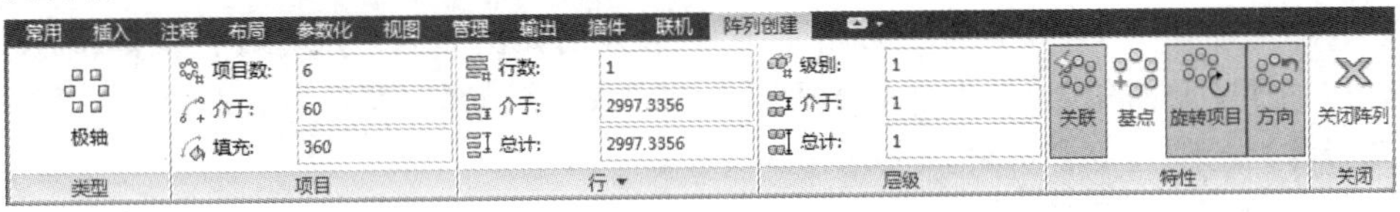

图 4-15　"环形阵列创建"上下文选项卡

(2)编辑环形阵列

编辑环形阵列的方法有三种:一是在功能区显示的情况下选择环形阵列,在自动显示的"环形阵列创建"上下文选项卡中设置项目数、项目间角度、填充角度等。二是在选定的环形阵列上使用夹点来更改阵列配置。例如,拖动或单击三角形夹点,可以更改或输入填充角度和项目数;将光标悬停在方形基准夹点上时,显示的选项菜单可提供选择,若选择拉伸半径,然后进行拖动,可以增大或减小阵列项目和中心点之间的间距。三是双击已经创建的环形阵列,在弹出的"快捷特性"选项板中修改项目间角度及填充角度等。

【例 4-5】 绘制如图 4-16(a)所示的环形阵列。

方法和步骤一:

①绘制如图 4-16(b)所示的图形。打开状态栏上的"对象捕捉"、"对象追踪"、"正交"、"DYN"和"线宽"等辅助绘图工具,采用"图层"、"圆"、"直线"及"偏移"等命令绘制。

②绘制预览的环形阵列。启动"环形阵列"命令,选择图 4-16(b)所示图形中两个圆之间的多边形,按 Enter 键(也可按空格键或单击鼠标右键)结束选择,捕捉图 4-16(b)所示图

形中圆的圆心,绘图区显示预览的环形阵列,如图 4-16(c)所示,回车即完成具有 6 个选定对象的环形阵列,如图 4-16(d)所示。

③编辑夹点以调整项目间的角度。首先单击图 4-16(d)中的环形阵列(6 个对象中的任意一个),在环形阵列中显示出夹点,如图 4-16(e)所示;其次单击图 4-16(f)所示图形中左上角的三角形夹点并输入 45✍,结果如图 4-16(g)所示。

④编辑夹点以指定项目数。将光标停留在环形阵列右下角的三角形夹点上,显示选项菜单,如图 4-16(h)所示,这时单击选项菜单中的"项目数"并输入 8✍,结果如图 4-16(i)所示,再回车完成环形阵列的创建,结果如图 4-16(a)所示。

方法和步骤二: 启动"环形阵列"命令,命令行窗口提示:"选择对象:",这时选择图 4-16(b)所示图形中两个圆之间的多边形,按 Enter 键结束选择,命令行窗口提示:"指定阵列的中心点或[基点(B)/旋转轴(A)]:",这时捕捉图 4-16(b)所示图形中圆的圆心,绘图区显示如图 4-16(c)所示的预览环形阵列,并在命令行窗口提示:"选择夹点以编辑阵列或[关联(AS)/基点(B)/项目(I)/项目间角度(A)/填充角度(F)/行(ROW)/层(L)/旋转项目(ROT)/退出(X)]<退出>:",这时输入 I✍,然后输入 8✍,输入 A✍,再输入 360✍,之后回车完成环形阵列的创建,结果如图 4-16(a)所示。

方法和步骤三: 在功能区显示的情况下(或单击【工具】→【选项板】→【功能区】命令使功能区显示),启动"环形阵列"命令并选择图 4-16(b)所示图形中两个圆之间的多边形,按 Enter 键结束选择,捕捉图 4-16(b)所示图形中圆的圆心,绘图区显示如图 4-16(c)所示的预览环形阵列,同时在功能区自动显示如图 4-15 所示的"环形阵列创建"上下文选项卡,这时在"项目数"文本框中输入 8✍,再回车完成环形阵列的创建,结果如图 4-16(a)所示。

方法和步骤四: 在状态栏上的"快捷特性"工具打开的情况下(或单击状态栏上的"快捷特性"按钮使其处于选中状态),绘图区显示如图 4-16(c)所示的预览环形阵列的同时,或者双击已经创建的如图 4-16(d)所示的环形阵列,会弹出如图 4-16(j)所示的"快捷特性"选项板,这时在"项目间的角度"文本框中输入"45",在"填充角度"文本框中输入"360",之后回车完成环形阵列的创建或者编辑,结果如图 4-16(a)所示。

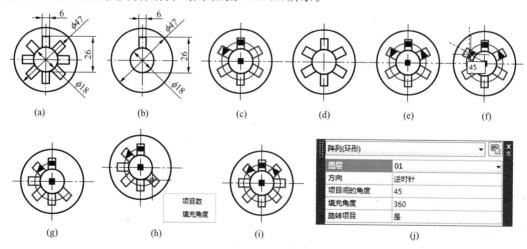

图 4-16　环形阵列的创建与编辑

3. 路径阵列对象

在路径阵列中,项目将均匀地沿路径或部分路径分布。路径可以是直线、多段线、三维多段线、样条曲线、螺旋、圆弧、圆或椭圆。

(1)创建路径阵列

使用路径阵列最简单的方法是先创建它们,然后使用功能区上的"路径阵列创建"上下文选项卡或"快捷特性"选项板来进行调整。执行"路径阵列"命令的方式如下:

①菜单命令:【修改】→【阵列】→【路径阵列】。

②工具栏:〖修改〗工具栏→"路径阵列"按钮 。

③键盘输入:ARRAYPATH✓。

执行"路径阵列"命令后,命令行窗口提示:"选择对象:",选择了阵列对象后,命令行窗口提示:"选择路径曲线:",选择某个对象(例如直线、多段线、三维多段线、样条曲线、螺旋、圆弧、圆或椭圆)作为阵列的路径后,绘图区显示预览阵列,并在命令行窗口提示"选择夹点以编辑阵列或[关联(AS)/方法(M)/基点(B)/切向(T)/项目(I)/行(R)/层(L)/对齐项目(A)/Z方向(Z)/退出(X)]<退出>:",这时可有三种方法对预览阵列进行编辑:一是根据命令行窗口的提示,选择相关选项对预览阵列进行编辑;二是拖动夹点来调整项目数、项目间的距离等,从而对预览阵列进行编辑;三是在功能区显示的情况下选择路径阵列,在功能区自动显示"路径阵列创建"上下文选项卡,如图 4-17 所示,从中可以修改项目间的距离、行数及级别等,按 Enter 键完成对预览阵列的编辑。

有关参数的功能如下:

方法(M):控制如何沿路径分布项目。

切向(T):指定相对于路径的阵列中对象的方向。

对齐项目(A):指定是否对齐每个项目以与路径的方向相切。

Z方向(Z):指定是否保持原始的 Z 方向或沿三维路径自然倾斜项目。

定数等分(D):将指定数量的项目沿路径的长度均匀分布。

定距等分(M):将指定的项目沿路径的长度按测定间隔分布。

图 4-17　"路径阵列创建"上下文选项卡

(2)编辑路径阵列

编辑路径阵列的方法有三种:一是在显示功能区的情况下选择路径阵列,在功能区自动显示的"路径阵列创建"上下文选项卡中进行编辑,该选项卡提供了完整范围的设置,用于调整项目数、项目间的距离、行数、行间距和阵列层级等。二是使用选定的路径阵列中的夹点来更改阵列配置。如图 4-18(a)所示,将光标悬停在方形基准夹点上时,显示选项菜单供用户选择,如图 4-18(b)所示,例如选择"行数",然后进行拖动,可将更多的行添加到阵列中,如图 4-18(c)所示;如果拖动三角形夹点,可以更改沿路径进行排列的项目数,如图 4-18(d)所示。夹点的类型各不相同,具体取决于阵列分布方法。三是双击路径阵列,在弹出的"快捷特性"选项板中修改相关选项的值,按 Enter 键完成路径阵列的编辑。

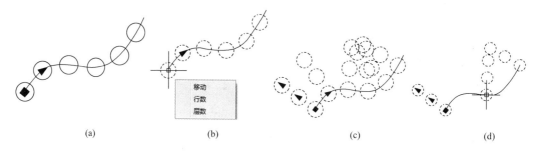

(a)	(b)	(c)	(d)

图 4-18 使用"夹点"更改阵列配置

十、夹点

1. 夹点的概念与位置

所谓"夹点(又称为特征点)",是指在图形对象上显示出的一些实心小方框,即在命令行中没有输入任何命令时,单击图形对象,该图形对象上出现的若干特征点(即蓝色小方框)。不同的对象上夹点的位置和数量都不相同,如图 4-19 所示。不同对象上的夹点位置见表 4-1。

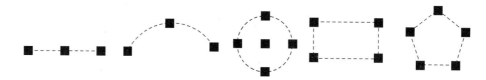

图 4-19 不同对象上的夹点

表 4-1 　　　　　　　　　　　　　　　不同对象上的夹点位置

对象类型	夹点的位置
线段	两端点和中点
多段线	直线段的两端点、圆弧段的中点和两端点
样条曲线	拟合点和控制点
射线	起始点和射线上的一个点
构造线	控制点和线上邻近两点
圆弧	包括圆心、两端点和中点
圆	各象限点和圆心
椭圆	各象限点和中心点
椭圆弧	端点、中点和中心点
尺寸	尺寸线端点和尺寸界线的起始点、尺寸文字的中心点

2. 夹点的编辑操作

系统提供的夹点功能,用户可以在激活夹点的状态下,无须输入相应的编辑命令,即可运用夹点对图形进行拉伸、移动、旋转、缩放和镜像的编辑操作。

(1)使用夹点拉伸对象

在不执行任何命令的情况下选择对象,显示其夹点,然后单击其中一个夹点作为拉伸的基点(单击其中一个夹点,使之变成红色,这个夹点称为基点),命令行将显示如下提示信息:

＊＊拉伸＊＊

指定拉伸点或［基点(B)/复制(C)/放弃(U)/退出(X)］：

默认情况下,指定拉伸点(可以通过输入点的坐标或者直接用鼠标指针拾取点)后,AutoCAD 将把对象拉伸或移动到新的位置。对于某些夹点,移动时只能移动对象而不能拉伸对象,如文字、块、直线中点、圆心、椭圆中心和点对象上的夹点。

选项说明:

● 指定拉伸点:该选项表示将确定的基点放置新的位置,从而使对象被拉伸或压缩。可直接移动光标拾取一点确定新位置,也可以直接输入新点的坐标值确定新位置。

● 基点(B):该选项表示重新选择基点。在拉伸操作中,如果要重新选择基点,需要选择此选项。

● 复制(C):该选项表示可以连续对拉伸对象进行编辑,在源对象的基础上产生多个被拉伸的对象。

(2)使用夹点移动对象

移动对象仅仅是位置上的平移,对象的方向和大小并不会改变。要精确地移动对象,可使用坐标和对象捕捉模式。在夹点编辑模式下确定基点后,在命令行提示下输入 MO ↙(或者右击基点,在弹出的快捷菜单中选择【移动】命令,或者通过按 Enter 键或空格键在循环切换的编辑模式中选择移动模式,下面的其他夹点操作相似,不再赘述)进入移动模式,命令行将显示如下提示信息:

＊＊ MOVE ＊＊

指定移动点或［基点(B)/复制(C)/放弃(U)/退出(X)］：

通过输入点的坐标或拾取点的方式来确定平移对象的目标点后,即可以基点为平移的起点,以目标点为终点将所选对象平移到新位置。

(3)使用夹点旋转对象

在夹点编辑模式下,确定基点后,在命令行提示下输入 RO ↙ 进入旋转模式,命令行将显示如下提示信息:

＊＊ 旋转 ＊＊

指定旋转角度或［基点(B)/复制(C)/放弃(U)/参照(R)/退出(X)］：

默认情况下,输入旋转的角度值后或通过拖动方式确定旋转角度后,即可将对象绕基点旋转指定的角度。也可以选择"参照(R)"选项,以参照方式旋转对象,这与"旋转"命令中的"参照(R)"选项功能相同。

(4)使用夹点缩放对象

在夹点编辑模式下确定基点后,在命令行提示下输入 SC ↙ 进入缩放模式,命令行将显示如下提示信息:

＊＊ 比例缩放 ＊＊

指定比例因子或［基点(B)/复制(C)/放弃(U)/参照(R)/退出(X)］：

默认情况下,当确定了缩放的比例因子后,AutoCAD 将相对于基点进行缩放对象操作。当比例因子大于 1 时放大对象;当比例因子大于 0 而小于 1 时缩小对象。

（5）使用夹点镜像对象

在夹点编辑模式下确定基点后，在命令行提示下输入 MI↙进入镜像模式，命令行将显示如下提示信息：

＊＊ 镜像 ＊＊

指定第二点或［基点（B）/复制（C）/放弃（U）/退出（X）］：

指定镜像线上的第二个点后，AutoCAD 将以基点作为镜像线上的第一个点，新指定的点作为镜像线上的第二个点，对对象执行镜像操作并删除源对象。

【例 4-6】　用夹点编辑方法完成由图4-20（a）所示图形到图 4-20（d）所示图形及由图 4-20（a）所示图形到图 4-20（e）所示图形的绘制过程。

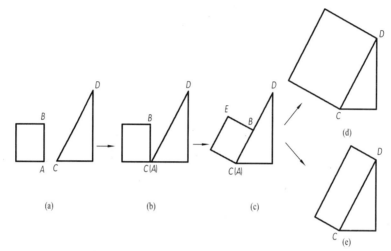

图 4-20　夹点编辑

操作步骤如下：

①绘制图 4-20（a）所示图形。

②利用夹点编辑方法将矩形移向三角形，使图中 A 点移到 C 点。

单击矩形，使夹点显示出来；单击 A 处的夹点，使之变成红色；单击鼠标右键，在弹出的快捷菜单中选择【移动】命令；拖动基点，在 C 点处单击；按 Esc 键，取消夹点，完成由图 4-20（a）所示图形到图 4-20（b）所示图形的绘制。

③利用夹点编辑方法将图 4-20（b）中的矩形绕 C 点旋转，使矩形的 AB 边与三角形的 CD 边在一条直线上。

单击矩形，使夹点显示出来；选取 C 处的夹点，使之变成红色；单击鼠标右键，在弹出的快捷菜单中选择【旋转】命令；命令行中提示如下信息：

＊＊ 旋转 ＊＊

指定旋转角度或［基点（B）/复制（C）/放弃（U）/参照（R）/退出（X）］：**R**↙

　　　　　　　　　　　　　　　　　　//如果已知旋转角度，可直接输入角度值，此例中已知对象上某线的旋转前后的位置，故选择此选项

指定参照角 ＜0＞:**单击 *C* 点**

指定第二点:**单击 *B* 点**

指定新角度或[基点(B)/复制(C)/放弃(U)/参照(R)/退出(X)]:**单击 *D* 点**

按 Esc 键,取消夹点,完成由图 4-20(b)所示图形到图 4-20(c)所示图形的绘制。

④利用夹点编辑方法将图 4-20(c)中的矩形进行比例缩放,使矩形的 *AB* 边与三角形的 *CD* 边重合。

单击选择矩形,使夹点显示出来;选取 *C* 处的夹点,使之变成红色;在命令行输入 SC ↙; 命令行中提示如下信息:

＊＊比例缩放＊＊

指定比例因子或[基点(B)/复制(C)/放弃(U)/参照(R)/退出(X)]:**R↙**

//如果已知缩放的比例因子,可直接输入其值

指定参照长度 ＜1.0000＞:**单击 *C* 点**

指定第二点:**单击 *B* 点**

指定新长度或[基点(B)/复制(C)/放弃(U)/参照(R)/退出(X)]:**单击 *D* 点**

按 Esc 键,取消夹点,完成由图 4-20(c)所示图形到图 4-20(d)所示图形的绘制。

⑤利用夹点编辑方法将图 4-20(c)中的矩形进行拉伸,矩形的宽度不发生变化,并使矩形的 *AB* 边与三角形 *CD* 边重合。

单击矩形,使夹点显示出来;按住 Shift 键,选取 *B* 处和 *E* 处的夹点,使之变成红色;释放 Shift 键,再单击 *B* 点并拖动至 *D* 点;按 Esc 键,取消夹点,完成由图 4-20(c)所示图形到图 4-20(e)所示图形的绘制。

任务实施 >>>

第 1 步:创建新图形文件,设置图形单位、图形界限和图层(详细步骤见任务 2)

第 2 步:绘制图 4-1 中间部分的图形

(1)绘制中心线和圆

通过【图层】工具栏分别选择图层"05"和"01"作为当前层,单击状态栏上的【正交】按钮,打开正交模式,用"直线"命令和"圆"命令绘制图 4-21 所示图形。

(2)绘制两圆之间的多边形

①执行"偏移"命令绘制辅助线。

命令:**OFFSET↙**   //启动"偏移"命令

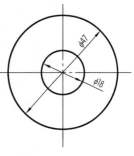

图 4-21 绘制中心线和圆

当前设置:删除源＝否 图层＝源 OFFSETGAPTYPE＝0   //系统提示

指定偏移距离或[通过(T)/删除(E)/图层(L)]＜15.0000＞:**17 ↙**

//输入偏移距离

选择要偏移的对象,或[退出(E)/放弃(U)]＜退出＞:**单击水平中心线**

指定要偏移的那一侧上的点,或[退出(E)/多个(M)/放弃(U)]＜退出＞:**在水平中心**

线上边空白处单击

  选择要偏移的对象,或[退出(E)/放弃(U)]<退出>:↙   // 结束"偏移"命令

  命令:OFFSET↙   // 启动"偏移"命令

  当前设置:删除源=否 图层=源 OFFSETGAPTYPE=0   // 系统提示

  指定偏移距离或[通过(T)/删除(E)/图层(L)]<17.0000>:**3**↙   // 输入偏移距离

  选择要偏移的对象,或[退出(E)/放弃(U)]<退出>:**单击竖直中心线**

  指定要偏移的那一侧上的点,或[退出(E)/多个(M)/放弃(U)]<退出>:**在竖直中心**

线左边空白处单击

  选择要偏移的对象,或[退出(E)/放弃(U)]<退出>:**单击竖直中心线**

  指定要偏移的那一侧上的点,或[退出(E)/多个(M)/放弃(U)]<退出>:**在竖直中心**

线右边空白处单击

  选择要偏移的对象,或[退出(E)/放弃(U)]<退出>:↙   // 结束"偏移"命令

②在"01"图层上利用"直线"命令画出多边形,结果如图 4-22 所示。

③用"环形阵列"命令绘制其他多边形。

  命令:ARRAYPOLAR↙   // 启动"环形阵列"命令

  选择对象:**用窗口方式选择两同心圆之间的多边形**

  选择对象:指定对角点:找到 3 个   // 系统提示

  选择对象:↙   // 回车结束选择

  类型=极轴 关联=是   // 系统提示

  指定阵列的中心点或[基点(B)/旋转轴(A)]:<打开对象捕捉>**单击圆心**

均匀及对称图形的
绘制(环形阵列)

          // 确定阵列中心点,绘图区显示预览的
            环形阵列,删除偏移得到的直线后如
            图 4-23 所示

  选择夹点以编辑阵列或[关联(AS)/基点(B)/项目(I)/项目间角度(A)/填充角度(F)/
行(ROW)/层(L)/旋转项目(ROT)/退出(X)]<退出>:↙

          // 回车完成环形阵列的创建

结果如图 4-24 所示。

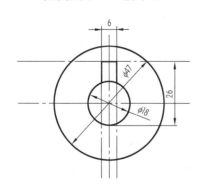
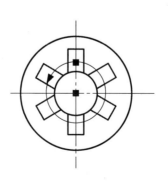
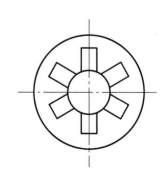

图 4-22 绘制两圆之间的多边形   图 4-23 预览环形阵列   图 4-24 环形阵列

第 3 步：绘制图 4-1 左上角部分的图形

(1)用"直线"与"圆"命令绘制图 4-25 所示的图形。

(2)用"矩形阵列"命令绘制图 4-26 所示的图形。

均匀及对称图形的
绘制(矩形阵列)

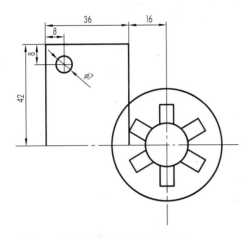

图 4-25　绘制矩形与圆　　　　　　　　　　　图 4-26　矩形阵列圆

命令:**ARRAYRECT** ↙　　　　　　　　　　//启动"矩形阵列"命令

选择对象:**单击 φ7 的圆**

选择对象:**找到 1 个**　　　　　　　　　　//系统提示

选择对象:↙　　　　　　　　　　　　　　　//回车结束选择,绘图区显示预览的矩
　　　　　　　　　　　　　　　　　　　　　　形阵列,如图 4-27 所示

类型＝矩形　关联＝是　　　　　　　　　　//系统提示

选择夹点以编辑阵列或[关联(AS)/基点(B)/计数(COU)/间距(S)/列数(COL)/行数
(R)/层数(L)/退出(X)]<退出>:**单击左上角的三角形夹点**

　　　　　　　　　　　　　　　　　　　　　//设置行数

＊＊行数＊＊　　　　　　　　　　　　　　//系统提示

指定行数:**向下移动鼠标,使预览的矩形阵列显示为 3 行 4 列时单击**

　　　　　　　　　　　　　　　　//在阵列预览中,拖动夹点以调整行数

选择夹点以编辑阵列或[关联(AS)/基点(B)/计数(COU)/间距(S)/列数(COL)/行数
(R)/层数(L)/退出(X)]<退出>:**单击右下角的三角形夹点**

　　　　　　　　　　　　　　　　　　　　　//设置列数

＊＊列数＊＊　　　　　　　　　　　　　　//系统提示

指定列数:**向左移动鼠标,使预览的矩形阵列显示为如图 4-28 所示的 3 行 2 列时单击**

　　　　　　　　　　　　　　　　　//在阵列预览中,拖动夹点以调整列数

选择夹点以编辑阵列或[关联(AS)/基点(B)/计数(COU)/间距(S)/列数(COL)/行数
(R)/层数(L)/退出(X)]<退出>:**单击如图 4-28 所示矩形阵列右上角的三角形夹点**

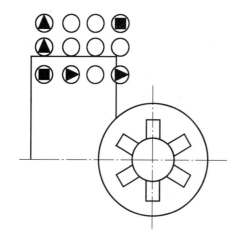

图 4-27 预览矩形阵列

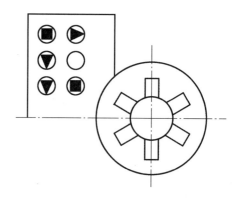

图 4-28 设置行数与列数

// 设置列数、列间距或轴角度

＊＊ 列数 ＊＊ // 系统提示

指定列数:**按 Ctrl 键** // 在命令行出现"指定列数"的提示时,
按 Ctrl 键可循环浏览列数、列间距和
轴角度

＊＊ 列间距 ＊＊ // 系统提示

指定列之间的距离:**16** ↙ // 当出现"指定列之间的距离"的提示
时,输入列间距

绘制结果如图 4-29 所示。

选择夹点以编辑阵列或[关联(AS)/基点(B)/计数(COU)/间距(S)/列数(COL)/行数
(R)/层数(L)/退出(X)]<退出>:**单击如图 4-29 所示矩形阵列的左列中间的三角形夹点**

// 设置行数、行间距或轴角度

＊＊ 行数 ＊＊ // 系统提示

指定行数:**按 Ctrl 键** // 在命令行出现"指定行数"的提示时,
按 Ctrl 键可浏览行数、行间距和轴
角度

＊＊ 行间距 ＊＊ // 系统提示

指定行之间的距离:**12** ↙ // 当出现"指定行之间的距离"的提示
时,输入行间距

绘制结果如图 4-30 所示。

选择夹点以编辑阵列或[关联(AS)/基点(B)/计数(COU)/间距(S)/列数(COL)/行数
(R)/层数(L)/退出(X)]<退出>:↙ // 回车完成矩形阵列

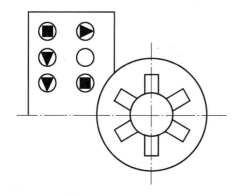

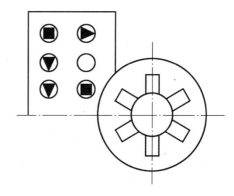

图 4-29　设置列间距　　　　　　　　　　　　　　图 4-30　设置行间距

绘制结果如图 4-26 所示。

第 4 步：镜像

(1)对图 4-26 左上角部分的图形进行镜像，操作如下：

命令：**MIRROR** ↙　　　　　　　　　　　　//启动"镜像"命令

选择对象：指定对角点：找到 11 个　　　　　//用窗口方式选择图4-26 的左上角部分

选择对象：↙　　　　　　　　　　　　　　//回车，结束对象选择

指定镜像线的第一点：**单击水平中心线的左端点**　//捕捉左端点

指定镜像线的第二点：**单击水平中心线的右端点**　//捕捉右端点

要删除源对象吗？〔是(Y)/否(N)〕<N>：↙　//选择"否(N)"选项，保留源对象

绘制结果如图 4-31 所示。

(2)对图 4-31 的左边部分进行镜像，操作如下：

命令：**MIRROR** ↙　　　　　　　　　　　　//启动"镜像"命令

选择对象：指定对角点：找到 22 个　　　　　//用窗口方式选择图4-31 的左边部分

选择对象：↙　　　　　　　　　　　　　　//回车，结束对象选择

指定镜像线的第一点：**单击竖直中心线的下端点**　//捕捉下端点

指定镜像线的第二点：**单击竖直中心线的上端点**　//捕捉上端点

要删除源对象吗？〔是(Y)/否(N)〕<N>：↙　//选择"否(N)"选项，保留源对象

绘制结果如图 4-32 所示。

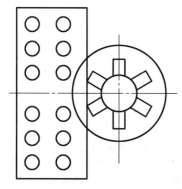

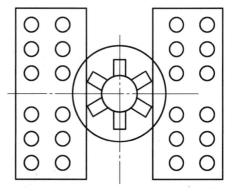

图 4-31　上下镜像　　　　　　　　　　　　　　图 4-32　左右镜像

第 5 步：修剪

命令：**TRIM** ↙　　　　　　　　　　　　　//启动"修剪"命令

当前设置：投影＝UCS，边＝无　　　　　　//系统提示

选择剪切边…　　　　　　　　　　　　　　//系统提示

选择对象或＜全部选择＞:↙　　　　　　　　　　　//选择全部对象的修剪边

选择要修剪的对象,或按住 Shift 键选择要延伸的对象,或[栏选(F)/窗交(C)/投影 (P)/边(E)/删除(R)/放弃(U)]:**单击圆与矩形公共部分的轮廓线**

　　　　　　　　　　　　　　　　　　　　　//选取被修剪部分

……

选择要修剪的对象,或按住 Shift 键选择要延伸的对象,或[栏选(F)/窗交(C)/投影 (P)/边(E)/删除(R)/放弃(U)]:↙　　　　　　//回车结束命令

绘制结果如图 4-33 所示。

第 6 步:夹点拉伸

单击竖直中心线,使夹点显示出来;单击最下面的夹点,使之变成红色;向上拖动红色基点至合适位置,如图 4-34 所示;按 Esc 键,取消夹点。用同样的方法拉伸竖直中心线上端、水平中心线两端至合适位置。

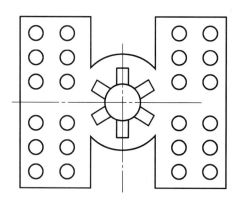

图 4-33　修剪后的图形

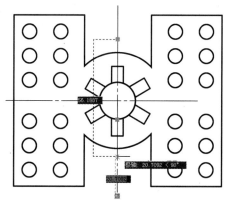

图 4-34　夹点拉伸

第 7 步:保存文件

任务检测与技能训练 >>>

利用相关命令绘制图 4-35～图 4-39 所示各图形。要求:图形正确,线型符合国家标准规定,不标注相关尺寸。

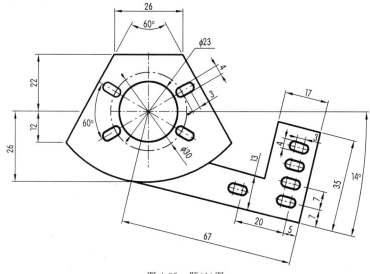

图 4-35　题(1)图

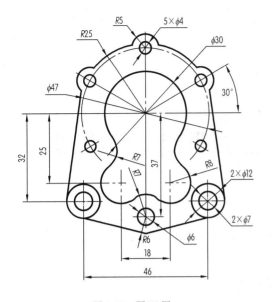

图 4-36 题(2)图

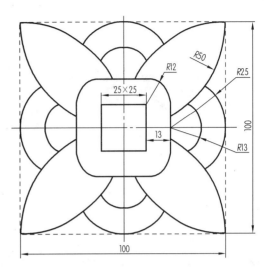

图 4-37 题(3)图

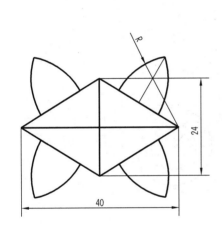

图 4-38 题(4)图

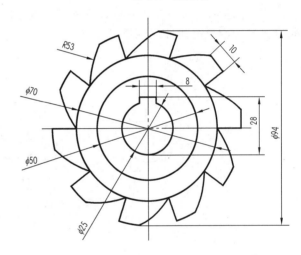

图 4-39 题(5)图

题(4)提示:

①等分点知识见任务 5。

②4 等分直线。

③用起点、圆心、端点方式画圆弧。

题(5)提示:

①将 φ70 的圆定数等分为 10 等份。

②用起点、圆心、长度方式画圆弧 R47。

③用起点、端点、半径方式画圆弧 R53。

任务 5

圆弧连接类图形的绘制

任务描述 >>>

　　根据图形尺寸选择适当图幅以及绘图比例绘制图 5-1 所示图形。要求：图形正确，线型符合国家标准规定，圆弧连接光滑。

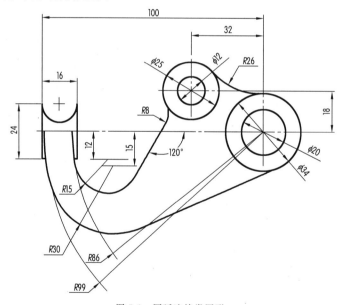

图 5-1　圆弧连接类图形

任务目标 >>>

　　1. 知识目标

　　掌握点、旋转、延伸、打断于点、打断、合并、圆角、倒角等编辑命令的使用及操作方法；进一步熟练掌握绘制平面图形的基本方法和步骤以及状态栏上各工具的使用方法。

　　2. 技能目标

　　能够正确使用绘图和编辑命令以及绘图工具绘制如图 5-1 所示的圆弧连接类图形；能够综合应用编辑命令绘制和修改图形。

知识储备 >>>

一、点命令

在 AutoCAD 2013 中,点对象可用作捕捉和偏移对象的节点或参考点。可以通过"单点"、"多点"、"定数等分"和"定距等分"四种方法创建点对象。

1. 绘制单点

在 AutoCAD 2013 中,选择【绘图】→【点】→【单点】命令(POINT),可以在绘图窗口中一次指定一个点。

2. 绘制多点

在 AutoCAD 2013 中,选择【绘图】→【点】→【多点】命令(MPOINT),可以在绘图窗口中一次指定多个点,直到按 Esc 键结束。

3. 定数等分对象

在 AutoCAD 2013 中,选择【绘图】→【点】→【定数等分】命令(DIVIDE),可以在指定的对象上绘制等分点或者在等分点处插入块。在使用该命令时应注意以下两点:一是因为输入的是等分数,而不是放置点的个数,所以如果将所选对象分成 n 份,则实际上只生成 $n-1$ 个点;二是每次只能对一个对象操作,而不能对一组对象操作。

4. 定距等分对象

在 AutoCAD 2013 中,选择【绘图】→【点】→【定距等分】命令(MEASURE),可以在指定的对象上按指定的长度绘制点或者插入块。使用该命令时应注意以下两点:一是放置点的起始位置从离对象选取点较近的端点开始;二是如果对象总长度不能被所选长度整除,则最后放置点到对象端点的距离将不等于所选长度。

【例 5-1】　绘制如图 5-2 所示的平面图形,其中 B、C 两点分别为直线 AD 的等分点。

绘图步骤如下:

(1)执行"直线"命令,绘制三角形 ADE,如图 5-3 所示。

(2)将直线 AD 三等分。

选择【绘图】→【点】→【定数等分】命令,AutoCAD 提示:

选择要定数等分的对象:**单击直线 AD**　　　//要定数等分的对象

输入线段数目或[块(B)]:**3↙**　　　//三等分线段数

(3)变换点的样式。

执行【格式】→【点样式】命令,打开"点样式"对话框,如图 5-4 所示,选择除第一、第二种以外任何一种即可。本例选择了第一行第四列的"×",图形变为如图 5-5 所示的形式。

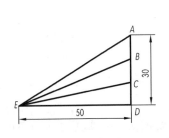

图 5-2　平面图形

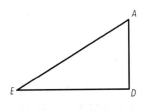

图 5-3　三角形

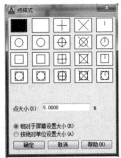

图 5-4　"点样式"对话框

（4）执行"直线"命令，连接 *EB* 和 *EC* 两直线，图形变为如图 5-6 所示的形式。

（5）删除 *B*、*C* 两点的点样式，图形变为如图 5-7 所示的形式。

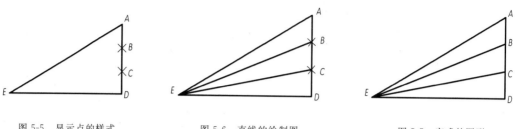

图 5-5　显示点的样式　　　　图 5-6　直线的绘制图　　　　图 5-7　完成的图形

方法一：将 *B*、*C* 两点选上，删除。

方法二：将点样式设置为"点样式"对话框中第一行第二列的样式。

二、旋转命令

旋转命令可以将选定的对象绕着指定的基点旋转指定的角度。执行"旋转"命令的方式如下：

（1）键盘命令：ROTATE↙或 RO↙。

（2）菜单命令：【修改】→【旋转】。

（3）工具栏：〖修改〗工具栏→"旋转"按钮◎。

1. 指定角度旋转对象

启动"旋转"命令后，选择要旋转的对象（可以依次选择多个对象），并指定旋转的基点，命令行窗口将显示"指定旋转角度或［复制（C）参照（R）］<0>"提示信息。如果直接输入角度值，则可以将对象绕基点转动该角度，角度为正时逆时针旋转，角度为负时顺时针旋转。如图 5-8（b）所示为将图 5-8（a）中的圆弧组旋转−30°后的效果。

2. 旋转并复制对象

如果选择"复制（C）"选项，在旋转对象的同时，还能完成对象的复制，即保留源对象，如图 5-8（c）所示。

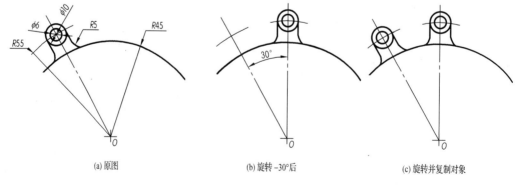

(a) 原图　　　　　　　(b) 旋转 −30°后　　　　　　(c) 旋转并复制对象

图 5-8　旋转对象

3. 参照方式旋转对象

如果选择"参照（R）"选项，将以参照方式旋转对象，需要依次指定参照方向的角度值和相对于参照方向的角度值。如图 5-9 所示为把三角形以 *C* 点为基点，参照 *CA* 方向，顺时针

旋转到 *CD* 位置的效果,具体步骤如下:

命令:**ROTATE** ↙　　　　　　//执行"旋转"命令

UCS 当前的正角方向:　　ANGDIR＝逆时针

ANGBASE＝0

选择对象:总计 3 个　　　　　//选择三角形三条边

选择对象:↙　　　　　　　　//回车结束选择

指定基点:　　　　　　　　　//捕捉 *C* 点

指定旋转角度,或[复制(C)/参照(R)]<0>:**R** ↙

　　　　　　　　　　　　　　//选择参照旋转方式

指定参照角 <0>:指定第二点://捕捉 *C* 点、*A* 点

指定新角度或[点(P)]<0>:　//捕捉 *D* 点,完成旋转

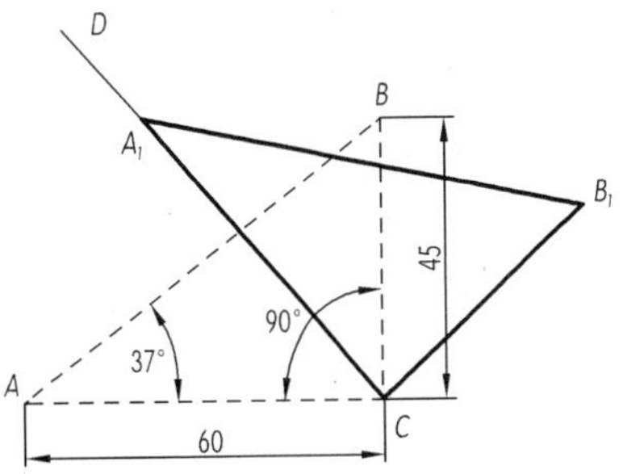

图 5-9　参照方式旋转图形

三、比例缩放命令

将选定的对象以指定的基点为中心按比例进行放大或缩小。执行"缩放"命令的方式如下:

(1)键盘命令:SCALE ↙ 或 SC ↙。

(2)菜单命令:【修改】→【缩放】。

(3)工具栏:〖修改〗工具栏→"缩放"按钮□。

要缩放对象,在执行"缩放"命令时,先选择对象,然后指定基点,命令行窗口将显示"指定比例因子或[复制(C)/参照(R)]:"提示信息。如果直接指定缩放的比例因子,对象将根据该比例因子相对于基点缩放,当比例因子大于 0 而小于 1 时缩小对象,当比例因子大于 1 时放大对象,如图 5-10(b)所示图形为图 5-10(a)所示图形以 *O* 点为基点,比例因子为 0.5 缩放后的效果;如果选择"复制(C)"选项,在缩放对象的同时,还能完成对象的复制,即保留源对象,如图 5-10(c)所示;如果选择"参照(R)"选项,对象将按参照的方式缩放,需要依次输入参照长度的值和新的长度值,AutoCAD 根据参照长度与新长度的值自动计算比例因子(比例因子＝新长度值/参照长度值),然后进行缩放。

【**例 5-2**】　将图 5-10(d)所示的矩形经过缩放,变为图 5-10(e)所示尺寸的矩形。在变换过程中,图形的长宽比保持不变。

操作步骤如下:

执行"缩放"命令后,AutoCAD 提示:

选择对象:指定对角点:**选择矩形**　　//选择要进行缩放的矩形

找到 1 个

选择对象:↙　　　　　　　　　　　//回车结束对象选择

指定基点:**捕捉矩形上点 *A***　　　　//捕捉缩放过程中不变的点

指定比例因子或[复制(C)/参照(R)]:**R** ↙　//由于比例因子没有直接给出,但缩放后的实体长度已知,所以可选择"参照(R)"选项

指定参照长度 <1>:**捕捉 *A* 点**

指定第二点:**捕捉 *B* 点**　　　　　　//指定参照长度

指定新的长度或[点(P)]:**66** ↙　　//根据已知条件,将 *AB* 线段长度变为 66

执行上述操作后,图形由图 5-10(d)变为图 5-10(e),完成图形缩放。

注意:比例缩放和图形显示中缩放(ZOOM)命令的缩放不同,比例缩放真正改变了图形的大小,而 ZOOM 命令只改变图形在屏幕上显示的大小,图形本身大小没有任何变化。

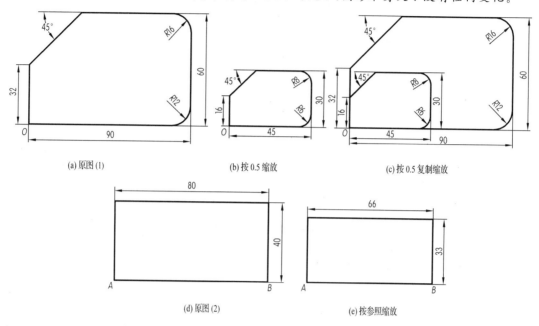

图 5-10　缩放图形

四、拉伸命令

拉伸命令可以移动或拉伸对象,执行"拉伸"命令的方式如下:

(1)键盘输入:STRETCH ✓ 或 S ✓。

(2)菜单命令:【修改】→【拉伸】。

(3)工具栏:〖修改〗工具栏→"拉伸"按钮。

执行"拉伸"命令可以移动或拉伸对象,操作方式根据图形对象在选择框中的位置决定。执行该命令时,可以使用"窗交"方式选择对象,然后依次指定位移基点和位移矢量,将会移动全部位于选择窗口之内的对象,而拉伸(或压缩)与选择窗口边界相交的对象。

【例 5-3】　将图 5-11(a)所示阶梯轴的右段拉长 40 个绘图单位。

操作步骤如下:

命令:**STRETCH** ✓　　　　　　　　　　//执行"拉伸"命令

以交叉窗口或交叉多边形选择要拉伸的对象…　//提示用户选择对象的方式

选择对象:指定对角点:找到 8 个　　　　//选右侧部分图形(包括键槽右边圆)

选择对象:✓　　　　　　　　　　　　//回车确认选择

指定基点或[位移(D)]<位移>:**单击点 A**　//指定用于确定拉伸或移动的基点

指定第二个点或 <使用第一个点作为位移>:**@40,0** ✓

　　　　　　　　　　　　　　　　　//输入需要移动的距离

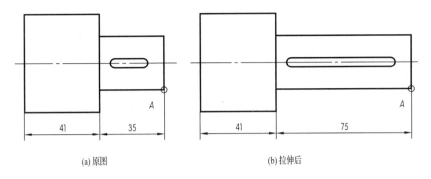

(a)原图　　　　　　　　　　　　(b)拉伸后

图 5-11　阶梯轴拉伸

说　明

(1)需用至少一次窗口类方式选择对象,最好是窗交方式。

(2)选择对象最后一次使用的窗口作为该命令的移动窗口。

(3)对"直线"或"圆弧"对象,窗口内的端点移动,窗口外的端点不动。若两端点都在窗口内,此命令等同于"移动"命令;若两端点都不在窗口内,则保持不变。

(4)对"圆"对象,圆心在窗口内时移动,否则不动。

(5)对"块""文字"等对象,插入点或基准点在窗口内时移动,否则不动。

(6)对"多段线"将逐段作为直线或圆弧处理。

五、延伸命令

延伸命令将选中的对象(直线、圆弧等)延伸到指定的边界。利用该命令求线与线的交点最为方便。执行"延伸"命令的方式如下:

(1)菜单命令:【修改】→【延伸】。

(2)工具栏:〖修改〗工具栏→"延伸"按钮--/。

(3)键盘输入:EXTEND↙或 EX↙。

延伸命令的使用方法和修剪命令的使用方法相似,不同之处在于:使用延伸命令时,如果在按下 Shift 键的同时选择对象,则执行修剪命令;使用修剪命令时,如果在按下 Shift 键的同时选择对象,则执行延伸命令。

【例 5-4】　将图 5-12(a)所示图形的直线 AB 和圆弧 BC 作为延伸边界,延伸直线 IH、JK、ML、NP,得到如图 5-12(b)所示图形。

操作步骤如下:

命令:**EXTEND** ↙	//执行"延伸"命令
当前设置:投影＝UCS,边＝无	//系统提示
选择边界的边...	//系统提示
选择对象或 ＜全部选择＞:找到 1 个　**单击直线 AB**	//选择作为边界边的对象
选择对象:找到 1 个,总计 2 个　**单击圆弧 BC**	//选择作为边界边的对象
选择对象:↙	//结束选择

选择要延伸的对象,或按住 Shift 键选择要修剪的对象,或[栏选(F)/窗交(C)/投影

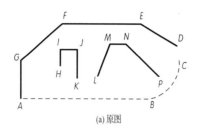 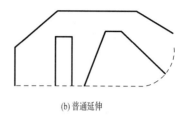

(a)原图　　　　　　　　　　　　　　　　　(b)普通延伸

图 5-12　延伸对象

(P)/边(E)/放弃(U)]:**单击 H 端**　　　　　　　　　　　　　//选择直线 IH 靠近 H 端

　　选择要延伸的对象,或按住 Shift 键选择要修剪的对象,或[栏选(F)/窗交(C)/投影
(P)/边(E)/放弃(U)]:**单击 K 端**　　　　　　　　　　　　　//选择直线 JK 靠近 K 端

　　……　　　　　　　　　　　　　　　　　　　　　　　//依次选择 ML、NP 的靠近
　　　　　　　　　　　　　　　　　　　　　　　　　　　　　L、P 端

　　选择要延伸的对象,或按住 Shift 键选择要修剪的对象,或[栏选(F)/窗交(C)/投影
(P)/边(E)/放弃(U)]:↙　　　　　　　　　　　　　　　　//结束被延伸对象的选择

说　明

　　(1)选择要延伸的对象:该选项为默认选项。若拾取实体上一点,则该实体从靠近拾取点一端延伸到边界处。

　　(2)按住 Shift 键选择要修剪的对象:如果按住 Shift 键,此时的延伸变为修剪功能,其操作与修剪操作一样。

　　(3)投影(P):用于指定延伸时系统使用的投影方式。输入 P↙,命令行窗口提示:

　　　　输入投影选项[无(N)/UCS(U)/视图(V)]<UCS>:

　　●无(N):表示不进行投影。

　　●UCS(U):表示延伸边界将和被延伸对象投影到当前 UCS(用户坐标系)的 XY 平面上,延伸边界与被延伸对象延伸后在三维空间不一定真正相交,只要它们的投影在投影平面上相交,即可进行延伸。

　　●视图(V):表示按当前视窗方向投影。

　　(4)边(E):用于决定被延伸对象是否需要使用延伸边界延长线上的虚拟边界。输入E↙,命令行窗口提示:

　　　　输入隐含边延伸模式[延伸(E)/不延伸(N)]<不延伸>:

　　●延伸(E):表示延伸边界,使其与被延伸对象相交进行延伸。

　　●不延伸(N):表示不延伸边界。

　　(5)放弃(U):表示放弃刚刚选择的被延伸对象。

六、拉长命令

　　拉长命令可用来拉长或缩短直线、多线段、椭圆弧和圆弧,从而改变所选对象的长度。执行"拉长"命令的方式如下:

（1）菜单命令：【修改】→【拉长】。

（2）键盘输入：LENGTHEN ↙ 或 LEN ↙。

启动"拉长"命令后，AutoCAD 提示："选择对象或[增量（DE）/百分数（P）/全部（T）/动态（DY）]："。提示中各选项的含义如下：

● 增量（DE）：以指定的增量改变对象的长度，如果增量是正值，就拉伸对象，否则缩短对象。

● 百分数（P）：按照指定对象总长度或总角度的百分比改变对象长度。输入的值大于 100，则拉长所选对象；输入的值小于 100，则缩短所选对象。

● 全部（T）：通过指定对象新的总长度或总角度来改变对象的长度或者包含角。

● 动态（DY）：通过拖动选定对象的端点动态改变选定对象的长度。AutoCAD 将端点移动到所需的长度或角度，而另一端保持固定。

【例 5-5】　将图 5-13（a）所示图形经过拉长（或缩短）变为图 5-13（b）所示图形。

操作过程如下：

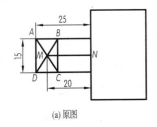
（a）原图

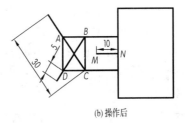
（b）操作后

图 5-13　拉长直线

（1）将直线 CA 拉长，使该直线的总长度变为 30。

命令：**LENGTHEN**↙　　　　　　　　　　　// 启动"拉长"命令

选择对象或[增量（DE）/百分数（P）/全部（T）/动态（DY）]：**T**↙

　　　　　　　　　　　　　　　　　　　// 已知直线变化后的总长度
　　　　　　　　　　　　　　　　　　　　　时选择此选项

指定总长度或[角度（A）]<1.0000>：**30** ↙　// 输入长度值

选择要修改的对象或[放弃（U）]：**单击直线 CA 靠上部分**　// 选择要拉长的直线

选择要修改的对象或[放弃（U）]：↙　　　// 回车结束对象选择

结果直线 CA 长度变为 30。

（2）将直线 BD 拉长，拉长量为 5。

命令：**LENGTHEN**↙　　　　　　　　　　　// 启动"拉长"命令

选择对象或[增量（DE）/百分数（P）/全部（T）/动态（DY）]：**DE** ↙

　　　　　　　　　　　　　　　　　　　// 已知直线的增量时选择此
　　　　　　　　　　　　　　　　　　　　　选项

输入长度增量或[角度（A）]<0.0000>：**5** ↙　// 输入增量值为 5

选择要修改的对象或[放弃（U）]：**单击直线 BD 靠下部分**　// 选择要拉长的直线

选择要修改的对象或[放弃（U）]：↙　　　// 回车结束对象选择

结果直线 BD 在原来的基础上拉长 5。

（3）将直线 *MN* 缩短，长度为原来的一半。

命令：**LENGTHEN**↙   //启动"拉长"命令

选择对象或［增量(DE)/百分数(P)/全部(T)/动态(DY)］：**P**↙

                    //已知直线变化的百分比时

                     选择此选项

输入长度百分数 ＜100.0000＞：**50**↙   //长度变为原来的一半

选择要修改的对象或［放弃(U)］：**单击直线 *MN* 左侧**   //选择要变化的直线

选择要修改的对象或［放弃(U)］：↙   //回车结束对象选择

结果直线 *MN* 在原来的基础上缩短一半。

七、打断命令

打断对象是指将对象从某一点处一分为二，或者删除对象上所指定两点之间的部分。执行"打断"命令的方式如下：

（1）菜单命令：【修改】→【打断】。

（2）键盘输入：BREAK↙ 或 BR↙。

（3）工具栏：〖修改〗工具栏→"打断"按钮☐。

【例 5-6】 将图 5-14 所示中心线在 *A*、*B* 两点打断。

操作步骤如下：

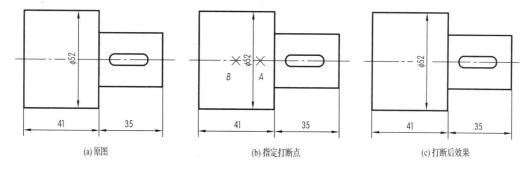

(a)原图   (b)指定打断点   (c)打断后效果

图 5-14 指定两点打断对象

命令：**BREAK**↙   //启动"打断"命令

选择对象：**单击中心线**   //选择被打断对象，这里是中心线

指定第二个打断点或［第一点(F)］：**F**↙   //系统提示，表示可以重选第一断点

指定第一个打断点：**单击 *A* 点**   //选择点 *A*

指定第二个打断点：**单击 *B* 点**   //选择点 *B*

注意： 若对圆执行打断操作，从第一断点到第二断点按逆时针方向删除两点间的圆弧。

八、打断于点命令

单击〖修改〗工具栏上的"打断于点"按钮☐，可以将对象在一点处断开成两个对象，它是从"打断"命令中派生出来的。执行该命令时，需要选择要被打断的对象，然后指定打断点，即可从该点打断对象。

注意： "打断于点"命令不能用于将圆在某点处打断。

九、对齐命令

对齐命令可以同时移动、旋转、比例缩放一个对象,使之与另一个对象对齐。对齐命令既可以在二维图形中应用,也可以在三维模型中应用,而且更多是用于三维模型的建模中。执行"对齐"命令的方式如下:

(1)菜单命令:【修改】→【三维操作】→【对齐】。

(2)键盘输入:ALIGN ↙或 AL ↙。

【例 5-7】　将图 5-15(a)所示五边形的 AB 边与矩形的 CD 边对齐。

操作过程如下:

命令:**ALIGN** ↙　　　　　　　　//启动"对齐"命令

选择对象:**单击矩形**　　　　　　//选择矩形

选择对象:↙　　　　　　　　　　//结束选择

指定第一个源点:**单击矩形边 CD 上的 C 点**

指定第一个目标点:**单击五边形边 AB 上的 A 点**

指定第二个源点:**单击矩形边 CD 上的 D 点**

指定第二个目标点:**单击五边形边 AB 上的 B 点**

指定第三个源点或<继续>:↙　　　//结束选择

是否基于对齐点缩放对象?［是(Y)/否(N)］<否>:↙

　　　　　　　　　　　　　　　//选择 Y 或者 N 确定是否基于目标对象缩
　　　　　　　　　　　　　　　　放源对象,如果选 Y,则缩放(图 5-15(c)),
　　　　　　　　　　　　　　　　默认为不缩放(图 5-15(b))

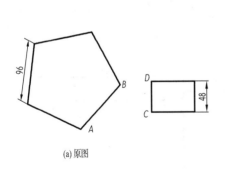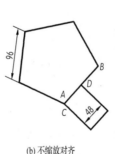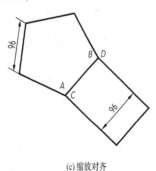

(a)原图　　　　　　　　　　(b)不缩放对齐　　　　　　　　(c)缩放对齐

图 5-15　对齐对象

十、合并命令

合并对象是指将两个对象合并成一个对象,使用该命令可以合并直线、圆弧、椭圆弧、多段线和样条曲线。执行"合并"命令的方式如下:

(1)菜单命令:【修改】→【合并】。

(2)键盘输入:JOIN ↙或 JL↙。

(3)工具栏:〖修改〗工具栏→"合并"按钮 ➡➡。

执行该命令并选择需要合并的对象,再根据命令行窗口的提示信息选择需要合并的另一部分对象,按 Enter 键,即可将这些对象合并。

十一、倒角命令

倒角命令用来对选定的两条相交(或其延长线相交)直线进行倒角,也可以对整条多段线进行倒角。执行"倒角"命令的方式如下:

(1)菜单命令:【修改】→【倒角】。

(2)工具栏:〖修改〗工具栏→"倒角"按钮⌒。

(3)键盘输入:CHAMFER↙或CHA↙。

执行该命令后,命令行窗口显示如下提示信息:

("修剪"模式)当前倒角距离 1 = 0.0000,距离 2 = 0.0000

选择第一条直线或[放弃(U)/多段线(P)/距离(D)/角度(A)/修剪(T)/方式(E)/多个(M)]:

默认情况下,需要选择进行倒角的两条相邻的直线,然后按当前的倒角大小对这两条直线进行倒角。该命令提示中主要选项的功能如下:

● 多段线(P):对多段线进行倒角。

● 距离(D):要求依次指定两条直线的倒角距离进行倒角。

● 角度(A):要求分别设置第一条直线的倒角距离和倒角角度创建倒角。

● 修剪(T):选择该选项后,可继续选择模式选项"修剪(T)/不修剪(N)"来设置倒角,"修剪(T)"表示修剪倒角,"不修剪(N)"则表示不修剪倒角。

● 方式(E):设定修剪方法为距离或角度。

● 多个(M):进行多个倒角。

倒角的方式有三种:

(1)通过指定距离进行倒角

【例 5-8】 对图 5-16 所示矩形的右上角倒角。

操作过程如下:

命令:CHAMFER↙   //启动"倒角"命令

("修剪"模式)当前倒角长度 = 5.0000,角度 = 45

　　　　　　　　//提示当前所处的倒角模
　　　　　　　　　式及数值

选择第一条直线或[放弃(U)/多段线(P)/距离(D)/角度(A)/修剪(T)/方式(E)/多个(M)]:T↙

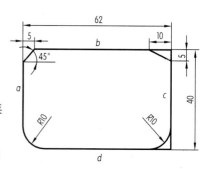

图 5-16 倒角命令的使用

　　　　　　　　//当前模式为"修剪"模式,根据图中尺寸,应对其进行修改

输入修剪模式选项[修剪(T)/不修剪(N)]<修剪>:N↙

　　　　　　　　//更改修剪模式为不修剪

选择第一条直线或[放弃(U)/多段线(P)/距离(D)/角度(A)/修剪(T)/方式(E)/多个(M)]:D↙   //根据已知条件,选择"距离(D)"方式输入距离

指定第一个倒角距离 ＜6.0000＞:**10✓**　　　//第一个倒角距离为 10

指定第二个倒角距离 ＜2.0000＞:**5✓**　　　//第二个倒角距离为 5

选择第一条直线或[放弃(U)/多段线(P)/距离(D)/角度(A)/修剪(T)/方式(E)/多个(M)]:**单击直线 b**　　　//选择所要倒角的一条直线

选择第二条直线,或按住 Shift 键选择直线以应用角点或[距离(D)/角度(A)/方法(M)]:**单击直线 c**　　　//完成倒角绘制

注意:采用这种方式创建倒角时,第一个倒角距离、第二个倒角距离与选择对象的先后次序有关,第一个选择的对象对应第一个倒角距离。

(2)通过指定长度和角度进行倒角

【例 5-9】　对图 5-16 所示矩形的左上角倒角。

操作过程如下:

命令:**CHAMFER✓**　　　//启动"倒角"命令

("修剪"模式) 当前倒角距离 1 = 10.0000,距离 2 = 5.0000

　　　　　　　　　　　　　　　　//提示当前所处的倒角模式及数值

选择第一条直线或[放弃(U)/多段线(P)/距离(D)/角度(A)/修剪(T)/方式(E)/多个(M)]:**A✓**　　　//选择"角度(A)"方式输入倒角值。

指定第一条直线的倒角长度 ＜5.0000＞:**5✓**　　　//第一条直线的倒角长度为 5

指定第一条直线的倒角角度 ＜45＞:**45✓**　　　//倒角斜线与第一条直线的夹角为 45°

选择第一条直线或[放弃(U)/多段线(P)/距离(D)/角度(A)/修剪(T)/方式(E)/多个(M)]:**单击直线 b**

选择第二条直线,或按住 Shift 键选择直线以应用角点或[距离(D)/角度(A)/方法(M)]:**单击直线 a**　　　//完成倒角绘制

(3)为多段线进行倒角

【例 5-10】　对图 5-17(a)所示的矩形倒角。

操作过程如下:

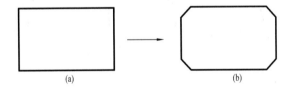

(a)　　　　　　　　　　(b)

图 5-17　对多段线进行倒角

命令:**CHAMFER✓**　　　//启动"倒角"命令

("修剪"模式) 当前倒角长度 = 5.0000,角度 = 45

　　　　　　　　　　　　　　　　//提示当前所处的倒角模式及数值

选择第一条直线或[放弃(U)/多段线(P)/距离(D)/角度(A)/修剪(T)/方式(E)/多个(M)]:**P✓**　　　//要对矩形进行倒角,矩形属于二维多段线,故选择"多段线(P)"选项

选择二维多段线或[距离(D)/角度(A)/方法(M)]:**单击矩形**

　　　　　　　　　　　　　　　　//4 条直线已被倒角,矩形倒角完成

"倒角"命令只能对直线、多段线和多边形进行倒角,不能对圆弧、椭圆弧倒角。

在创建倒角时,如果设置两个倒角距离为 0,在"修剪"模式下,将修剪或者延伸这两个对象到交点,如图 5-18 所示。

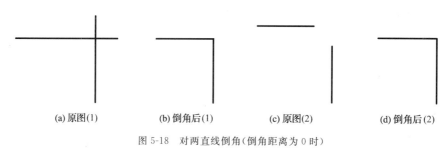

| (a) 原图(1) | (b) 倒角后(1) | (c) 原图(2) | (d) 倒角后(2) |

图 5-18 对两直线倒角(倒角距离为 0 时)

十二、圆角命令

圆角命令能够用指定的半径,对选定的两个对象(直线、构造线、射线、圆弧或圆),或者对整条多段线进行光滑的圆弧连接。执行"圆角"命令的方式如下:

(1)菜单命令:【修改】→【圆角】。

(2)工具栏:〖修改〗工具栏→"圆角"按钮 ◻。

(3)键盘输入:FILLET ↙或 F ↙。

(1)指定半径圆角

该方法使用指定半径的圆弧对两个对象进行光滑连接,可以通过选项"修剪(T)"的设置改变圆角结果。比如对图 5-19(a)所示同一组对象执行"圆角"命令,图 5-19(b)所示为修剪的结果,图 5-19(c)所示为不修剪的结果。

| (a) 原图 | (b) 修剪圆角 | (c) 不修剪圆角 |

图 5-19 指定半径圆角

【例 5-11】 对图 5-16 所示矩形的左下角圆角。

操作过程如下:

命令:**FILLET**↙   //启动"圆角"命令

当前设置:模式 = 不修剪,半径 = 5.0000   //提示当前所处的圆角模式及圆角半径值

选择第一个对象或[放弃(U)/多段线(P)/半径(R)/修剪(T)/多个(M)]:**T**↙

　　　　　　　　　　　　　　　　　　　 //根据已知条件需要修改圆角模式

输入修剪模式选项[修剪(T)/不修剪(N)]<不修剪>:**T**↙

　　　　　　　　　　　　　　　　　　　 //根据已知条件将圆角模式改成修剪模式

选择第一个对象或[放弃(U)/多段线(P)/半径(R)/修剪(T)/多个(M)]:**R**↙

　　　　　　　　　　　　　　　　　　　 //查看圆角的半径值

指定圆角半径 ＜5.0000＞:**10✓**　　　　　//此时默认值为5,重新输入半径值10

选择第一个对象或[放弃(U)/多段线(P)/半径(R)/修剪(T)/多个(M)]:**单击直线 a**

选择第二个对象,或按住 Shift 键选择对象以应用角点或[半径(R)]:**单击直线 d**

　　　　　　　　　　　　　　　　　　　//完成圆角绘制

【例 5-12】　对图 5-16 所示矩形的右下角圆角。

操作过程如下:

命令:**FILLET✓**　　　　　　　　　　//启动"圆角"命令

当前设置:模式 = 修剪,半径 = 10.0000　　//提示当前所处的圆角模式及圆角半径值

选择第一个对象或[放弃(U)/多段线(P)/半径(R)/修剪(T)/多个(M)]:**T✓**

　　　　　　　　　　　　　　//由当前设置可知模式为修剪模式,不满

　　　　　　　　　　　　　　　足已知条件,需对其进行修改

输入修剪模式选项[修剪(T)/不修剪(N)]＜修剪＞:**N✓**

　　　　　　　　　　　　　　//将模式改为不修剪模式

选择第一个对象或[放弃(U)/多段线(P)/半径(R)/修剪(T)/多个(M)]:**R✓**

　　　　　　　　　　　　　　//查看圆角半径值

指定圆角半径 ＜10.0000＞:**✓**　　　　//默认值为 10

选择第一个对象或[放弃(U)/多段线(P)/半径(R)/修剪(T)/多个(M)]:**单击直线 c**

选择第二个对象,或按住 Shift 键选择对象以应用角点或[半径(R)]:**单击直线 d**

　　　　　　　　　　　　　　//完成圆角绘制

(2)平行线圆角

如图 5-20 所示,使用"圆角"命令还可以方便地为平行线、构造线和射线绘制圆角,其中第一个选择的对象必须是直线或射线,但第二个对象可以是直线、射线或构造线,圆弧的半径取决于两条直线的距离。

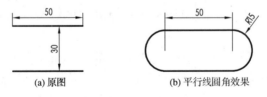

图 5-20　平行线圆角

(3)半径为 0 的圆角

使用"圆角"命令时,如果设置圆角半径为 0,可达到类似于"延伸""修剪"命令的效果。如图 5-21 所示。

图 5-21　半径为 0 的圆角

> **说 明**
>
> 执行一次倒角或者圆角命令后,在以后再次执行倒角和圆角命令时,如果没有输入倒角距离和圆角半径,均按前一条命令的距离和半径进行倒角和圆角。

（4）绘制外切圆弧

使用"圆角"命令，可以方便地绘制两个圆对象的外切圆弧，如图 5-22 所示。

(a) 原图   (b) 绘制的外切圆弧

图 5-22　利用圆角命令绘制外切圆弧

十三、分解命令

分解命令用于分解组合对象，如多段线、多线、填充、标注、块、面域、多行文字、多面网格、多边形网格、三维网格以及三维实体等。分解的结果取决于组合对象的类型，比如在 AutoCAD 中是将正多边形当作一个整体来处理的，如果需要分别对各条边进行操作，则需将其先行分解。执行"分解"命令的方式如下：

（1）菜单命令：【修改】→【分解】。

（2）工具栏：〖修改〗工具栏→"分解"按钮 。

（3）键盘输入：EXPLODE↙或 X↙。

执行"分解"命令后，选择需要分解的对象后按 Enter 键，即可分解图形并结束该命令。

说 明

（1）块只能逐级分解。若要分解块中包含的可分解对象，必须首先分解上一级对象。具有相同 X、Y、Z 比例的块将分解成各自的对象组件；X、Y、Z 比例不同的块可能分解成未知的对象。用 MINSET 命令插入的块、外部参照以及外部参照依赖的块不能分解。

（2）多段线分解后转换成普通的直线和圆弧，丢失相关的线宽和切向定义。

（3）对于尺寸标注、填充等特殊对象，一旦分解后不能再用专用的编辑命令编辑。由于对这些对象的分解不可逆，所以除非必须，一般不要分解它们。

任务实施 >>>

第 1 步：创建新图形文件，设置图形单位、图形界限和图层（详细步骤见任务 2）

第 2 步：绘制已知线段

（1）选择正确图层，分别绘制 $\phi 20$、$\phi 34$、$\phi 25$、$\phi 12$ 的圆和 24×16 的矩形及中心线（详细步骤略），结果如图 5-23(a) 所示。

微课 14

圆弧连接类图形
的绘制

（2）使用"起点、端点、半径"的圆弧命令绘制 24×16 矩形上方 $R8$ 圆弧，操作如下：

命令：单击菜单栏【绘图】→【圆弧】→【起点、端点、半径】命令

指定圆弧的起点或［圆心(C)]：**单击矩形的左上角点**　　　　　　　　∥指定圆弧的起点

指定圆弧的第二个点或[圆心(C)/端点(E)]：_e

指定圆弧的端点：**单击矩形的右上角点**　　　　　　　　　　//指定圆弧的端点

指定圆弧的圆心或[角度(A)/方向(D)/半径(R)]：_r 指定圆弧的半径：**8** ↙

　　　　　　　　　　　　　　　　　　　　　　　　　　　//指定圆弧的半径

删除矩形上方横线，绘制结果如图 5-23(b)所示。

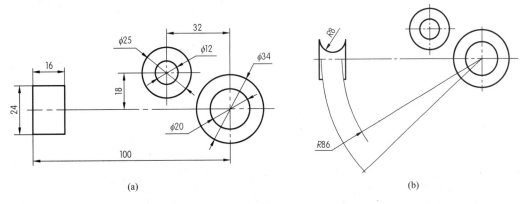

图 5-23　绘制已知线段

(3)使用"圆心、起点、角度"和"圆心、起点、端点"的圆弧命令绘制 $R86$ 和 $R99$ 的两段圆弧，操作如下：

命令：**单击菜单栏【绘图】→【圆弧】→【圆心、起点、角度】命令**

指定圆弧的起点或[圆心(C)]：_c 指定圆弧的圆心：**捕捉 $\phi20$ 的圆心并单击**

　　　　　　　　　　　　　　　　　　　　//指定圆弧的圆心

指定圆弧的起点：**@86<180** ↙　　　　　　　//指定圆弧的起点

指定圆弧的端点或[角度(A)/弦长(L)]：_a 指定包含角：**35** ↙

　　　　　　　　　　　　　　　　　//指定圆弧的包含角，回车结束命令

命令：**单击菜单栏【绘图】→【圆弧】→【圆心、起点、端点】命令**

指定圆弧的起点或[圆心(C)]：_c 指定圆弧的圆心：**捕捉 $\phi20$ 的圆心并单击**

　　　　　　　　　　　　　　　　　　　　//确定圆弧的圆心

指定圆弧的起点：**向左移动光标，出现水平追踪线时输入 99** ↙

　　　　　　　　　　　　　　　　　　　　//确定圆弧的起点

指定圆弧的端点或[角度(A)/弦长(L)]：**向右下方向移动光标，显示的圆弧弧长合适时单击**

　　　　　　　　　　　　　　　//确定圆弧的端点并结束命令

修剪多余图线，绘制结果如图 5-23(b)所示。

第 3 步：绘制中间线段

(1)用复制或偏移命令作 $\phi20$ 圆的水平中心线的平行线，用圆弧命令作 $R71(R86-R15=R71)$ 和 $R69(R99-R30=R69)$ 的圆弧，找到 $R15$ 和 $R30$ 的圆心 A 和 B，绘制结果如图 5-24(a)所示。

(2)分别以点 A 和 B 为圆心，作 $\phi30$ 和 $\phi60$ 的圆，如图 5-24(b)所示。

(3)作与 $\phi30$ 相切并与水平线成 60°的直线。方法是先过 A 点作一任意长度并与水平线成 60°的直线，如图 5-24(c)所示，再将该直线向右下偏移 15，结果如图 5-24(d)所示。

（4）删除辅助线，结果如图 5-24（d）所示。

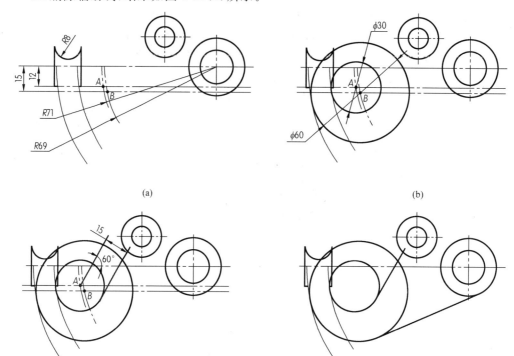

(a)

(b)

(c)

(d)

图 5-24　绘制中间线段

第 4 步：绘制连接弧 R26、R8 和两圆相切的直线

命令：**Fillet**↙或 **F**↙或单击〖修改〗工具栏→◯按钮

选择第一个对象或［放弃（U）/多段线（P）/半径（R）/修剪（T）/多个（M）］：**R**↙
　　　　　　　　　　　　　　　　　　　　　　　　//选择"半径（R）"选项

指定圆角半径 ＜8.0000＞：**26**↙　　　　　　//输入圆角半径 26

选择第一个对象或［放弃（U）/多段线（P）/半径（R）/修剪（T）/多个（M）］：**将光标移动
到 φ25 圆的右上方，出现切点标记时单击**　　　　//确定第一个切点

选择第二个对象，或按住 Shift 键选择对象以应用角点或［半径（R）］：**将光标移动到
φ34 圆的左上方，出现切点标记时单击**　　　　//确定第二个切点并结束命令

使用同样的方法或者用"相切、相切、半径"的圆命令与修剪命令绘制 R8 的圆弧。

命令：**L**↙或单击〖绘图〗工具栏→✎按钮

指定第一个点：**按住 Shift 键在绘图区单击鼠标右键，在弹出的快捷菜单中选择【切点】
命令，然后将光标移到 φ60 圆的右下方，出现切点标记时单击**　　　//确定第一个切点

指定下一点或［放弃（U）］：**按住 Shift 键在绘图区单击鼠标右键，在弹出的快捷菜单中
选择【切点】命令，然后将光标移到 φ34 圆的右下方，出现切点标记时单击**
　　　　　　　　　　　　　　　　　　　　　　　　//确定第二个切点

指定下一点或［放弃（U）］：↙　　　　　　　　//结束"直线"命令，绘制结果如
　　　　　　　　　　　　　　　　　　　　　　　图 5-25（a）所示

修剪多余图线,结果如图 5-25(b)所示。

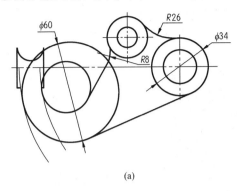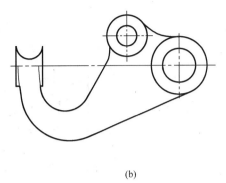

(a)　　　　　　　　　　　　　　　(b)

图 5-25　绘制连接线段

第 5 步:绘制圆心标记

命令:dimcenter ↙ **或单击〖标注〗工具栏→** ⊕ **按钮**

　　选择圆弧或圆:**单击 R15 的圆弧**

　　　　　　//选择需要添加圆心标记的圆弧

　　　　　　　　并结束"圆心标记"命令

　　重复上述操作,可为 R30 圆弧和矩形上方的圆弧添加圆心标记,绘制结果如图 5-26 所示。

第 6 步:保存文件

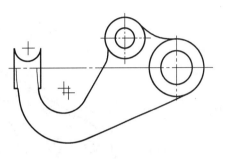

图 5-26　绘制圆心标记

任务检测与技能训练 >>>

　　利用相关命令绘制图 5-27~图 5-31 所示各图形。要求:图形正确,线型符合国家标准规定。

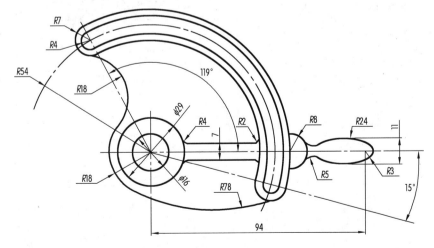

图 5-27　题(1)图

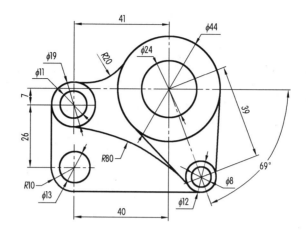

图 5-28 题(2)图

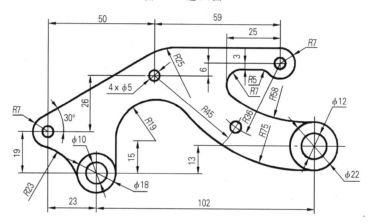

图 5-29 题(3)图

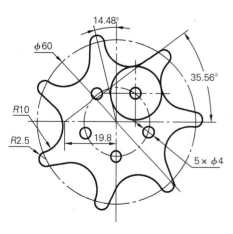

图 5-30 题(4)图

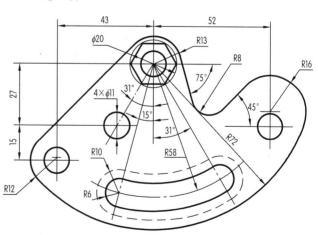

图 5-31 题(5)图

任务 6

三视图与剖视图的绘制

任务描述 >>>

　　绘制如图 6-1 所示机件的三视图。要求：布图匀称合理，图形表达正确、完整，不标注尺寸。

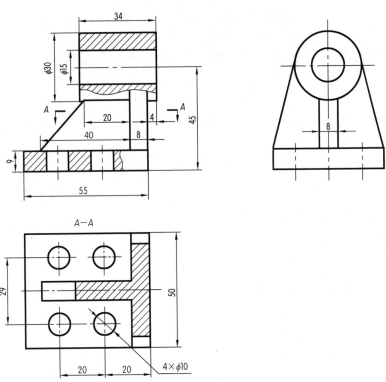

图 6-1　机件的三视图

任务目标 >>>

1. 知识目标

掌握构造线、射线、多段线、样条曲线命令的使用方法；掌握图案填充及其编辑方法；掌握绘制三视图的常用方法；掌握剖视图的绘制方法。

2. 技能目标

能够利用 AutoCAD 相关命令熟练绘制各种剖视图。

知识储备 >>>

一、构造线命令

构造线是两端无限长的直线，它们不像直线、圆、圆弧、椭圆、矩形、正多边形等作为图形的构成元素，只是作为绘图过程中的辅助参考线。执行"构造线"命令的方式如下：

（1）菜单命令：【绘图】→【构造线】。

（2）工具栏：〖绘图〗工具栏→"构造线"按钮 ✎。

（3）键盘输入：XLINE ↙或 XL ↙。

执行该命令后，命令行提示如下信息："指定点或［水平（H）/垂直（V）/角度（A）/二等分（B）/偏移（O）］："。命令行提示中各选项的含义如下：

（1）指定点：绘制一条通过选定两点的构造线，如图 6-2 所示。

（2）水平（H）：绘制一条通过选定点的水平构造线，如图 6-3 所示。

图 6-2 指定点　　　　　　　　　　　　图 6-3 "水平"选项

（3）垂直（V）：绘制一条通过选定点的垂直构造线，如图 6-4 所示。

（4）角度（A）：以指定的角度绘制一条构造线。

选择该选项后，命令行提示：

输入构造线的角度（0）或［参照（R）］：

①输入构造线的角度：直接输入构造线与 X 轴正方向的夹角创建如图 6-5 所示的构造线。

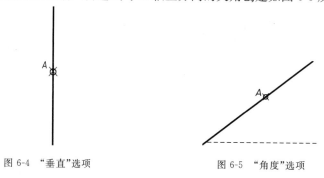

图 6-4 "垂直"选项　　　　　　　　图 6-5 "角度"选项

②参照(R)：指定一条已知直线，通过指定点绘制一条与已知直线成指定夹角的构造线。

【例 6-1】　如图 6-6 所示，绘制垂直于加强筋斜面的构造线。

操作步骤如下：

命令：**XLINE** ↙

指定点或[水平(H)/垂直(V)/角度(A)/二等分(B)/偏移(O)]：**A** ↙

//选择"角度"选项绘制构造线

输入构造线的角度(0)或[参照(R)]：**R** ↙　　　//采用"参照"方式

选择直线对象：**选取如图 6-7 所示直线 l**

输入构造线的角度 <0.000>：**90** ↙　　　//输入参照角度

指定通过点：**选取直线 l 的中点**

指定通过点：↙　　　//回车结束命令

结果如图 6-7 所示。

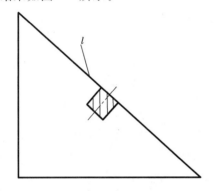

图 6-6　加强筋重合剖面图

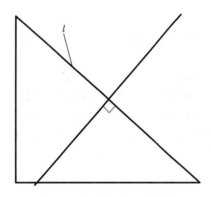

图 6-7　参照方式绘制构造线

（5）二等分(B)：创建一条参照线，它经过选定的角顶点，并且将选定的两条线之间的夹角平分，如图 6-8 所示。

（6）偏移(O)：该选项的功能与"修改"菜单中的"偏移"命令功能相同，但是使用"偏移"命令得到的偏移复制对象和源对象具有相同的属性，比如线型、线宽等，而使用"构造线"命令生成的对象的属性取决于当前图层的属性，与源对象无关。

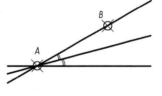

图 6-8　"二等分"选项

二、射线命令

射线是一端无限长的直线，和构造线一样，通常仅仅作为绘图过程中的辅助线或者参考线。执行"射线"命令的方式如下：

（1）菜单命令：【绘图】→【射线】。

（2）键盘输入：RAY ↙。

启动"射线"命令后，先在第一个指定点上单击鼠标左键，命令行窗口提示"指定通过点："，单击指定的第二个点并接着单击鼠标右键，一条以第一个点为起点，并且通过第二个点的射线就画好了。起点和通过点定义了射线的伸长方向，射线沿此方向延伸到显示区域的边界。如图 6-9 所示即为通过点

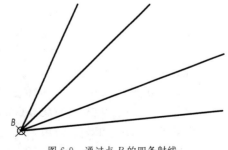

图 6-9　通过点 B 的四条射线

B 的四条射线。

三、多段线命令

多段线是由一系列首尾相连的直线段和圆弧段组成,不论多少直线段和圆弧段,它都是一个图素,可以替代一些 AutoCAD 实体,如直线、圆弧、实心体等。使用多段线具有以下特点:

(1)一条多段线可以被当作一个对象来处理,整条多段线是一个单一实体,便于编辑。

(2)在选择多段线时只要点取一点。

(3)多段线可以有变化的宽度,可宽可窄,可以宽度一致,也可以粗细变化。

(4)多段线的长度以及封闭多段线的面积很容易计算。

(5)多段线占用的内存和磁盘空间较小。

(6)多段线是生成三维图形的主要基础轮廓。多段线命令可以画直线和圆弧,所以命令的一些提示类似于直线和圆弧命令的提示。

(7)多段线可以用 PEDIT 命令编辑,易于得到各种图形。

1. 绘制多段线

执行"多段线"命令的方式如下:

(1)键盘输入:PLINE↙或 PL↙。

(2)菜单命令:【绘图】→【多段线】。

(3)工具栏:〖绘图〗工具栏→"多线段"按钮 ⤴。

【**例 6-2**】 绘制如图 6-10 所示图形。

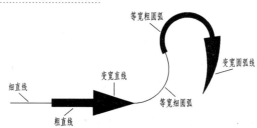

图 6-10 由直线段和圆弧段组成的不同线宽的多段线图

操作步骤如下:

命令:**PLINE**↙

指定起点:**在屏幕上单击选择起点**

当前线宽为 0.000

指定下一个点或[圆弧(A)/半宽(H)/长度(L)/放弃(U)/宽度(W)]:**100**↙

　　　　　　　　　　//绘制"细直线",方向由鼠标位置确定,长度由输入值决定

指定下一点或[圆弧(A)/闭合(C)/半宽(H)/长度(L)/放弃(U)/宽度(W)]:**H**↙

　　　　　　　　　　//指定半宽

指定起点半宽 <0.250>:**10**↙　　　　//起点半宽为 10

指定端点半宽 <10.000>:**10**↙　　　　//端点半宽为 10

指定下一点或[圆弧(A)/闭合(C)/半宽(H)/长度(L)/放弃(U)/宽度(W)]:**100**↙

指定下一点或[圆弧(A)/闭合(C)/半宽(H)/长度(L)/放弃(U)/宽度(W)]:**H**↙

指定起点半宽 <10.000>:**30**↙

指定端点半宽 ＜30.000＞:**0** ↙

指定下一点或[圆弧(A)/闭合(C)/半宽(H)/长度(L)/放弃(U)/宽度(W)]:**100** ↙

指定下一点或[圆弧(A)/闭合(C)/半宽(H)/长度(L)/放弃(U)/宽度(W)]:**A** ↙

　　　　　　　　　　　　　　　　　　//绘制圆弧

指定圆弧的端点或[角度(A)/圆心(CE)/闭合(CL)/方向(D)/半宽(H)/直线(L)/半径(R)/第二个点(S)/放弃(U)/宽度(W)]:**单击等宽细圆弧上端点的位置**

　　　　　　　　　　　　　　　　　　//在屏幕上拾取一点

指定圆弧的端点或[角度(A)/圆心(CE)/闭合(CL)/方向(D)/半宽(H)/直线(L)/半径(R)/第二个点(S)/放弃(U)/宽度(W)]:**H** ↙

指定起点半宽 ＜0.000＞:**5** ↙

指定端点半宽 ＜5.000＞:↙

指定圆弧的端点或[角度(A)/圆心(CE)/闭合(CL)/方向(D)/半宽(H)/直线(L)/半径(R)/第二个点(S)/放弃(U)/宽度(W)]:**单击等宽粗圆弧右端点的位置**

　　　　　　　　　　　　　　　　　　//在屏幕上拾取一点

指定圆弧的端点或[角度(A)/圆心(CE)/闭合(CL)/方向(D)/半宽(H)/直线(L)/半径(R)/第二个点(S)/放弃(U)/宽度(W)]:**H** ↙

指定起点半宽 ＜5.000＞:**20** ↙

指定端点半宽 ＜20.000＞:**0** ↙

指定圆弧的端点或[角度(A)/圆心(CE)/闭合(CL)/方向(D)/半宽(H)/直线(L)/半径(R)/第二个点(S)/放弃(U)/宽度(W)]:**单击箭头圆弧下端点的位置**

　　　　　　　　　　　　　　　　　　//在屏幕上拾取一点

指定圆弧的端点或[角度(A)/圆心(CE)/闭合(CL)/方向(D)/半宽(H)/直线(L)/半径(R)/第二个点(S)/放弃(U)/宽度(W)]:↙　　　　//回车结束命令

主要选项说明:

多段线命令的操作分为直线方式和圆弧方式两种,初始提示为直线方式。现分别介绍不同方式下的各选项的含义。

①直线方式

系统提示为:

指定下一点或[圆弧(A)/半宽(H)/长度(L)/放弃(U)/宽度(W)]:

各选项的含义为:

● 指定下一点:缺省值,直接输入直线端点画直线。

● 圆弧(A):选择此选项将转入圆弧方式。

● 半宽(H):按宽度线的中心轴线到宽度线的边界的距离定义线宽。

● 长度(L):用于设定新多段线的长度。如果前一段是直线,延长方向和前一段相同,如果前一段是圆弧,延长方向为前一段的切线方向。

● 放弃(U):用于取消刚画的一段多段线,重复选择此选项,可逐步往前删除。

● 宽度(W):用于设定多段线的线宽,默认值为 0。多段线的初始宽度和结束宽度可不同,而且可分段设置,操作灵活。

②圆弧方式

系统提示为:

指定下一点或[圆弧(A)/半宽(H)/长度(L)/放弃(U)/宽度(W)]:**A** ↙

// 输入 A 后回车,转入圆弧方式

指定圆弧的端点或[角度(A)/圆心(CE)/闭合(CL)/方向(D)/半宽(H)/直线(L)/半径(R)/第二个点(S)/放弃(U)/宽度(W)]:

主要选项的含义为:

- 指定圆弧的端点:缺省值,新画圆弧过前一段线的终点,并与前一段线(圆弧或直线)在连接点处相切。
- 角度(A):提示用户给定夹角。
- 圆心(CE):提示用户给定圆弧中心。
- 闭合(CL):用圆弧封闭多段线,并退出 PLINE 命令。
- 方向(D):提示用户重定切线方向。
- 半宽(H)和宽度(W):设置多段线的半宽和全宽。
- 直线(L):切换回直线方式。
- 半径(R):提示用户输入圆弧半径。
- 第二个点(S):选择三点圆弧中的第二个点。

2. 编辑多段线

利用"编辑多段线"命令可以对多段线进行编辑,改变其线宽,将其打开或闭合、增减或移动顶点、样条化、直线化。执行"编辑多段线"命令的方式如下:

(1)菜单命令:【修改】→【对象】→【多段线】。

(2)工具栏:〖修改Ⅱ〗工具栏→"编辑多段线"按钮╱。

(3)键盘输入:PEDIT↙ 或 PE↙。

执行 PEDIT 命令,AutoCAD 提示:

选择多段线或[多条(M)]:

在此提示下选择要编辑的多段线,即执行"选择多段线"默认选项,AutoCAD 提示:

输入选项[闭合(C)/合并(J)/宽度(W)/编辑顶点(E)/拟合(F)/样条曲线(S)/非曲线化(D)/线型生成(L)/反转(R)/放弃(U)]:

各选项的含义为:

- 闭合(C):可使 AutoCAD 封闭所编辑的多段线,然后给出提示:

输入选项[打开(O)/合并(J)/宽度(W)/编辑顶点(E)/拟合(F)/样条曲线(S)/非曲线化(D)/线型生成(L)/反转(R)/放弃(U)]:

即把提示中的"闭合(C)"选项换成"打开(O)"选项。若此时执行"打开(O)"选项,AutoCAD会将多段线从封闭处打开,而提示中的"打开(O)"选项又会转换为"闭合(C)"选项。

- 合并(J):用于将非封闭多段线与已有直线、圆弧或多段线合并成一条多段线对象。
- 宽度(W):用于为整条多段线指定统一的新宽度。
- 编辑顶点(E):用于创建圆弧拟合多段线(即由圆弧连接每一顶点的平滑曲线),且拟合曲线要经过多段线的所有顶点,并采用指定的切线方向(如果有的话)。
- 拟合(F):创建圆弧拟合多段线,即由连接每对顶点的圆弧组成的平滑曲线。
- 样条曲线(S):用于创建样条曲线拟合多段线。
- 非曲线化(D):用于反拟合,一般可以使多段线恢复到执行"拟合(F)"或"样条曲线(S)"选项前的状态。
- 线型生成(L):用于规定非连续型多段线在各顶点处的绘制方式,即生成经过多段线顶点的连续图案的线型。

● 反转(R):反转多段线顶点的顺序。

执行 PEDIT 命令后,AutoCAD 给出的"多条(M)"选项允许用户同时编辑多条多段线。执行该选项,AutoCAD 提示:

选择对象:

在此提示下用户可以选择多个对象。选择对象后 AutoCAD 提示:

输入选项[闭合(C)/打开(O)/合并(J)/宽度(W)/拟合(F)/样条曲线(S)/非曲线化(D)/线型生成(L)/反转(R)/放弃(U)]:

提示中的"合并(J)"选项可以将用户选择的并没有首尾相连的多条多段线合并成一条多段线。执行"合并(J)"选项,AutoCAD 提示:

输入模糊距离或[合并类型(J)]<0.0000>:

其中,默认选项"输入模糊距离"用于确定模糊距离,即设定将使相距多远的两条多段线的两端点连接在一起。"合并类型(J)"选项用于确定合并的类型。执行该选项,AutoCAD 提示:

输入合并类型[延伸(E)/添加(A)/两者都(B)]<延伸>:

其中,"延伸(E)"选项表示将通过延伸或修剪靠近端点的线段实现连接;"添加(A)"选项表示通过在相近的两个端点处添加直线段实现连接;"两者都(B)"选项表示如果可能,通过延伸或修剪靠近端点的线段实现连接,否则在相近的两端点处添加直线段。

如果执行 PEDIT 命令后选择的是用 LINE 命令绘制的直线或用 ARC 命令绘制的圆弧,AutoCAD 将提示所选择对象不是多段线,并询问是否将其转换成多段线,如果选择转换的话,AutoCAD 将其转换成多段线,并继续给出上面的提示。

四、样条曲线命令

1.创建样条曲线

样条曲线是经过或接近一系列给定点的光滑曲线,样条曲线通过首末两点,其形状受拟合点控制,但并不一定通过中间点,曲线与点的拟合程度受拟合公差控制。机械制图中经常用"样条曲线"命令绘制波浪线。执行"样条曲线"命令的方式如下:

(1)菜单命令:【绘图】→【样条曲线】。

(2)工具栏:〖绘图〗工具栏→"样条曲线"按钮 ～。

(3)键盘输入:SPLINE↙或 SPL↙。

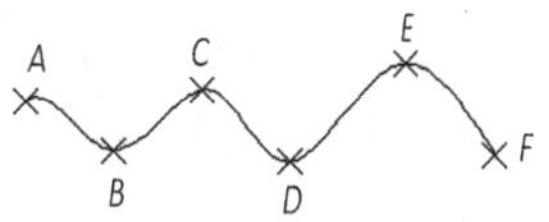

【例 6-3】 绘制如图 6-11 所示图形。

图 6-11 创建样条曲线

操作步骤如下:

命令:SPLINE ↙

指定第一个点或[方式(M)/节点(K)/对象(O)]:**单击 A 点**   //指定第一点

输入下一个点或[起点切向(T)/公差(L)]:**单击 B 点**   //指定第二点

输入下一个点或[端点相切(T)/公差(L)/放弃(U)]:**单击 C 点**   //指定第三点

输入下一个点或[端点相切(T)/公差(L)/放弃(U)/闭合(C)]:**单击 D 点**   //指定第四点

输入下一个点或[端点相切(T)/公差(L)/放弃(U)/闭合(C)]:**单击 E 点**   //指定第五点

输入下一个点或[端点相切(T)/公差(L)/放弃(U)/闭合(C)]:**单击 F 点**   //指定第六点

输入下一个点或[端点相切(T)/公差(L)/放弃(U)/闭合(C)]:↙   //结束指定点

2. 编辑样条曲线

在 AutoCAD 中,"编辑样条曲线"命令用来编辑由 SPLINE 命令绘制的样条曲线。执行"编辑样条曲线"命令的方式如下:

(1)菜单命令:【修改】→【对象】→【样条曲线】。

(2)工具栏:〖修改Ⅱ〗工具栏→"编辑样条曲线"按钮。

(3)键盘输入:SPLINEDIT✓或 SPE✓。

执行 SPLINEDIT 命令,AutoCAD 提示:

选择样条曲线:

在该提示下选择要编辑的样条曲线,AutoCAD 在样条曲线的各控制点处显示夹点,如图 6-12 所示,并提示:

输入选项[闭合(C)/合并(J)/拟合数据(F)/编辑顶点(E)/转换为多段线(P)/反转(R)/放弃(U)/退出(X)]:

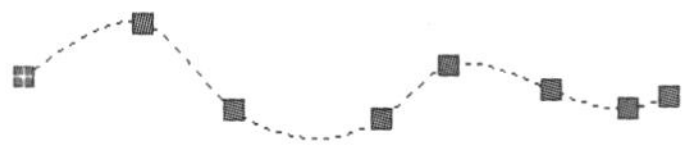

各选项的含义为:

图 6-12　编辑样条曲线

● 闭合(C):封闭当前所编辑的样条曲线。

● 合并(J):将选定的样条曲线与其他样条曲线、直线、多段线和圆弧在重合端点处合并,以形成一个较大的样条曲线。

● 拟合数据(F):用于修改样条曲线的拟合点。

● 编辑顶点(E):主要用于添加、删除、移动样条曲线上的控制点。

● 转换为多段线(P):将样条曲线转换为多段线。

● 反转(R):用于反转样条曲线的方向

● 放弃(U):取消上一次编辑操作。

选择某一选项后,AutoCAD 又有新的提示和选项,用户可按提示和选项操作,这里就不一一赘述了。

五、图案填充命令

利用图案填充命令,可以将选定的图案填入指定的封闭区域内。在机械工程图中,图案填充用于绘制剖面线以表达一个剖切的区域,有时使用不同的图案填充来表达不同的零部件或者材料。

AutoCAD 2013 增强了图案填充的功能,可以更快且更轻松地编辑多个图案填充对象。在功能区显示的情况下,在执行图案填充命令或选择图案填充对象时,会自动显示"图案填充创建"上下文选项卡,如图 6-13 所示,从中可设置图案填充时的图案、角度和比例等特性。同样,当使用 HATCHEDIT 命令编辑图案填充对象时,可以选择多个图案填充对象,以便同时编辑。

图 6-13　"图案填充创建"上下文选项卡

执行"图案填充"命令的方式如下:

(1)菜单命令:【绘图】→【图案填充】。

(2)工具栏:〖绘图〗工具栏→"图案填充"按钮█。

(3)键盘输入:BHATCH ↙、HATCH ↙、BH ↙或 H ↙。

在功能区显示的情况下,执行"图案填充"命令,AutoCAD 提示:

拾取内部点或[选择对象(S)/设置(T)]:

在该提示下,如果在欲填入图案的封闭区域内单击,可将选定的图案填入到封闭区域内,并自动在功能区显示图 6-13 所示的"图案填充创建"上下文选项卡,从中可设置图案填充时的类型和图案、角度和比例等特性,具体含义与图 6-14 所示的"图案填充和渐变色"对话框相应选项相同;输入 S↙或单击"选择对象(S)"选项,可将选定的图案填入到封闭区域内;如果输入 T↙或单击"设置(T)"选项,AutoCAD 弹出如图 6-14 所示的"图案填充和渐变色"对话框。在该对话框中可以设置图案填充时的类型和图案、角度和比例等特性。在功能区不显示的"AutoCAD 经典"工作空间界面下,执行"图案填充"命令,直接弹出如图 6-14 所示的"图案填充和渐变色"对话框。

(1)类型和图案

在"图案填充"选项卡的"类型和图案"选项区域中,可以设置图案填充的类型和图案,主要选项的功能如下:

"类型"下拉列表框:设置填充的图案类型,在其下拉列表中包括"预定义"、"用户定义"和"自定义"三个选项。其中,选择"预定义"选项,可以使用 AutoCAD 提供的图案;选择"用户定义"选项,则需要临时定义图案,该图案由一组平行线或者相互垂直的两组平行线组成;选择"自定义"选项,可以使用事先定义好的图案。

"图案"下拉列表框:设置填充的图案,当"类型"下拉列表框中选择"预定义"时该选项可用。在该选项的下拉列表中可以根据图案名选择图案,也可以单击其后的按钮████,在打开的"填充图案选项板"对话框(图 6-15)中进行选择。

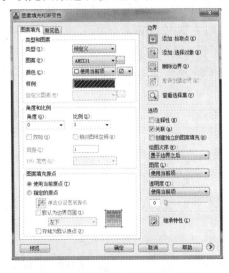
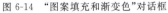

图 6-14 "图案填充和渐变色"对话框

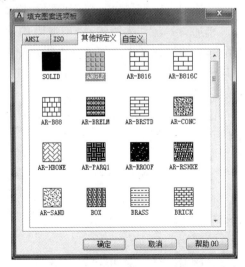

图 6-15 "填充图案选项板"对话框

"样例"预览窗口:显示当前选中的图案样例,单击所选的样例图案,也可打开"填充图案选项板"对话框选择图案。

"自定义图案"下拉列表框:选择自定义图案,当"类型"下拉列表框中选择"自定义"时该选项可用。

（2）角度和比例

在"图案填充"选项卡的"角度和比例"选项区域中,可以设置用户定义类型的图案填充的角度和比例等参数,各选项的功能如下:

"角度"下拉列表框:设置填充图案的旋转角度,每种图案在定义时的旋转角度都为零。

"比例"下拉列表框:设置图案填充时的比例值。每种图案在定义时的初始比例为1,可以根据需要放大或缩小。当"类型"下拉列表框中选择"用户定义"时该选项不可用。

"双向"复选框:如果在"类型"下拉列表框中选择"用户定义"时,选中该复选框,可以使用相互垂直的两组平行线填充图形;否则为一组平行线。

"相对图纸空间"复选框:设置比例因子是否相对于图纸空间的比例。

"间距"文本框:设置填充平行线之间的距离,当"类型"下拉列表框中选择"用户定义"时,该选项才可用。

"ISO 笔宽"下拉列表框:设置笔的宽度,当填充图案采用 ISO 图案时,该选项才可用。

（3）图案填充原点

在"图案填充原点"选项区域中,可以设置图案填充原点的位置,因为许多图案填充需要对齐填充边界上的某一个点。各选项的功能如下:

"使用当前原点"单选按钮:可以使用当前 UCS 的原点(0,0)作为图案填充原点。

"指定的原点"单选按钮:可以通过指定点作为图案填充原点。其中,单击"单击以设置新原点"按钮,可以从绘图窗口中选择某一点作为图案填充原点;选择"默认为边界范围"复选框,可以以填充边界的左下角、右下角、右上角、左上角或正中心作为图案填充原点;选择"存储为默认原点"复选框,可以将指定的点存储为默认的图案填充原点。

（4）边界

在"边界"选项区域中,包括"添加:拾取点""添加:选择对象"等按钮,其功能如下:

"添加:拾取点"按钮:以拾取点的形式来指定填充区域的边界。单击该按钮切换到绘图窗口,可在需要填充的区域内任意指定一点,系统会自动计算出包围该点的封闭填充边界,同时亮显该填充边界。如果在拾取点后系统不能形成封闭的填充边界,则会显示错误提示信息。按 Enter 键返回对话框。

"添加:选择对象"按钮:单击该按钮切换到绘图窗口,可以通过选择对象的方式来定义填充边界。按 Enter 键返回对话框。

"删除边界"按钮:单击该按钮可以取消系统自动计算或用户指定的填充边界。

"重新创建边界"按钮:重新创建图案填充边界。

"查看选择集"按钮:查看已定义的填充边界。单击该按钮,切换到绘图窗口,已定义的填充边界将亮显。

（5）其他选项功能

在"选项"选项区域中,"关联"复选框用于创建其填充边界时随之更新的图案填充,即调整边界时自动调整图案填充的范围;"创建独立的图案填充"复选框用于创建独立的图案填充;"绘图次序"下拉列表框用于指定图案填充的绘图顺序,图案填充可以放在图案填充边界及所有其他对象之后或之前。"图层"下拉列表框用于指定图案填充的图层;"透明度"下拉列表框用于指定图案填充的透明度。

此外,单击"继承特性"按钮,可以将现有图案填充或填充对象的特性应用到其他图案填充或填充对象;单击【预览】按钮,可以使用当前图案填充设置显示当前定义的边界,单击图形或按 Esc 键返回对话框,单击鼠标右键或按 Enter 键接受图案填充。

(6)设置孤岛和边界

在进行图案填充时,通常将位于一个已定义好的填充区域内的封闭区域称为孤岛。单击"图案填充和渐变色"对话框右下角的 按钮,将显示如图 6-16 所示的更多选项,可以对孤岛和边界进行设置。

图 6-16 展开的"图案填充和渐变色"对话框

在"孤岛"选项区域中,"孤岛检测"复选框用来控制是否检测内部闭合边界(孤岛),如果不存在内部边界,则指定孤岛检测样式没有意义;孤岛显示样式包括"普通"、"外部"和"忽略"三种方式。

①"普通"样式:从最外边界向里画填充线,遇到与之相交的内部边界时断开填充线,遇到下一个内部边界时再继续画填充线,如图 6-17(a)所示。

(a)"普通"样式   (b)"外部"样式   (c)"忽略"样式

图 6-17 孤岛显示样式

②"外部"样式:从最外边界向里画填充线,遇到与之相交的内部边界时断开填充线,不再继续往里画填充线,如图 6-17(b)所示。

③"忽略"样式：忽略边界内的对象，所有内部结构都被填充线覆盖，如图 6-17(c)所示。

在"边界保留"选项区域中，选择"保留边界"复选框，可将填充边界以对象的形式保留，并可以从"对象类型"下拉列表中选择填充边界的保留类型，如"多段线"或"面域"选项等。

在"边界集"选项区域中，可以定义填充边界的对象集，即 AutoCAD 将根据这些对象来确定填充边界。默认情况下，系统根据"当前视口"中的所有可见对象确定填充边界。也可以单击"新建"按钮，切换到绘图窗口，然后通过指定对象类型定义边界集，此时"边界集"下拉列表框中将显示"现有集合"选项。

在"允许的间隙"选项区域中，通过"公差"文本框设置允许的间隙大小。在该参数范围内，可以将一个几乎封闭的区域看作是一个闭合的填充边界。默认值为 0 时，对象是完全封闭的区域。如果在"公差"文本框中指定了值，当通过"添加:拾取点"按钮指定的填充边界为非封闭边界且边界间隙小于或等于设定的值时，AutoCAD 会打开如图 6-18 所示的"图案填充－开放边界警告"对话框，如果单击"继续填充此区域"选项，AutoCAD 将对非封闭区域进行图案填充。当通过"添加:拾取点"按钮指定的填充边界为非封闭边界且边界间隙大于设定的值时，AutoCAD 会打开如图 6-19 所示的"图案填充－边界定义错误"对话框，AutoCAD将不对非封闭区域进行图案填充。

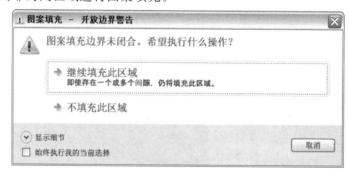

图 6-18 "图案填充－开放边界警告"对话框

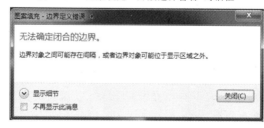

图 6-19 "图案填充－边界定义错误"对话框

在"继承选项"选项区域可以确定在使用继承特性创建图案填充时图案填充原点的位置，可以是当前原点或源图案填充的原点。

(7)使用渐变色填充图形

在 AutoCAD 中，可以使用"图案填充和渐变色"对话框的"渐变色"选项卡创建一种或两种颜色形成的渐变色，并对图案进行填充，如图 6-20 所示。

"单色"单选按钮：选择该单选按钮，可以使用从较深着色到较浅色调平滑过渡的单色填充。此时，AutoCAD 显示"浏览"按钮和"色调"滑块。其中，单击"浏览"按钮将显示"选择颜色"对话框，从中可以选择 AutoCAD 索引颜色、真彩色或配色系统颜色，显示的默

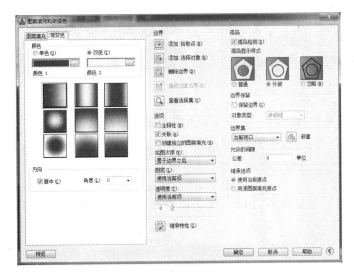

图 6-20　"渐变色"选项卡

认颜色为图形的当前颜色；通过"色调"滑块，可以指定一种颜色的色调（选定颜色与白色的混合）或着色（选定颜色与黑色的混合）。

"双色"单选按钮：选择该单选按钮，可以指定两种颜色之间平滑过渡的双色渐变填充。

"角度"下拉列表框：相对当前 UCS 指定渐变填充的角度，该选项与指定给图案填充的角度互不影响。

"居中"复选框：指定对称的渐变配置。如果没有选中此复选框，渐变填充将朝左上方变化，可创建出光源在对象左边的图案。

"渐变图案"预览窗口：显示当前设置的渐变色效果，共有九种效果。

（8）编辑图案填充

创建图案填充后，如果需要修改填充图案或修改填充边界，可用以下四种方法进行编辑：

方法一：利用"图案填充编辑"对话框进行编辑。

执行"图案填充编辑"命令的方式如下：

①菜单命令：【修改】→【对象】→【图案填充】。

②工具栏：〖修改Ⅱ〗工具栏→"编辑图案填充"按钮 。

③键盘输入：HATCHEDIT↙。

执行"图案填充编辑"命令后，在绘图窗口中单击需要编辑的填充图案，打开"图案填充编辑"对话框，从中可以修改图案、比例、旋转角度和关联性等。

"图案填充编辑"对话框与"图案填充和渐变色"对话框的内容完全相同，只是定义填充边界和对孤岛操作的某些按钮不再可用。

方法二：利用功能区"图案填充创建"上下文选项卡进行编辑。

在显示功能区的情况下，单击或双击需要编辑的填充图案，这时将自动显示功能区"图案填充创建"上下文选项卡，从中可以修改图案、比例、旋转角度和关联性等。

方法三：利用"快捷特性"选项板进行编辑。

单击（启用"快捷特性"功能时）或双击需要编辑的填充图案，打开"快捷特性"选项板，从中可以修改图案、比例、旋转角度和关联性等。

方法四:利用夹点功能进行编辑。

当填充的图案是关联填充时,通过夹点功能改变填充边界后,AutoCAD 会根据边界的新位置重新生成填充图案。

(9)分解图案

图案是一种特殊的块,称为"匿名"块,无论形状多复杂,它都是一个单独的对象。可以使用菜单栏【修改】→【分解】命令或〖修改〗工具栏上的"分解"按钮 来分解一个已存在的关联图案。

图案被分解后,它将不再是一个单一对象,而是一组组成图案的线条。同时,分解后的图案也失去了与图形的关联性,因此,将无法使用【修改】→【对象】→【图案填充】命令来编辑。

六、临时追踪点

利用临时追踪点,可以在一次操作中创建多条追踪线,然后根据这些追踪线确定所要定位的点。在此模式下,拾取对象捕捉指定的参考点,获取它的某一坐标,来构成新点的坐标。在追踪操作中,当光标做"水平移动"时(相对当前用户坐标),获取的是 Y 坐标;当光标做"垂直移动"时(相对当前用户坐标),获取的是 X 坐标。

七、绘制三视图常用的三种方法

(1)辅助线法:利用构造线和射线作为辅助线,确保视图之间的"三等"关系。

(2)对象捕捉追踪法:采用对象捕捉、对象追踪、正交、临时追踪点等辅助工具确保视图之间的"三等"关系。

(3)复制旋转俯视图,保证与左视图"宽相等"。

任务实施 >>>

第 1 步:设置作图环境

(1)创建新图形文件、设置图形单位、图形界限和图层(详细步骤见任务 2)。

(2)设置对象捕捉模式。

在"草图设置"对话框的"对象捕捉"选项卡中,选择"交点""端点""垂足""中点""圆心""象限点""切点"等对象捕捉模式,并激活状态栏上的"极轴追踪""对象捕捉""对象捕捉追踪""动态输入""线宽"等按钮。

微课 15

三视图与剖视图
的绘制

第 2 步:绘制中心线等基准线和辅助线

(1)选择图层"05"为当前层,执行"直线"命令,绘制出俯视图和左视图的前后对称中心线,作为它们的宽度基准线。

(2)选择图层"02"为当前层,执行"直线"命令,绘制主视图、左视图的高度基准线(底板下底面),俯视图和主视图长度基准线(底板右端面)。

(3)通过俯视图和左视图的前后对称中心线的交点绘制一条"−45°"的构造线。

命令:XLINE↙**或 XL**↙**或单击〖绘图〗工具栏→** **按钮**

指定点或[水平(H)/垂直(V)/角度(A)/二等分(B)/偏移(O)]:**A**↙

　　　　　　　　　　　　　　　　　　　　//选择"角度(A)"选项

输入构造线的角度(O)或[参照(R)]: **- 45** ↙　　//输入角度

　　指定通过点:**捕捉俯视图对称中心线的右端点后再捕捉左视图对称中心线的下端点,然后向下移动光标,出现两追踪线的交点时单击**　　//指定构造线通过点

　　指定通过点:↙　　　　　　　　　　　　//结束"构造线"命令

　　构造线绘制结果如图 6-21 所示。

　　或者先通过俯视图和左视图的前后对称中心线绘制两条垂直相交的直线而得到交点,之后在系统提示"指定通过点:"时单击交点,再回车(或按空格键或单击鼠标右键)结束"构造线"命令,结果如图 6-21 所示。

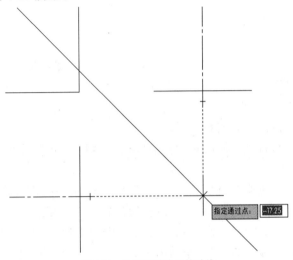

图 6-21　绘制基准线及辅助线

第 3 步:绘制底板

(1)绘制底板外轮廓线和圆,结果如图 6-22 所示。

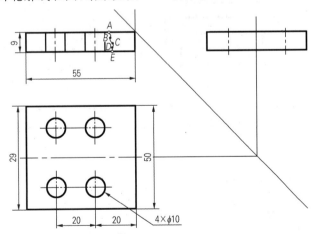

图 6-22　绘制底板

　　(2)绘制波浪线 *ABCDE*。将"02"层切换为当前层。

命令:SPLINE ↙**或 SPL** ↙**或单击[绘图]工具栏→ ∿ 按钮**

指定第一个点或[方式(M)/节点(K)/对象(O)]:**单击 A 点**　　//指定第一点

输入下一个点或［起点切向(T)/公差(L)］:**单击 B 点**　　//指定第二点

输入下一个点或［端点相切(T)/公差(L)/放弃(U)］:**单击 C 点**//指定第三点

输入下一个点或［端点相切(T)/公差(L)/放弃(U)/闭合(C)］:单击 **D** 点

　　　　　　　　　　　　　　　　　　　　　　　　　//指定第四点

输入下一个点或［端点相切(T)/公差(L)/放弃(U)/闭合(C)］:单击 **E** 点

　　　　　　　　　　　　　　　　　　　　　　　　　//指定第五点

输入下一个点或［端点相切(T)/公差(L)/放弃(U)/闭合(C)］:↙

　　　　　　　　　　　　　　　　　　　　//结束"样条曲线"命令

波浪线绘制结果如图 6-22 所示。

第 4 步:绘制上部圆筒

(1)绘制左视图的圆

选择图层"01"为当前层,执行"圆"命令,追踪左视图高度基准线与对称中心线的交点,向上移动鼠标出现追踪线时输入 45↙得圆心,输入 15↙得 $\phi30$ 的圆;再执行"圆"命令,捕捉圆心后输入 D↙,再输入 15↙得 $\phi15$ 的圆。

(2)绘制主视图上圆筒的转向轮廓素线

①执行"偏移"命令,将主视图的长度基准线向右偏移 4 个作图单位,再向左偏移 30 个作图单位。

②激活状态栏上的"正交"按钮,执行"直线"命令,追踪左视图圆的象限点,绘制主视图上圆筒的转向轮廓素线和左、右圆筒面的投影,然后删除多余图线。

③绘制中心线。追踪左视图圆的圆心,绘制主视图圆筒的中心线;追踪左视图圆的象限点,绘制左视图圆的中心线,选择刚刚绘制的中心线,利用〖图层〗工具栏将其调整到"05"层,结果如图 6-23 所示。

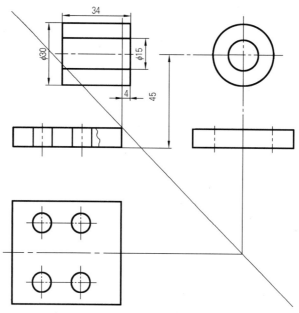

图 6-23　绘制上部圆筒

第 5 步:绘制底板右侧的支承板

(1)执行"直线"命令,分别绘制出左视图、俯视图上支承板的轮廓线。

(2)执行"样条曲线"命令,绘制出主视图圆筒的波浪线,选择刚刚绘制的波浪线,通过〖图层〗工具栏将其调整到"02"层。

(3)执行"直线"命令,追踪端点、捕捉交点画出主、俯视图上底板右侧支承板的轮廓线,之后修剪或删除多余线段,结果如图 6-24 所示。

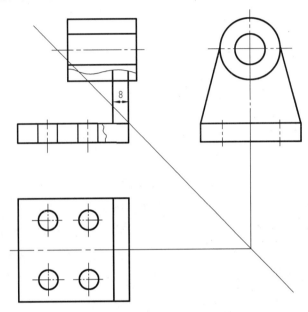

图 6-24　绘制底板右侧的支承板

第 6 步:绘制底板中间的支承板

(1)执行"直线"命令,借助"对象捕捉""对象捕捉追踪"功能绘制出左视图上底板中间支承板的轮廓线。

(2)执行"构造线"命令,捕捉左视图上底板中间支承板的轮廓线与 $\phi30$ 圆的交点,绘制一条水平线。

(3)执行"直线"命令,画出主视图上底板中间支承板的轮廓线及支承板与圆筒的相贯线;再执行"直线"命令,画出俯视图上底板中间支承板的轮廓线,之后修剪或删除多余线段,结果如图 6-25 所示。

第 7 步:绘制剖切符号

(1)选择图层"02"为当前层,执行"构造线"命令,绘制如图 6-26 所示过 G 点的一条水平辅助线。

(2)使用"多段线"命令绘制如图 6-26 所示的剖切符号。

命令:PLINE ↙或 PL ↙或单击〖绘图〗工具栏→ ⤵ **按钮**

指定起点:捕捉图 6-26 所示的水平构造线与右侧支承板轮廓线的交点后向右移动光标,出现追踪线并有合适距离时单击　　　　　　　　　　 //指定多段线的左端点

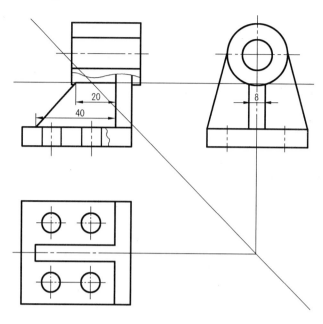

图 6-25　绘制底板中间的支承板

指定下一个点或[圆弧(A)/半宽(H)/长度(L)/放弃(U)/宽度(W)]：**W** ↙

　　　　　　　　　　　　　　　　　　　　// 选择"宽度(W)"选项

指定起点宽度＜0.000＞：**0.5** ↙　　　　　// 输入线宽

指定端点宽度＜0.500＞：↙　　　　　　　　// 采用线宽的默认值

指定下一个点或[圆弧(A)/半宽(H)/长度(L)/放弃(U)/宽度(W)]：**6** ↙

　　　　　　　　　　　　　　　　　　　　// 输入第一段多段线长度

指定下一点或[圆弧(A)/闭合(C)/半宽(H)/长度(L)/放弃(U)/宽度(W)]：**W** ↙

　　　　　　　　　　　　　　　　　　　　// 选择"宽度(W)"选项

指定起点宽度＜0.500＞：**0** ↙　　　　　　// 输入线宽

指定端点宽度＜0.000＞：↙　　　　　　　　// 采用线宽的默认值

指定下一点或[圆弧(A)/闭合(C)/半宽(H)/长度(L)/放弃(U)/宽度(W)]：**向下移动**

光标,出现追踪线时输入2 ↙　　　　　　　// 输入第二段多段线长度

指定下一点或[圆弧(A)/闭合(C)/半宽(H)/长度(L)/放弃(U)/宽度(W)]：**W** ↙

　　　　　　　　　　　　　　　　　　　　// 选择"宽度(W)"选项

指定起点宽度＜0.000＞：**0.5** ↙　　　　　// 输入线宽

指定端点宽度＜0.500＞：**0** ↙　　　　　　// 输入线宽

指定下一点或[圆弧(A)/闭合(C)/半宽(H)/长度(L)/放弃(U)/宽度(W)]：**3** ↙

　　　　　　　　　　　　　　　　　　　　// 输入第三段多段线长度

指定下一点或[圆弧(A)/闭合(C)/半宽(H)/长度(L)/放弃(U)/宽度(W)]：↙

　　　　　　　　　　　　　　　　　　　　// 结束"多段线"命令

镜像或者用同样的方法绘制出另一侧的剖切符号,结果如图 6-26 所示。

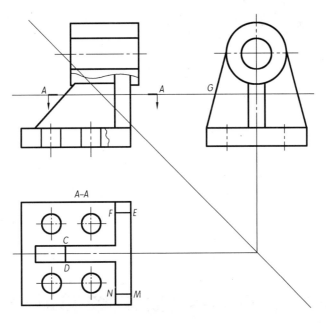

图 6-26　绘制剖切符号

(3)标注文字。

①设置文字样式

单击菜单栏【格式】→【文字样式】命令,弹出如图 6-27 所示的"文字样式"对话框,单击【新建】按钮,弹出如图 6-28 所示的"新建文字样式"对话框,在该对话框的"样式名"文本框中输入"文字样式"后单击【确定】按钮,返回"文字样式"对话框;单击"字体名"选项框右侧的下拉按钮,打开"字体名"下拉列表,从中选择"gbenor.shx",如图 6-29 所示;选择"使用大字体"复选框,可创建支持汉字等大字体的文字样式,此时"大字体"下拉列表框被激活,从中选择大字体"gbcbig.shx",如图 6-30 所示;其余选项采用默认值,单击【置为当前】按钮,系统提示"当前样式已被修改。是否保存?",单击【是】按钮,再单击【关闭】按钮,关闭"文字样式"对话框。

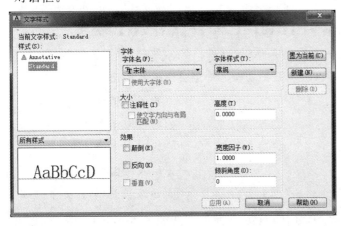

图 6-27　"文字样式"对话框

图 6-28　"新建文字样式"对话框

②使用"单行文字"命令书写字母

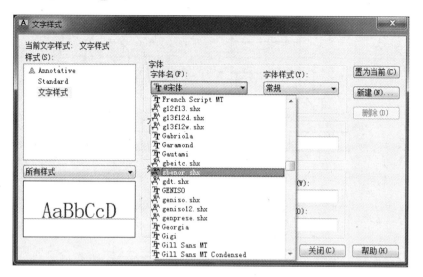

图 6-29 "字体名"下拉列表

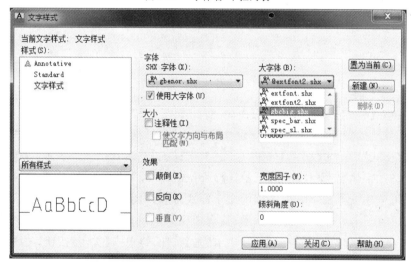

图 6-30 "大字体"下拉列表

命令：**text**↙**或 dtext**↙**或单击菜单栏【绘图】→【文字】→【单行文字】命令**

当前文字样式："文字样式"文字高度：3.500 注释性：否 //执行"单行文字"命令

指定文字的起点或[对正(J)/样式(S)]：**在剖切符号外侧合适位置单击**

//指定文字起点

指定高度 <3.5000>：**5**↙ //输入文字高度

指定文字的旋转角度 <0>：↙ //输入文字旋转角度

text：**A**↙ //输入所需文字后回车

text：↙ //回车结束"单行文字"命令

用同样的方法书写另一侧字母及剖视图的名称，结果如图 6-26 所示。

第 8 步：补全图 6-26 所示俯视图中的断面轮廓线

选择"01"层，使用"直线"命令，捕捉并追踪相应交点绘制线段 *CD*、*EF* 和 *MN*，下面以绘制线段 *EF* 为例说明"临时追踪点"工具在三视图绘制中的应用。

命令：**L**↙ 或单击〖绘图〗工具栏→ ✐ 按钮

指定第一个点：**按住 Shift 键单击鼠标右键，在弹出的快捷菜单中单击【临时追踪点】命令**

_tt 指定临时对象追踪点：**捕捉图 6-26 所示的 *G* 点后向下移动光标，出现追踪线与构造线的临时交点标记时单击**　　　　　//屏幕拾取临时追踪点，向左移动光标，出现交点标记时单击

指定下一点或[放弃(U)]：**向左移动光标，出现交点标记时单击**　　//拾取 *E* 点

指定下一点或[放弃(U)]：**向左移动光标，出现交点标记时单击**　　//拾取 *F* 点

指定下一点或[闭合(C)/放弃(U)]：↙　　//回车结束命令

第 9 步：填充剖面线

(1)新建一个图案填充的图层，图层名为"剖面线"，线型为"Continuous"，颜色为"绿色"，线宽为"0.25 mm"，并将其置为当前层。

(2)在 AutoCAD 经典界面下，执行"图案填充"命令，弹出"图案填充和渐变色"对话框(图 6-14)，单击"图案"右侧下拉按钮，打开"图案"下拉列表，从中选择"ANSI31"，或者单击"图案"下拉列表框右侧的 [...] 按钮，打开"填充图案选项板"对话框(图 6-15)，从中选择"ANSI31"后单击【确定】按钮，返回"图案填充和渐变色"对话框，角度和比例等其他选项采用默认值，单击"添加：拾取点"按钮 圈 切换到绘图窗口，在需要填充剖面线的区域内单击后回车或按空格键确定，返回"图案填充和渐变色"对话框，单击【确定】按钮，完成剖面线的填充。

(3)编辑图案填充

创建了图案填充后，如果需要修改填充图案，在 AutoCAD 经典界面下，双击需要编辑的填充图案，打开"快捷特性"选项板，从中可以修改填充图案、比例、旋转角度和关联性等；在功能区显示的情况下，单击或双击需要编辑的填充图案，将自动显示"图案填充创建"上下文选项卡，从中可以修改填充图案、比例、旋转角度和关联性等；另外，当填充的图案是关联填充时，通过夹点功能改变填充边界后，AutoCAD 会根据边界的新位置重新生成填充图案。

温馨提示：AutoCAD 2013 的"图案填充"功能已得到了增强，可以更快且更轻松地编辑多个图案填充对象。在功能区显示的情况下，在执行"图案填充"命令或者选择图案填充对象时，会自动显示"图案填充创建"上下文选项卡，从中可设置图案填充时的图案、角度和比例等特性。

第 10 步：删除多余的线，使用夹点将各图线调整到合适的长短，完成全图，如图 6-1 所示。

第 11 步：保存图形文件。

任务检测与技能训练 >>>

1.利用所学命令,绘制图 6-31～图 6-37 所示的三视图或剖视图。

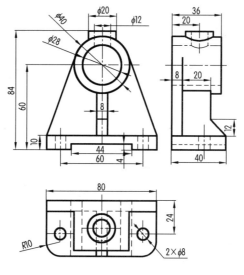

图 6-31　1 题(1)图

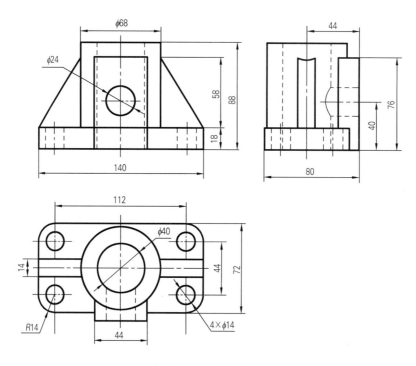

图 6-32　1 题(2)图

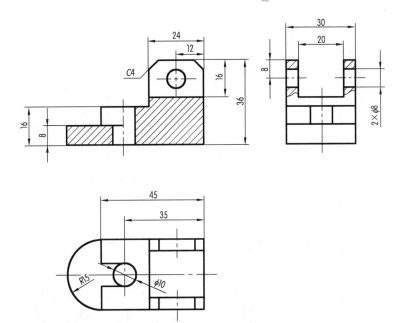

图 6-33　1 题(3)图

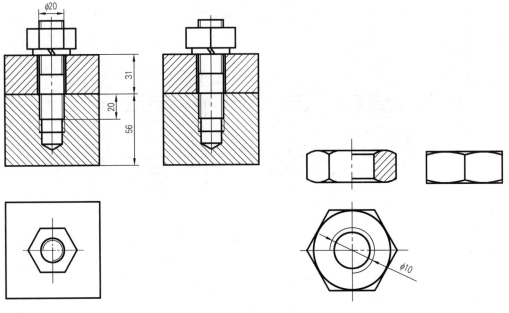

图 6-34　1 题(4)图

图 6-35　1 题(5)图

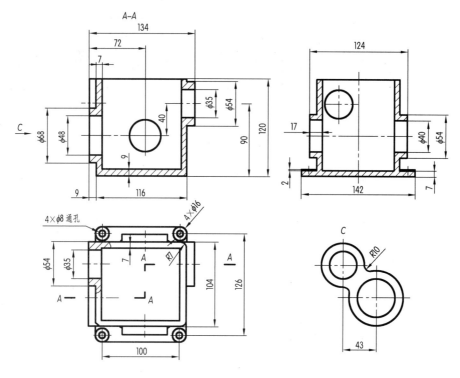

图 6-36 1 题(6)图

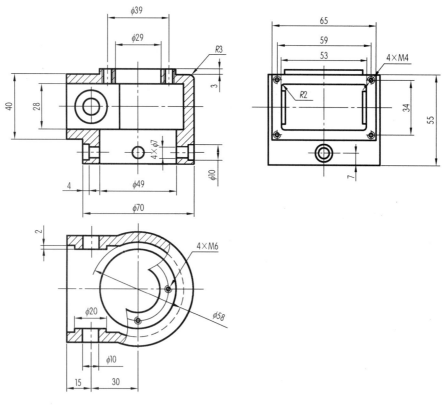

图 6-37 1 题(7)图

2.利用所学命令,根据图 6-38、图 6-39 所示的立体图绘制三视图和剖视图。

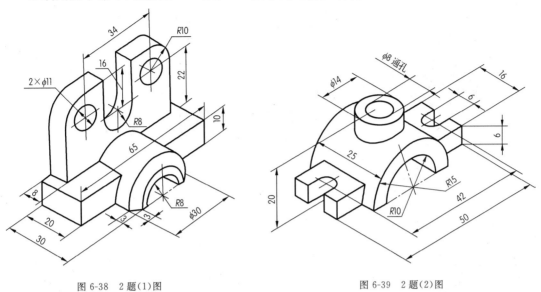

图 6-38 2 题(1)图　　　　　　　　图 6-39 2 题(2)图

任务 **7** 平面图形的尺寸标注

任务描述 >>>

用 1∶1 的比例绘制图 7-1 所示图形并标注尺寸。要求:图形正确,线型、标注符合国家标准规定。

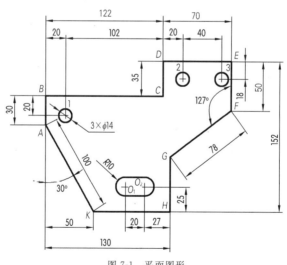

图 7-1 平面图形

任务目标 >>>

1.知识目标

掌握"标注样式管理器"对话框的使用方法;掌握设置尺寸标注样式的方法;掌握线性尺寸、半径、直径、圆心、角度等尺寸标注的方法;掌握编辑标注对象的方法。

2.技能目标

能够正确使用"标注样式管理器"对话框设置尺寸标注样式,正确应用尺寸标注命令对图 7-1 所示平面图形进行尺寸标注。

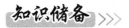

一、尺寸标注的类型

AutoCAD 2013 提供了十余种标注命令以标注图形对象的尺寸,使用它们可以进行角度、直径、半径、线性、对齐、连续、圆心及基线等标注,如图 7-2 所示。

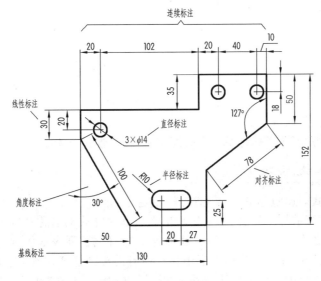

图 7-2　标注类型

二、尺寸标注的步骤

1. 创建尺寸标注的图层

在 AutoCAD 中编辑、修改工程图样时,由于各种图线与尺寸混杂在一起,使得其操作非常不方便。为了便于控制尺寸标注对象的显示与隐藏,在 AutoCAD 中应为尺寸标注创建独立的图层,运用图层技术使其与图形的其他信息分开,以便于操作。具体操作方法详见任务 2。

2. 创建尺寸标注的文字样式

为了方便在尺寸标注时修改所标注的各种文字,应建立专用于尺寸标注的文字样式。文字样式的创建通过“文字样式”对话框完成。选择【格式】→【文字样式】命令,打开“文字样式”对话框,从中单击【新建】按钮,系统弹出“新建文字样式”对话框,在“样式名”文本框中输入文字样式的名称(如尺寸文字),之后单击【确定】按钮,返回“文字样式”对话框,在“文字样式”对话框的“样式”列表中已经增加了“尺寸文字”样式名,在“字体名”下拉列表中选用“gbenor. shx”或“gbeitc. shx”,在“高度”文本框中输入“0”(如果文字类型的默认高度值不为 0,则“标注样式管理器”对话框的“文字”选项卡中的“文字高度”设置将不起作用)。其他选项采用默认值,结果如图 7-3 所示。

3. 设置尺寸标注样式

设置尺寸标注样式可以控制尺寸标注的格式和外观,有利于执行相关的绘图标准。在 AutoCAD 中,如果在绘图时选择公制单位,则系统自动提供一个默认的 ISO-25(国际标准化组织)标注样式,但 ISO-25 标准与我国的标准不尽相同,需要用户建立自己的标注样式,

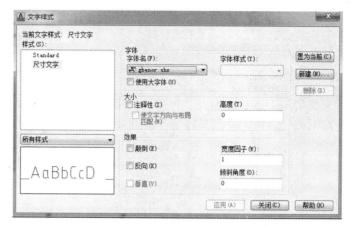

图 7-3 "文字样式"对话框

其具体设置步骤将在下面讲述。

4. 使用"对象捕捉"和"标注命令"对图形中的元素进行标注

三、标注样式的设置

　　要设置标注样式,选择【格式】→【标注样式】命令,打开如图 7-4 所示的"标注样式管理器"对话框。其中,"当前标注样式"标签显示出当前标注样式的名称;"样式"列表框用于列出已有标注样式的名称;"列出"下拉列表框确定要在"样式"列表框中列出哪些标注样式。当其选择"所有样式"时,在"样式"列表框中显示所有的标注样式;当其选择"正在使用的样式"时,只显示当前图形中用到的标注样式。"预览"框用于预览在"样式"列表框中所选中标注样式的标注效果。"说明"标签框用于显示在"样式"列表框中所选定标注样式的说明。【置为当前】按钮把指定的标注样式置为当前样式。【新建】按钮用于创建新标注样式。【修改】按钮则用于修改已有标注样式。单击该按钮,可打开"修改标注样式"对话框,修改选中的标注样式。修改标注样式时,用原标注样式标注的尺寸将被全部修改。【替代】按钮用于设置当前样式的替代样式。单击该按钮,可打开"替代当前样式"对话框,设置一种临时替代样式。【比较】按钮用于对两个标注样式进行比较,或了解某一样式的全部特性。单击该按钮,可打开"比较标注样式"对话框,在此可比较两种标注样式的特性。

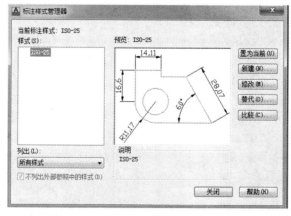

图 7-4 "标注样式管理器"对话框

新建标注样式的步骤是：

在"标注样式管理器"对话框中单击【新建】按钮，打开如图 7-5 所示的"创建新标注样式"对话框，在"新样式名"文本框中输入新样式的名称（如水平）；在"基础样式"下拉列表中选择一种基础样式（如 ISO-25），新样式将在该基础样式的基础上进行修改。在"用于"下拉列表中指定新建标注样式的适用范围，包括"所有标注"、"线性标注"、"角度标注"、

图 7-5　"创建新标注样式"对话框

"半径标注"、"直径标注"、"坐标标注"和"引线和公差"等选项。单击该对话框中的【继续】按钮，将打开"新建标注样式"对话框，可以在其中设置线、符号和箭头、文字、主单位、公差等内容，如图 7-6 所示。

图 7-6　"新建标注样式"对话框——"线"选项卡

1. 设置线

在"新建标注样式"对话框中，使用"线"选项卡可以设置尺寸线和尺寸界线的格式和位置，如图 7-6 所示。

在"线"选项卡的"尺寸线"选项区域中，可以设置尺寸线的颜色、线型、线宽、超出标记以及基线间距等属性。

"颜色"下拉列表框：用于设置尺寸线的颜色，默认情况下，尺寸线的颜色为"ByBlock（随块）"。

"线型"下拉列表框：用于设置尺寸线的线型。

"线宽"下拉列表框：用于设置尺寸线的宽度，默认情况下，尺寸线的线宽也是"ByBlock（随块）"。

"超出标记"文本框：当尺寸线的箭头采用倾斜、建筑标记、小点、积分或无标记等样式时，使用该文本框可以设置尺寸线超出尺寸界线的长度，如图 7-7 所示。

"基线间距"文本框：进行基线尺寸标注时可以设置各尺寸线之间的距离，如图 7-8 所示。

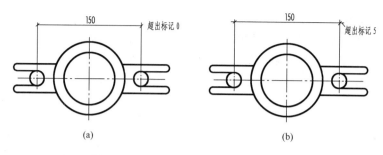

图 7-7　超出标记为 0 与不为 0 时的效果对比

　　"隐藏"选项区域:通过选择"尺寸线 1"或"尺寸线 2"复选框,可以隐藏第 1 段或第 2 段尺寸线及其相应的箭头,如图 7-9 所示。

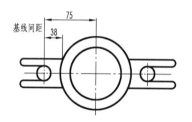
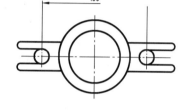

图 7-8　设置基线间距　　　　　　　　　图 7-9　隐藏尺寸线效果

　　在"线"选项卡的"尺寸界线"选项区域中,可以设置尺寸界线的颜色、线型、线宽、超出尺寸线的长度、起点偏移量及隐藏控制等属性。设置方法与"尺寸线"相同。

　　"超出尺寸线"文本框:用于设置尺寸界线超出尺寸线的距离,机械制图中设置为 2 或 3,如图 7-10 所示。

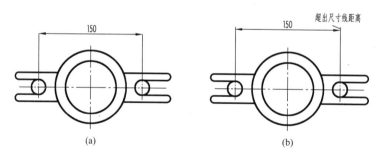

图 7-10　超出尺寸线距离为 0 与不为 0 时的效果对比

　　"起点偏移量"文本框:设置尺寸界线的起点与标注定义点的距离,机械制图中设置为 0,如图 7-11 所示。

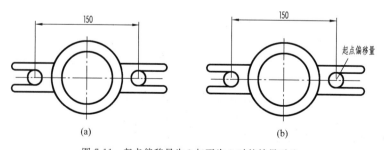

图 7-11　起点偏移量为 0 与不为 0 时的效果对比

"隐藏"选项区域：通过选中"尺寸界线 1"或"尺寸界线 2"复选框，可以隐藏尺寸界线，如图 7-12 所示。

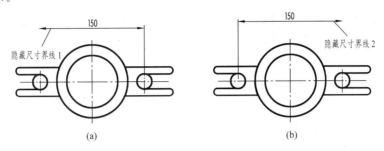

图 7-12　隐藏尺寸界线效果

2. 设置符号和箭头

在"新建标注样式"对话框中，使用"符号和箭头"选项卡可以设置箭头、圆心标记、弧长符号和半径折弯标注的格式与位置，如图 7-13 所示。

"箭头"：在"箭头"选项区域设置尺寸线和引线箭头的类型及尺寸大小等，AutoCAD 设置了 20 多种箭头样式。通常情况下，尺寸线的两个箭头应一致，在机械制图中一般使用实心闭合箭头，可以从对应的下拉列表中选择箭头样式，并在"箭头大小"文本框中设置其大小。

图 7-13　"新建标注样式"对话框——"符号和箭头"选项卡

"圆心标记"：在"圆心标记"选项区域中可以设置圆或圆弧的圆心标记类型，如"标记"、"直线"和"无"。选择"标记"单选按钮，可对圆或圆弧绘制圆心标记；选择"直线"单选按钮，可对圆或圆弧绘制中心线；选择"无"单选按钮，则没有任何标记，如图 7-14 所示。当选择"标记"或"直线"单选按钮时，可以在"大小"文本框中设置圆心标记的大小。

"弧长符号"：在"弧长符号"选项区域中可以设置弧长符号显示的位置，包括"标注文字的前缀"、"标注文字的上方"和"无"三种方式，如图 7-15 所示。

"半径折弯标注"：在"半径折弯标注"选项区域的"折弯角度"文本框中，可以设置标注圆弧半径时标注线的折弯角度大小。

"折断标注"：在"折断标注"选项区域的"折断大小"文本框中，可以设置标注折断时标注

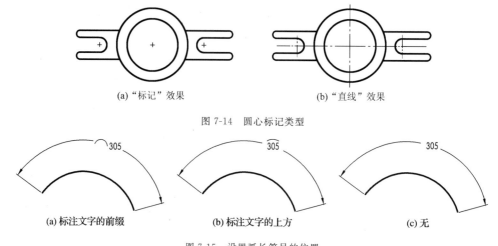

(a) "标记" 效果   (b) "直线" 效果

图 7-14　圆心标记类型

(a) 标注文字的前缀   (b) 标注文字的上方   (c) 无

图 7-15　设置弧长符号的位置

线的长度大小。

"线性折弯标注"：在"线性折弯标注"选项区域的"折弯高度因子"文本框中，可以设置折弯标注打断时折弯线的高度大小。

3. 设置文字

在"新建标注样式"对话框中，使用"文字"选项卡可以设置标注文字的外观、位置和对齐方式，如图 7-16 所示。

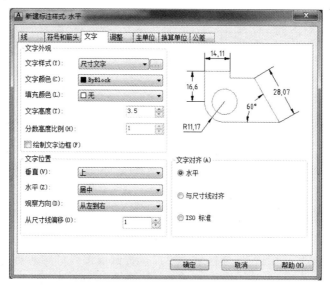

图 7-16　"新建标注样式"对话框——"文字"选项卡

在"文字"选项卡"文字外观"选项区域中可以设置文字的样式、颜色、高度和分数高度比例以及控制是否绘制文字边框等。各选项的功能说明如下：

"文字样式"下拉列表框：用于选择标注的文字样式。也可以单击其后的 按钮，打开"文字样式"对话框，选择文字样式或新建文字样式。

"文字颜色"下拉列表框：用于设置标注文字的颜色，也可以用变量 DIMCLRT 设置。

"填充颜色"下拉列表框：用于设置标注文字的背景色。

"文字高度"文本框:用于设置标注文字的高度,也可以用变量 DIMTXT 设置。

"分数高度比例"文本框:设置标注文字中的分数相对于其他标注文字的比例,Auto-CAD 将该比例值与标注文字高度的乘积作为分数的高度。

"绘制文字边框"复选框:设置是否给标注文字加边框,如图 7-17 所示。

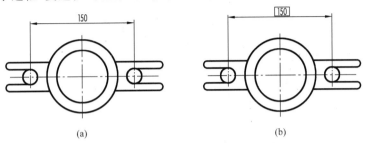

图 7-17 文字无边框与有边框的效果对比

在"文字"选项卡的"文字位置"选项区域中可以设置文字的垂直位置、水平位置、观察方向以及从尺寸线偏移的量,各选项的功能说明如下:

"垂直"下拉列表框:用于设置标注文字相对于尺寸线在垂直方向的位置,如"居中"、"上"、"外部"、"JIS"和"下"。其中,选择"居中"选项可以把标注文字放在尺寸线中间;选择"上"选项将把标注文字放在尺寸线的上方;选择"外部"选项可以把标注文字放在远离尺寸界线起点的尺寸线一侧;选择"JIS"选项则按 JIS 规则(日本工业标准)放置标注文字,即总是把标注文字放在尺寸线上方;选择"下"选项将把标注文字放在尺寸线的下方,当把文字对齐方式选为"水平"时,竖直方向的标注文字放在尺寸线中间,如图 7-18 所示。

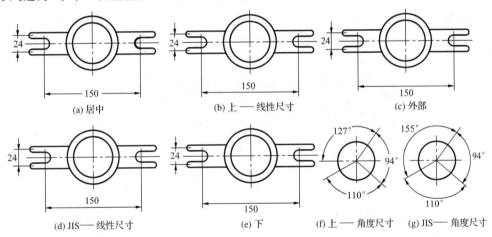

图 7-18 文字垂直位置的形式

"水平"下拉列表框:用于设置标注文字相对于尺寸线和尺寸界线在水平方向的位置,如"居中"、"第一条尺寸界线"、"第二条尺寸界线"、"第一条尺寸界线上方"或"第二条尺寸界线上方",如图 7-19 所示。

"观察方向"下拉列表框:用来控制标注文字的观察方向。

"从尺寸线偏移"文本框:设置标注文字与尺寸线之间的距离。如果标注文字位于尺寸线的中间,则表示断开处尺寸线端点与标注文字的间距。若标注文字带有边框,则可以控制文字边框与其中文字的距离。

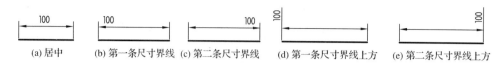

图 7-19　文字水平位置的形式

在"文字"选项卡的"文字对齐"选项区域中可以设置标注文字是保持水平还是与尺寸线对齐。其中三个单选按钮的含义如下：

"水平"单选按钮：使标注文字水平放置。

"与尺寸线对齐"单选按钮：使标注文字方向与尺寸线方向一致。

"ISO 标准"单选按钮：使标注文字按 ISO 标准放置，当标注文字在尺寸界线之内时，它的方向与尺寸线方向一致，而在尺寸界线之外时将水平放置。

上述三种文字对齐方式如图 7-20 所示。

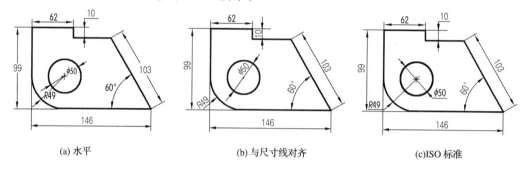

图 7-20　文字对齐方式

4. 设置调整

在"新建标注样式"对话框中，使用"调整"选项卡可以设置标注文字、尺寸线、尺寸箭头的位置，如图 7-21 所示。

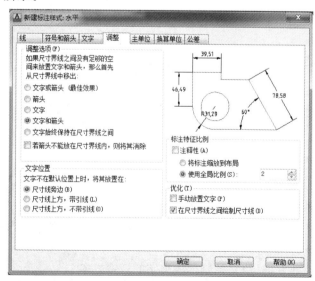

图 7-21　"新建标注样式"对话框——"调整"选项卡

在"调整"选项卡的"调整选项"选项区域中，可以确定当尺寸界线之间没有足够的空间同时放置标注文字和箭头时,从尺寸界线之间移出对象的方式,如图 7-22 所示。

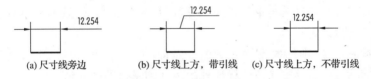

(a) 文字　　　　　(b) 箭头　　　　　(c) 文字和箭头　　　(d) 文字始终保持在尺寸界线之间

图 7-22　标注文字和箭头在尺寸界线间的放置

"文字或箭头(最佳效果)"单选按钮:按最佳效果自动移出文字或箭头。

"箭头"单选按钮:首先将箭头移出。

"文字"单选按钮:首先将文字移出。

"文字和箭头"单选按钮:将文字和箭头都移出。

"文字始终保持在尺寸界线之间"单选按钮:将文字始终保持在尺寸界线之间。

"若箭头不能放在尺寸界线内,则将其消除"复选框:如果选中该复选框,则抑制箭头显示。

在"调整"选项卡的"文字位置"选项区域中,可以设置当文字不在默认位置时的位置。其中各选项含义如下:

"尺寸线旁边"单选按钮:选中该单选按钮可以将文字放在尺寸线旁边。

"尺寸线上方,带引线"单选按钮:选中该单选按钮可以将文字放在尺寸线的上方,并带上引线。

"尺寸线上方,不带引线"单选按钮:选中该单选按钮可以将文字放在尺寸线的上方,但不带引线。

如图 7-23 所示显示了当文字不在默认位置时的上述设置效果。

(a) 尺寸线旁边　　　　(b) 尺寸线上方, 带引线　　　(c) 尺寸线上方, 不带引线

图 7-23　标注文字的位置

在"调整"选项卡的"标注特征比例"选项区域中,可以设置标注尺寸的特征比例,以便通过设置全局比例来增大或减小各标注的大小。各选项的功能如下:

"注释性"复选框:选择该复选框,可以将标注定义成可注释性对象。

"将标注缩放到布局"单选按钮:选择该单选按钮,可以根据当前模型空间与图纸空间之间的缩放关系设置比例。

"使用全局比例"单选按钮:选择该单选按钮,可以对全部尺寸标注设置缩放比例,该比例不改变尺寸的测量值。

在"调整"选项卡的"优化"选项区域中,可以对标注文字和尺寸线进行细微调整,该选项区域包括以下两个复选框:

"手动放置文字"复选框:选中该复选框,则忽略标注文字的设置,在标注时可将标注文字放置在指定的位置。

"在尺寸界线之间绘制尺寸线"复选框:选中该复选框,当尺寸箭头放置在尺寸界线之外时,也可在尺寸界线之内绘制出尺寸线。

5. 设置主单位

在"新建标注样式"对话框中,使用"主单位"选项卡可以设置主单位的格式与精度等属

性，如图 7-24 所示。

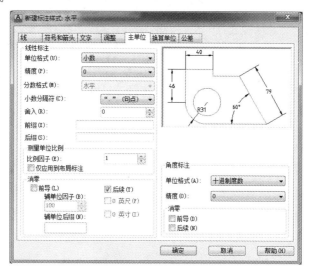

图 7-24 "新建标注样式"对话框——"主单位"选项卡

"线性标注"选项区域：可以设置线性标注的单位格式与精度等，各选项功能如下：

"单位格式"下拉列表框：设置除角度标注之外的其余各标注类型的尺寸单位，包括"科学"、"小数"、"工程"、"建筑"和"分数"等选项。

"精度"下拉列表框：设置除角度标注之外的其他标注的尺寸精度。

"分数格式"下拉列表框：当单位格式是分数时，可以设置分数的格式，包括"水平"、"对角"和"非堆叠"三种方式。

"小数分隔符"下拉列表框：设置小数的分隔符，包括"逗点"、"句点"和"空格"三种方式。

"舍入"文本框：用于设置除角度标注外的尺寸测量值的舍入值。

"前缀"和"后缀"文本框：设置标注文字的前缀和后缀，在相应的文本框中输入字符即可。

"测量单位比例"选项区域：使用"比例因子"文本框可以设置测量尺寸的缩放比例，AutoCAD 的实际标注值为测量值与该比例的积。选中"仅应用到布局标注"复选框，可以设置该比例关系仅适用于布局。

"消零"选项区域：可以设置是否显示尺寸标注中的"前导"和"后续"零。

"角度标注"选项区域：使用"单位格式"下拉列表框设置标注角度时的单位；使用"精度"下拉列表框设置标注角度的尺寸精度；使用"消零"选项区域中的"前导"和"后续"复选框设置是否消除角度尺寸的"前导"和"后续"零。

6. 设置换算单位

在"新建标注样式"对话框中，可以使用"换算单位"选项卡设置换算单位的格式。

在 AutoCAD 中，通过换算标注单位，可以转换使用不同测量单位制的标注，通常是显示英制标注的等效公制标注，或公制标注的等效英制标注，如图 7-25 所示。

7. 设置公差

在"新建标注样式"对话框中，可以使用如图 7-26 所示的"公差"选项卡，设置是否标注公差以及以何种方式进行标注，详见任务 9 中公差标注。

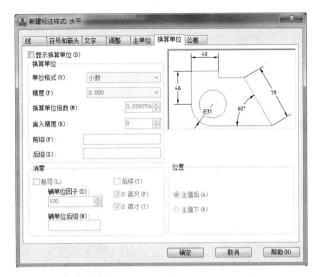

图 7-25　"新建标注样式"对话框——"换算单位"选项卡

图 7-26　"新建标注样式"对话框——"公差"选项卡

四、尺寸标注的方法

1.线性标注

线性标注是指标注图形对象在水平方向、垂直方向或指定方向的尺寸,分为水平标注、垂直标注和旋转标注三种类型。水平标注用于标注对象在水平方向的尺寸,即尺寸线沿水平方向放置;垂直标注用于标注对象在垂直方向的尺寸,即尺寸线沿垂直方向放置;旋转标注则标注对象沿指定方向的尺寸。线性标注用于标注用户坐标系 XY 平面上两个点之间距离的测量值,通过指定点或选择对象来实现。

（1）指定点

默认情况下,选择【标注】→【线性】命令或单击〖标注〗工具栏上的"线性"按钮,在命令行提示下直接指定第一条尺寸界线和第二条尺寸界线的原点后,命令行提示如下:

指定尺寸线位置或[多行文字(M)/文字(T)/角度(A)/水平(H)/垂直(V)/旋转(R)]：

这时可以直接确定尺寸线的位置,也可以选择其他选项来指定标注的文字内容或标注文字的旋转角度。

如果直接指定了尺寸线的位置,系统将按自动测量出的两条尺寸界线起始点间的相应距离标注出尺寸。

如果选择其他选项,可指定标注的文字内容或标注文字的旋转角度。其他各选项的功能说明如下：

● 多行文字(M)：指定尺寸线的位置前选择该选项将进入多行文字编辑模式,可以使用"文字格式"编辑器输入并设置标注文字。

● 文字(T)：指定尺寸线的位置前选择该选项将以单行文字的形式输入标注文字,此时将显示"输入标注文字<1>："提示信息,要求输入标注文字。

● 角度(A)：指定尺寸线的位置前选择该选项可以设置标注文字的旋转角度。

● 水平(H)和垂直(V)：指定尺寸线的位置前选择该选项,可以标注水平尺寸和垂直尺寸。

● 旋转(R)：指定尺寸线的位置前选择该选项可以设置旋转标注对象的尺寸线,即标注沿指定方向的尺寸。

(2)选择对象

选择【标注】→【线性】命令或单击〖标注〗工具栏上的"线性"按钮，如果在线性标注的命令行提示下直接回车,则要求选择要标注尺寸的对象。当选择了对象以后,AutoCAD 将该对象的两个端点作为两条尺寸界线的起点,标注方法和选项同前。

2. 对齐标注

对齐标注指所标注尺寸的尺寸线与两条尺寸界线起始点间的连线平行。执行【标注】→【对齐】命令或单击〖标注〗工具栏上的"对齐"按钮，可以对对象进行对齐标注。对齐标注是线性标注尺寸的一种特殊形式。在对直线段进行标注时,如果该直线段的倾斜角度未知,那么使用线性标注方法将无法得到准确的测量结果,这时可以使用对齐标注。

例如,标注图 7-27 中的长度尺寸时,首先启动"对齐标注"命令,然后捕捉点 D 和点 F,再拖动鼠标至点 3 处单击而确定尺寸线的位置后,结果如图 7-27 所示。使用同样的方法,可标注其他倾斜直线段的长度,结果如图 7-28 所示。

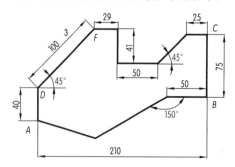

图 7-27　用"对齐标注"进行对齐尺寸标注

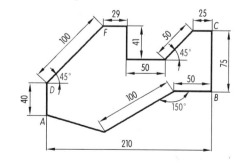

图 7-28　标注其他对齐尺寸

3. 角度尺寸的标注

角度标注命令可以测量圆上某段圆弧和圆弧的包含角、两条直线间的角度,或者三点间

的角度,如图 7-29 所示。选择【标注】→【角度】命令或单击〖标注〗工具栏上的"角度"按钮
△,此时命令行提示:

　　选择圆弧、圆、直线或 <指定顶点>:

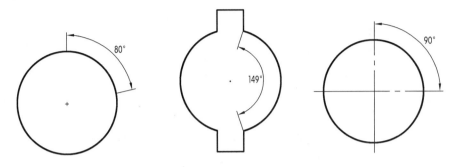

图 7-29　角度标注方式

在该提示下,可以选择需要标注的对象,其功能说明如下:

● 标注圆弧的包含角:当选择圆弧时,命令行显示"指定标注弧线位置或[多行文字
(M)/文字(T)/角度(A)/象限点(Q)]:"提示信息。此时,如果直接确定标注弧线的位置,
AutoCAD 会按实际测量值标注出角度。

● 标注圆上某段圆弧的包含角:当选择圆时,命令行显示"指定角的第二个端点:"提示
信息,要求确定另一点作为角的第二个端点。该点可以在圆上,也可以不在圆上,然后确定
标注弧线的位置,这时,将以圆心为角度的顶点,以所选择的两个点作为尺寸界线标注出
角度。

● 标注两条不平行直线之间的夹角:需要选择这两条直线,然后确定标注弧线的位置,
AutoCAD 将自动标注出这两条直线的夹角。

● 根据三个点标注角度:这时首先需要确定角的顶点,然后分别指定角的两个端点,最
后指定标注弧线的位置即可标注出角度。

4. 弧长标注

弧长标注命令可为圆弧标注长度尺寸。选择【标注】→【弧长】命令或单击〖标注〗工具栏
上的"弧长"按钮⌒,可以标注圆弧线段或多段线圆弧线段部分的弧长。当选择需要的标注
对象后,命令行提示如下信息:

　　指定弧长标注位置或[多行文字(M)/文字(T)/角度(A)/部分(P)/引线(L)]:

当指定了尺寸线的位置后,系统将按实际测量值标注出圆弧的长度。也可以利用"多行
文字(M)"、"文字(T)"或"角度(A)"选项,确定尺寸文字或尺寸文字的旋转角度。另外,如
果选择"部分(P)"选项,可以标注选定圆弧某一部分的弧长,如图 7-30 所示。

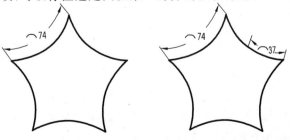

图 7-30　弧长标注

5. 半径标注

半径标注命令可为圆或圆弧标注半径尺寸。选择【标注】→【半径】命令或单击〖标注〗工具栏上的"半径"按钮 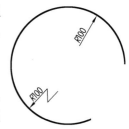，并选择要标注半径的圆弧或圆，此时命令行提示如下信息：

指定尺寸线位置或[多行文字(M)/文字(T)/角度(A)]:

当指定了尺寸线的位置后，系统将按实际测量值标注出圆或圆弧的半径。也可以利用"多行文字(M)"、"文字(T)"或"角度(A)"选项，确定尺寸文字或尺寸文字的旋转角度，具体操作方法同线性标注。

6. 折弯标注

折弯标注命令可以折弯标注圆和圆弧的半径，如图 7-31 所示。该标注方式与半径标注方法基本相同，但需要指定一个代替圆或圆弧圆心的位置和尺寸线的折弯位置。选择【标注】→【折弯】命令或单击

图 7-31 创建折弯标注

〖标注〗工具栏上的"折弯"按钮 ，在命令行"选择圆弧或圆"的提示下，选择要标注半径的圆弧或圆；在命令行"指定图示中心位置："的提示下，单击圆内适当位置，确定用于替代圆心的点，此时将显示标注的尺寸数字和尺寸线；在命令行"指定尺寸线位置或[多行文字(M)/文字(T)/角度(A)]:"的提示下，单击圆内适当位置，确定尺寸线位置；在命令行"指定折弯位置："的提示下，指定尺寸线的折弯位置即可。

7. 直径标注

选择【标注】→【直径】命令或单击〖标注〗工具栏上的"直径"按钮 ，可以标注圆和圆弧的直径。

直径标注的方法与半径标注的方法相同。当选择了需要标注直径的圆或圆弧后，直接确定尺寸线的位置，系统将按实际测量值标注出圆或圆弧的直径。

8. 圆心标注

圆心标注命令可为圆或圆弧绘制圆心标记或中心线。选择【标注】→【圆心标记】命令或单击〖标注〗工具栏上的"圆心标记"按钮 ，在命令行"选择圆弧或圆："的提示下，选择待标注其圆心的圆弧或圆即可标记圆心或中心线，如图 7-32 所示。

9. 基线标注

基线标注指各尺寸线从同一条尺寸界线处引出，创建一系列由相同的标注原点测量出来的标注，如图 7-33 所示的尺寸 28 和 146。

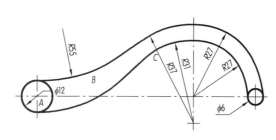

图 7-32 标注圆心

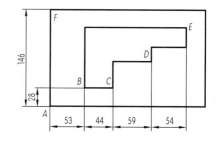

图 7-33 基线标注和连续标注

在进行基线标注之前必须先创建(或选择)一个线性、坐标或角度标注作为基准标注，然后选择【标注】→【基线】命令或单击〖标注〗工具栏上的"基线"按钮 ，此时命令行提示如下信息：

指定第二条尺寸界线原点或[放弃(U)/选择(S)]<选择>:

（1）指定第二条尺寸界线原点

确定下一个尺寸的第二条尺寸界线的起点后，AutoCAD 按基线标注方式标注出尺寸，而后继续提示：

指定第二条尺寸界线原点或［放弃（U）/选择（S）］＜选择＞：

此时可再确定下一个尺寸的第二条尺寸界线起点位置。用此方式标注出全部尺寸后，在同样的提示下按两次 Enter 键或空格键，结束命令的执行。

（2）选择（S）

该选项用于指定基线标注时作为基线的尺寸界线。执行该选项，AutoCAD 提示：

选择基准标注：

在该提示下选择尺寸界线后，AutoCAD 继续提示：

指定第二条尺寸界线原点或［放弃（U）/选择（S）］＜选择＞：

在该提示下标注出的各尺寸均从指定的基线引出。执行基线尺寸标注时，有时需要先执行"选择（S）"选项来指定引出基线尺寸的尺寸界线。

例如，标注如图 7-33 所示图形中的点 A 与点 B 和点 A 与点 F 之间的垂直线性尺寸时，首先启动"线性标注"命令，创建点 A 与点 B 之间的垂直线性标注，再启动"基线标注"命令并单击点 F，然后按两次 Enter 键结束标注即可。

10. 连续标注

连续标注指在标注出的尺寸中，相邻两尺寸线共用同一条尺寸界线，创建一系列箭头对箭头放置的标注，如图 7-33 所示图形中的尺寸 53、44、59、54 等。

与基线标注一样，在进行连续标注之前，必须先创建（或选择）一个线性、坐标或角度标注作为基准标注，以确定连续标注所需的前一尺寸标注的尺寸界线，然后选择【标注】➡【连续】命令或单击〖标注〗工具栏上的"连续"按钮，此时命令行提示如下信息：

指定第二条尺寸界线原点或［放弃（U）/选择（S）］＜选择＞：

（1）指定第二条尺寸界线原点

在该提示下，当确定了下一个尺寸的第二条尺寸界线起点后，AutoCAD 按连续标注方式标注出尺寸，即把上一个尺寸的第二条尺寸界线作为新尺寸标注的第一条尺寸界线标注尺寸，而后 AutoCAD 继续提示：

指定第二条尺寸界线原点或［放弃（U）/选择（S）］＜选择＞：

此时可再确定下一个尺寸的第二条尺寸界线的起点位置。当用此方式标注出全部尺寸后，在上述同样的提示下按两次 Enter 键或空格键，结束命令的执行。

（2）选择（S）

该选项用于指定连续标注将从哪一个尺寸的尺寸界线引出。执行该选项，AutoCAD 提示：

选择连续标注：

在该提示下选择尺寸界线后，AutoCAD 会继续提示：

指定第二条尺寸界线原点或［放弃（U）/选择（S）］＜选择＞：

在该提示下，当确定了下一个尺寸的第二条尺寸界线起点后，AutoCAD 按连续标注方式标注出尺寸。当标注完成后，按两次 Enter 键即可结束该命令。执行连续尺寸标注时，有时需要先执行"选择（S）"选项来指定引出连续尺寸的尺寸界线。

例如，标注如图 7-33 所示图形中的点 A 与点 B、点 B 与点 C、点 C 与点 D、点 D 与点 E

之间的水平线性标注时,首先启动"线性标注"命令,创建点 A 与点 B 之间的水平线性标注,再启动"连续标注"命令并依次单击点 C、点 D、点 E,然后按两次 Enter 键结束标注即可。

11. 坐标标注

执行【标注】→【坐标】命令或单击〖标注〗工具栏上的"坐标"按钮，都可以标注相对于用户坐标原点的坐标,此时命令行提示如下信息:

指定点坐标:

在该提示下确定要标注坐标尺寸的点,而后系统将提示:

指定引线端点或[X 基准(X)/Y 基准(Y)/多行文字(M)/文字(T)/角度(A)]:

默认情况下,指定引线的端点位置后,系统将在该点标注出指定点坐标。

五、编辑尺寸标注的方法

在 AutoCAD 2013 中,编辑尺寸标注及其文字的方法主要有:

1. 用"文字编辑"命令修改尺寸文字

利用"文字编辑"命令可以修改已标注尺寸的文字。执行"文字编辑"命令的方式如下:

(1)菜单命令:【修改】→【对象】→【文字】→【编辑】。

(2)工具栏:〖文字〗工具栏→"编辑"按钮。

(3)键盘输入:DDEDIT↙。

启动"文字编辑"命令后,命令行提示:

选择注释对象或[放弃(U)]:

选择尺寸后,AutoCAD 弹出"文字格式"编辑器,并将所选择尺寸的尺寸文字设置为编辑状态。用户可以直接对其进行修改,如修改尺寸数值或添加公差等。

此外,也可双击已标注尺寸的文字,利用弹出的"文字格式"编辑器进行修改。

2. 用"编辑标注文字"命令调整文字位置

利用"编辑标注文字"命令可以移动或旋转标注文字,如图 7-34 所示。

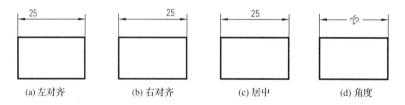

| (a) 左对齐 | (b) 右对齐 | (c) 居中 | (d) 角度 |

图 7-34　编辑标注文字

执行"编辑标注文字"命令的方式如下:

(1)菜单命令:【标注】→【对齐文字】→"对齐文字"子菜单中相应命令。

(2)工具栏:〖标注〗工具栏→"编辑标注文字"按钮。

(3)键盘输入:DIMTEDIT↙。

采用后两种方式执行"编辑标注文字"命令后,AutoCAD 提示:

选择标注:　　　　　　　　　　　　//选择尺寸

选择标注尺寸对象后 AutoCAD 提示:

为标注文字指定新位置或[左对齐(L)/右对齐(R)/居中(C)/默认(H)/角度(A)]:

AutoCAD 提示选项的功能是:"为标注文字指定新位置"选项用于确定尺寸文字的新位置,通过鼠标将尺寸文字拖动到新位置后单击即可;"左对齐(L)"和"右对齐(R)"选项仅对非角度标注起作用,它们分别决定尺寸文字是沿尺寸线左对齐还是右对齐;"居中(C)"选项可将尺寸文字放在尺寸线的中间;"默认(H)"选项将按默认位置、方向放置尺寸文字;"角度(A)"选项可以使尺寸文字旋转指定的角度。

3. 利用"编辑标注"命令编辑尺寸标注

利用"编辑标注"命令可以修改选定对象的文字内容,能将标注文字按指定角度旋转以及将尺寸界线倾斜指定角度,如图 7-35、图 7-36 所示。

执行"编辑标注"命令的方式如下:

(1)菜单命令:【标注】→【倾斜】。

(2)工具栏:〖标注〗工具栏→"编辑标注"按钮。

(3)键盘输入:DIMEDIT↙。

采用第一种方式可将尺寸界线倾斜指定角度。采用后两种方式后,AutoCAD 提示:

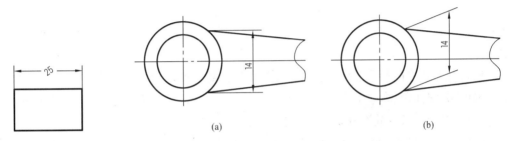

图 7-35　文字旋转 30°　　　　　　　　　　图 7-36　尺寸界线倾斜前与倾斜 20°

输入标注编辑类型[默认(H)/新建(N)/旋转(R)/倾斜(O)]<默认>:

其中,"默认(H)"选项会按默认位置和方向放置尺寸文字。"新建(N)"选项用于修改尺寸文字。"旋转(R)"选项可将尺寸文字旋转指定的角度。"倾斜(O)"选项可使非角度标注的尺寸界线旋转一角度。

4. 利用"标注"的选项菜单编辑尺寸标注

AutoCAD 提供有"标注"的选项菜单,用户选择了需要编辑的标注对象后,将鼠标停留在夹点上时将弹出选项菜单,选择相应选项可编辑标注文字的位置及是否翻转箭头等,如图 7-37 所示。翻转箭头形式如图 7-38 所示。选择了需要编辑的标注对象后单击鼠标右键,将弹出快捷菜单,选择相应选项可更改所选对象的标注样式、修改标注文字的精度等,如图 7-39、图 7-40 所示。

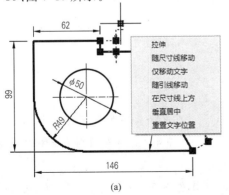

(a)

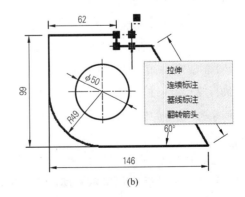

(b)

图 7-37　"标注"选项菜单

(a) 翻转前   (b) 翻转一侧箭头   (c) 翻转另一侧箭头

图 7-38 翻转箭头形式

   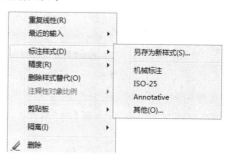

图 7-39 标注文字精度的快捷菜单   图 7-40 标注样式的快捷菜单

5. 使用"标注间距"命令调整平行尺寸线之间的距离

执行"标注间距"命令的方式如下：

(1)菜单命令：【标注】→【标注间距】。

(2)工具栏：〖标注〗工具栏→"等距标注"按钮 。

(3)键盘输入：DIMSPACE↙。

执行"标注间距"命令后，AutoCAD 提示：

选择基准标注：   //选择作为基准的尺寸

选择要产生间距的标注：   //依次选择要调整间距的尺寸

选择要产生间距的标注：↙   //回车结束选择

输入值或[自动(A)]<自动>：

如果输入距离值后按 Enter 键，AutoCAD 调整各尺寸线的位置，使它们之间的距离值为指定的值。如果直接按 Enter 键，AutoCAD 会自动调整尺寸线的位置。

6. 使用"折弯线性"命令在尺寸线上添加折弯线

执行"折弯线性"命令的方式如下：

(1)菜单命令：【标注】→【折弯线性】。

(2)工具栏：〖标注〗工具栏→"折弯线性"按钮 。

(3)键盘输入：DIMJOGLINE↙。

执行"折弯线性"命令后，AutoCAD 提示：

选择要添加折弯的标注或[删除(R)]：   //选择要添加折弯的尺寸，单击如图
                                       7-41(a)所示图形中 210 的尺寸线

指定折弯位置(或按 Enter 键)：

在尺寸线上的适当位置单击即可添加折弯线，单击如图 7-41(a)所示图形中 210 的尺寸线中点偏左位置，结果如图 7-41(b)所示。"删除(R)"选项用于删除已有的折弯符号。

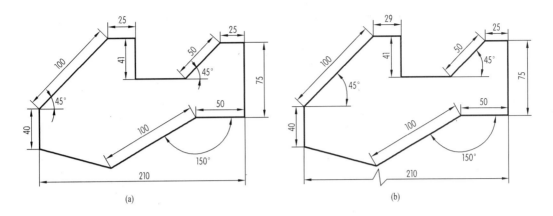

图 7-41　折弯线性标注

7. 使用"折断标注"命令在与其他线重叠处打断标注或延伸

使用"折断标注"命令的方式如下：

(1)菜单命令：【标注】→【标注打断】。

(2)工具栏：〖标注〗工具栏→"折断标注"按钮 。

(3)键盘输入：DIMBREAK↙。

执行"折断标注"命令后，AutoCAD 提示：

选择要添加/删除折断的标注或〖多个(M)〗：

在该提示下选择尺寸，可通过"多个(M)"选项选择多个尺寸，之后 AutoCAD 提示：

选择要折断标注的对象或〖自动(A)/手动(M)/删除(R)〗＜自动＞：

根据提示操作即可。其中，"选择要折断标注的对象"选项用于选择尺寸对象以便进行打断。"自动(A)"选项用于使 AutoCAD 按默认设置的尺寸进行打断。"手动(M)"选项用于以手动方式指定打断点。"删除(R)"选项用于恢复到打断前的效果，即取消打断。

8. 使用"标注更新"命令将图形中已标注的尺寸样式更新为当前尺寸样式

执行【标注】→【更新】命令或单击〖标注〗工具栏上的"标注更新"按钮 ，AutoCAD提示：

选择对象：

在图形中单击需要修改标注的部分并按 Enter 键，可将已标注的尺寸样式更新为当前尺寸样式。

9. 使用"标注样式管理器"对话框编辑尺寸样式

执行 DIMSTYLE 命令，用户可以在弹出的"标注样式管理器"对话框中通过单击【修改】按钮来修改当前尺寸样式中的设置(图 7-42)，或单击【替代】按钮设置临时的尺寸标注样式(图 7-43)，用来替代当前尺寸标注样式的相应设置。

10. 利用"夹点"快速调整尺寸标注的位置

使用夹点可以非常方便地移动尺寸线、尺寸界线和标注文字的位置。在该编辑模式下，可以通过调整尺寸线两端或标注文字所在处的夹点来调整尺寸标注的位置，也可以通过调整尺寸界线夹点来调整尺寸标注长度。

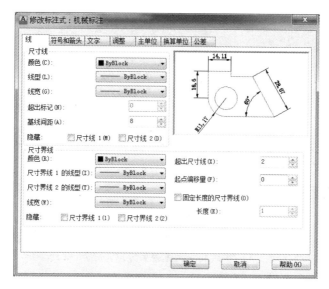

图 7-42 "修改标注样式"对话框

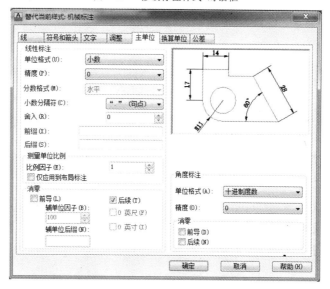

图 7-43 "替代当前样式"对话框

另外,还可以用下面所述的"特性"选项板或任务 2 中的"快捷特性"选项板或"特性匹配"命令编辑尺寸标注的特性,只是它们的用途较多,所以另设标题讲解。

六、"特性"选项板

对象特性包含一般特性和几何特性,一般特性包括对象的颜色、线型、图层及线宽等,几何特性包括对象的尺寸和位置。对象特性可以通过"特性"选项板进行设置和修改。打开"特性"选项板的方式如下:

(1)菜单命令:【修改】→【特性】或【工具】→【选项板】→【特性】。

(2)工具栏:〖标准〗工具栏→"特性"按钮▤。

(3)键盘输入:PR(PROPEPTIES)↙或"Ctrl+1"组合键。

执行上述任何一种操作后,均可打开"特性"选项板。

如果未选中任何对象,"特性"选项板将显示整个图纸的特性及它们的当前设置,如图7-44(a)所示;如果事先选择了一个对象,"特性"选项板将显示所选对象的全部特性及当前设置,如图7-44(b)所示;如果选择了同类型的多个对象,"特性"选项板将显示它们的共有特性。"特性"选项板默认处于浮动状态。在"特性"选项板的标题栏上单击鼠标右键,将弹出一个如图7-45所示的快捷菜单。可通过该快捷菜单确定是否隐藏"特性"选项板、是否在"特性"选项板内显示特性的说明部分以及是否将"特性"选项板锁定在主窗口中。

（a）

（b）

图 7-44 "特性"选项板

图 7-45 "特性"选项板快捷菜单

例如,将图7-46(a)所示的图形利用"特性"选项板修改为图7-46(b)所示的图形,操作步骤如下:

首先打开"特性"选项板,然后选中要修改的对象——圆,使对象呈夹点状态显示,之后在"特性"选项板中将圆的图层由01层(粗实线图层)修改至04层(虚线图层),如图7-47(a)所示,再将圆的直径改为40,如图7-47(b)所示,即可完成图形的修改。

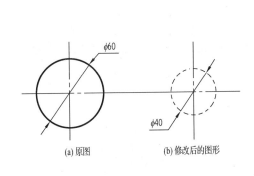

(a)原图 (b)修改后的图形

图 7-46 修改图形

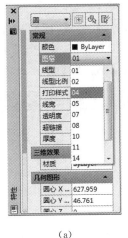
（a）

（b）

图 7-47 用"特性"选项板修改图层与直径

任务实施 >>>

第1步:创建新图形文件,设置图形单位和图形界限。

第 2 步：设置图层

新建粗实线图层"01"、辅助线图层"02"、中心线图层"05"和尺寸线图层"08"。

第 3 步：绘制如图 7-1 所示的平面图形

因方法与步骤简单，这里省略。

第 4 步：创建尺寸标注的文字样式

选择【格式】→【文字样式】命令，系统弹出如图 7-48 所示的"文字样式"对话框，从中单击【新建】按钮，系统弹出如图 7-49 所示的"新建文字样式"对话框，在"样式名"文本框中输入文字样式的名称"尺寸文字"，之后单击【确定】按钮，返回如图 7-48 所示的"文字样式"对话框，在"字体名"下拉列表中选择"gbenor.shx"字体，其他选项采用默认值，如图 7-3 所示，之后单击【置为当前】按钮，再单击【关闭】按钮关闭该对话框。

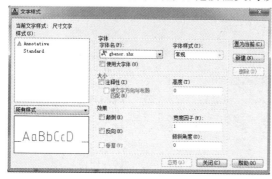

图 7-48 "文字样式"对话框

图 7-49 "新建文字样式"对话框

第 5 步：创建尺寸标注的样式

本任务需要创建三种尺寸标注的样式：一种是标注角度的"水平"样式；一种是标注线性尺寸的"与尺寸线对齐"样式；一种是标注直径与半径的"ISO 标准"样式。"水平"样式的设置方法详见本任务的知识储备"三、标注样式的设置"，"与尺寸线对齐"样式和"ISO 标准"样式与"水平"样式的不同之处就是在如图 7-16 所示的"文字"选项卡的"文字对齐"选项区域中分别选择"与尺寸线对齐"和"ISO 标准"单选按钮即可。

第 6 步：调用如图 7-50 所示的〖标注〗工具栏，并且打开"对象捕捉"功能。

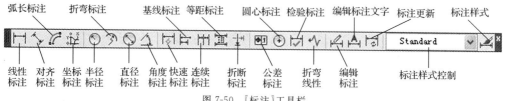

图 7-50 〖标注〗工具栏

第 7 步：标注尺寸

标注尺寸的方法其实很简单，只需指定尺寸界线的两点或选择要标注尺寸的对象，再指定尺寸线的位置即可，只要标了一、两个尺寸，用户就能触类旁通，此处不再一一介绍 。

（1）标注线性尺寸（以尺寸 35 为例）

首先将"与尺寸线对齐"的尺寸标注样式设置为当前样式，然后单击〖标注〗工具栏上的"线性"按钮⊢，再依次单击图 7-51 中的点 *C* 和点 *D*，水平向左移动鼠标，在距线段 *CD* 约 10 mm 处单击，完成线性尺寸的标注。同理完成其他线性尺寸的标注，结果如图 7-51 所示。

（2）标注对齐尺寸（以尺寸 78 为例）

仍然将"与尺寸线对齐"的尺寸标注样式设置为当前样式，然后单击〖标注〗工具栏上的

"对齐"按钮，再依次单击图 7-52 中的点 G 和点 F（或回车后直接选择线段 GF），向与线段 GF 垂直方向移动鼠标，在距线段 GF 约 10 mm 处单击，完成对齐尺寸的标注。同理可完成线段 AK 对齐尺寸的标注，结果如图 7-52 所示。

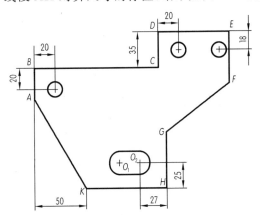

图 7-51　标注线性尺寸

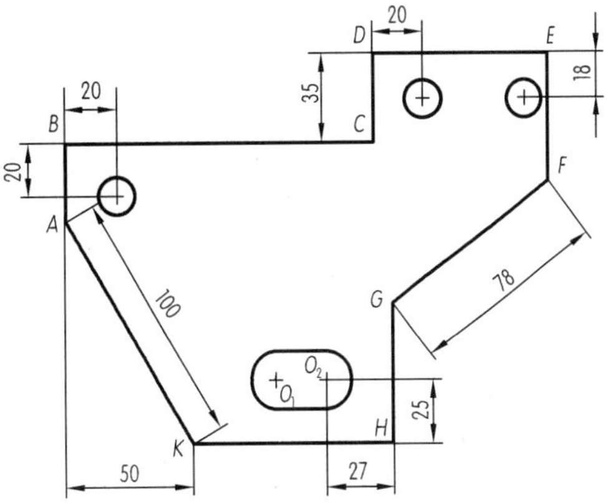

图 7-52　标注对齐尺寸

（3）标注角度尺寸（以尺寸 $127°$ 为例）

首先将"水平"的尺寸标注样式设置为当前样式，然后单击〖标注〗工具栏上的"角度"按钮，再依次单击图 7-53 中线段 GF 和线段 EF，移动鼠标至合适位置单击，完成角度尺寸的标注。同理完成其他角度尺寸的标注，结果如图 7-53 所示。

（4）标注半径尺寸（以尺寸 $R10$ 为例）

首先将"ISO 标准"的尺寸标注样式设置为当前样式，然后单击〖标注〗工具栏上的"半径"按钮，再选择图 7-54 中以 O_1 点为圆心的圆弧，移动鼠标至合适位置单击，完成半径尺寸的标注，结果如图 7-54 所示。

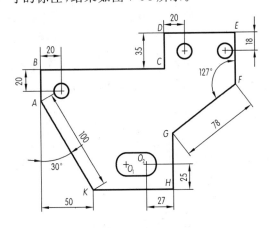

图 7-53　标注角度尺寸

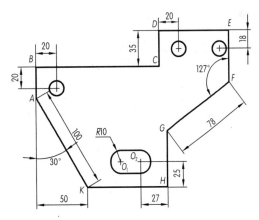

图 7-54　标注半径尺寸

（5）标注直径尺寸（以尺寸 $3×\phi14$ 为例）

仍然将"ISO 标准"的尺寸标注样式设置为当前样式，然后单击〖标注〗工具栏上的"直径"按钮，再选择图 7-55 中圆 1，输入 M，打开"文字格式"编辑器，在自动标注数字前输入"3×"，移动鼠标至合适位置单击，完成直径尺寸标注，结果如图 7-55 所示。

（6）标注基线尺寸（以图 7-56 所示右侧尺寸 50 和 152 为例）

首先将"与尺寸线对齐"的尺寸标注样式设置为当前样式，然后启动"线性标注"命令，在命令行的提示下输入 S↙（执行"选择（S）"选项），再选择图 7-56 中点 E 与圆 3 的圆心之间的垂直线性标注 18 的上尺寸界线，之后单击〖标注〗工具栏上的"等距标注"按钮□，并依次单击点 F 和点 H，然后按两次 Enter 键结束基线标注。最后再单击〖标注〗工具栏上的"基线"按钮□，以垂直尺寸 18 为基准，调整基线尺寸 50、152 间距为"自动"，同理完成其他基线尺寸的标注，如图 7-56 所示。

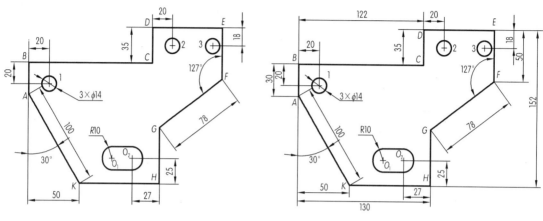

图 7-55　标注直径尺寸　　　　　　　　　　　　　图 7-56　标注基线尺寸

（7）标注连续尺寸（以图 7-1 所示腰形孔定位尺寸 27 和 20 为例）

单击〖标注〗工具栏上的"连续"按钮□，选择腰形孔的水平定位尺寸 27 的左尺寸界线为基准，单击点 O_1，标注尺寸 20；按 Enter 键后选择圆 2 的水平定位尺寸 20 的右尺寸界线为基准，单击圆 3 的圆心，标注尺寸 40；按 Enter 键后选择尺寸 122 的右尺寸界线为基准，单击点 E，标注尺寸 70，按两次 Enter 键结束连续标注。最后利用"标注"选项菜单编辑尺寸文字的位置，结果如图 7-1 所示。

第 8 步：保存图形文件。

任务检测与技能训练 >>>

利用所学命令，绘制如图 7-57～图 7-60 所示的图形，并按图中的样式标注尺寸。

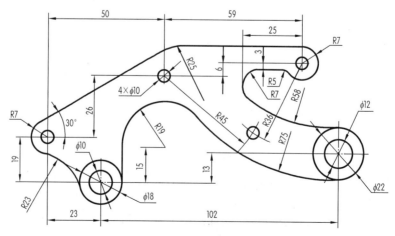

图 7-57　题（1）图

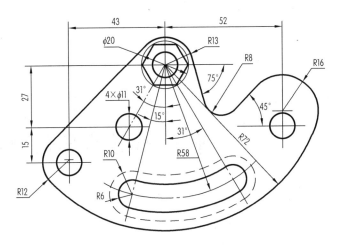

图 7-58　题(2)图

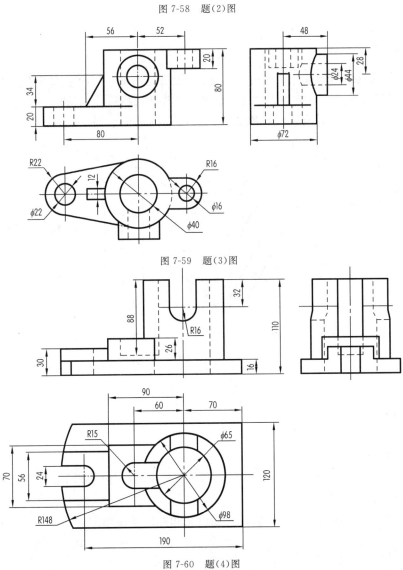

图 7-59　题(3)图

图 7-60　题(4)图

任务 8

平面图形的参数化绘制

利用 AutoCAD 的参数化功能按 1 ∶ 1 的比例绘制图 8-1 所示平面图形。要求：先画出图形的大致形状，然后给所有对象添加几何约束及标注约束，使图形处于完全约束状态，并且图形正确，线型、标注符合国家标准规定。

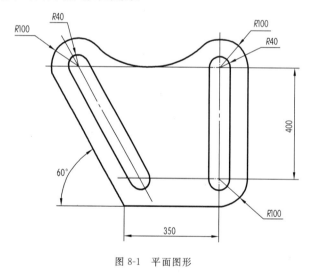

图 8-1　平面图形

1. 知识目标

掌握"约束设置"对话框的使用方法；掌握几何约束和标注约束的添加与编辑方法。

2. 技能目标

能够正确使用 AutoCAD 的参数化功能绘制和标注平面图形。

知识储备 >>>

一、几何约束

几何约束用于确定二维对象间或对象上各点间的几何关系,如平行、垂直、同心或重合等。例如,可添加平行约束使两条线段平行,添加重合约束使两端点重合等。

1. 几何约束的种类与功能

几何约束的种类、标记与功能见表 8-1。

表 8-1　　　　　　　　　　　　　几何约束的种类、标记与功能

名称	标记	功能
重合约束	⊥	使两个点或一个点和一条直线重合
垂直约束	⋎	使两条直线或多段线的夹角保持 90°
平行约束	∥	使两条直线保持相互平行
相切约束	⌀	使两条曲线保持相切或与其延长线保持相切
水平约束	═	使一条直线或一对点与当前 UCS 的 X 轴保持平行
竖直约束	∦	使一条直线或一对点与当前 UCS 的 Y 轴保持平行
共线约束	⋎	使两条直线位于同一条无限长的直线上
同心约束	◎	使选定的圆、圆弧或椭圆保持同一中心点
平滑约束	⤳	使一条样条曲线与其他样条曲线、直线、圆弧或多段线保持几何连续性
对称约束	⫾	使两个对象或两个点关于选定直线保持对称
相等约束	=	使两条直线或多段线具有相同长度,或使圆弧具有相同半径值
固定约束	🔒	使一个点或一条曲线固定到相对于世界坐标系(WCS)的指定位置和方向上

2. 几何约束的添加

通过【参数】→【几何约束】命令的子菜单(图 8-2(a))或〖参数化〗工具栏(图 8-2(b))或"参数化"选项卡的"几何"面板(图 8-2(c)),可添加几何约束。在添加几何约束时,选择两个对象的顺序将决定对象怎样更新。通常,所选的第二个对象会根据第一个对象进行调整。例如,应用垂直约束时,选择的第二个对象将调整为垂直于第一个对象。

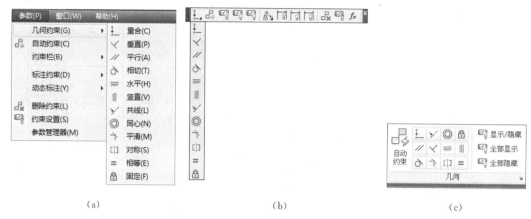

（a） （b） （c）

图 8-2 添加几何约束的方式

【例 8-1】 绘制并给图中对象添加几何约束，图形尺寸任意，结果如图 8-3 所示。
操作步骤如下：

（1）绘制平面图形，图形尺寸任意，如图 8-4（a）所示；修剪多余线条，如图 8-4（b）所示。

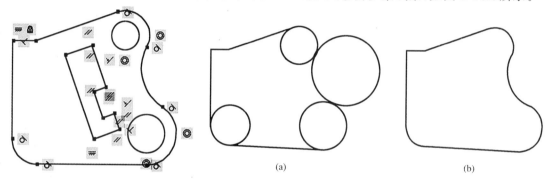

（a） （b）

图 8-3 绘图并添加几何约束

图 8-4 绘制平面图形

（2）单击〖参数化〗工具栏上的"自动约束"按钮 ，然后选择所有图形对象，AutoCAD
自动对已选对象添加几何约束，如图 8-5 所示。

（3）添加固定、相切、水平约束，结果如图 8-6 所示，操作方法如下：

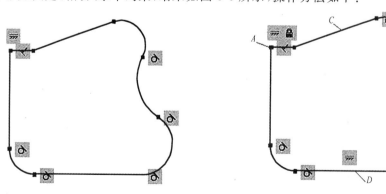

图 8-5 自动添加几何约束

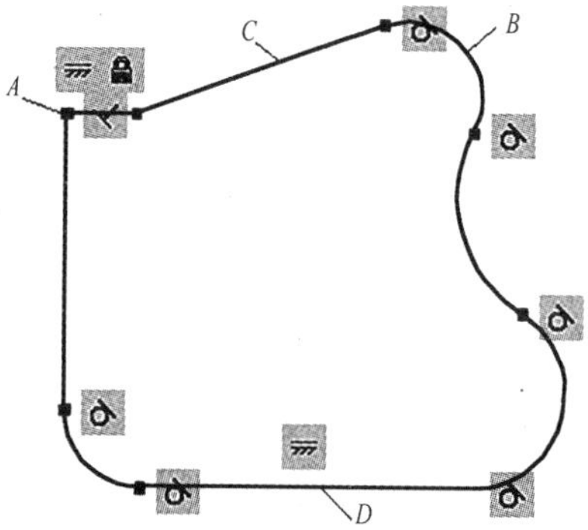

图 8-6 添加固定、相切、水平约束

①添加固定约束：单击"固定"按钮 ，捕捉图 8-6 中的 A 点。

②添加相切约束：单击"相切"按钮 ，先选择图 8-6 中的圆弧 B，再选线段 C。

③添加水平约束：单击"水平"按钮 ，选择图 8-6 中的线段 D。

（4）添加同心约束。操作方法是：首先绘制两个圆，如图 8-7（a）所示，其次单击"同心"按钮 ，再依次单击图 8-7（a）中右上圆弧和圆，再次单击"同心"按钮 ，再依次单击图 8-7（a）中右下圆弧和圆，完成同心约束的添加，结果如图 8-7（b）所示。

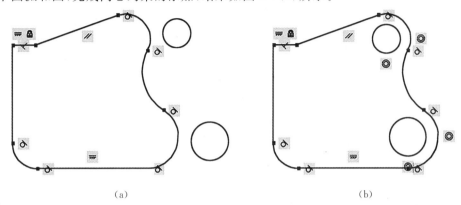

(a)　　　　　　　　　　　　　　　(b)

图 8-7　添加同心约束

（5）绘制图 8-8 所示的内部的八边形，八边形尺寸任意，然后为八边形添加自动约束，再在线段 E、F 间加入平行约束，结果如图 8-3 所示。

3.几何约束的编辑

添加几何约束后，在对象的旁边出现约束图标，将光标移动到图标或图形对象上，AutoCAD 将亮显相关的对象及约束图标，对已加到图形中的几何约束可以进行显示、隐藏和删除等操作。

例如，绘制平面图形，并添加几何约束，如图 8-9（a）所示。图中两条长线段平行且相等，两条短线段垂直且

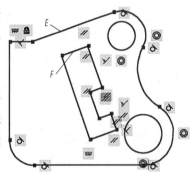

图 8-8　绘图并添加自动与平行约束

相等。单击【参数】→【约束栏】→【全部隐藏】命令或单击〖参数化〗工具栏上的"全部隐藏"按钮 ，图形中的所有几何约束将全部隐藏；单击【参数】→【约束栏】→【全部显示】命令或单击〖参数化〗工具栏上的"全部显示"按钮 ，则图形中所有的几何约束将全部显示。选择受约束的对象，单击【参数】→【删除约束】命令或单击〖参数化〗工具栏上的"删除约束"按钮 ，将删除图形中该对象的所有约束。将光标放到某一约束上，该约束将加亮显示，单击鼠标右键弹出快捷菜单，如图 8-9（b）所示；选择快捷菜单中的【删除】命令可以将该几何约束删除；选择快捷菜单中的【隐藏】命令，该几何约束将被隐藏。要想重新显示被隐藏的几何约束，单击〖参数化〗工具栏上的"显示约束"按钮 后再选择对象，在命令行的提示下按两次 Enter 键，即可使被隐藏的几何约束重新显示。

4.修改已添加几何约束的对象

可通过以下方式编辑受约束的几何对象：

（1）使用夹点编辑模式修改受约束的几何图形，该图形会保留应用所有约束。

（2）使用 MOVE、COPY、ROTATE 和 SCALE 等命令修改受约束的几何图形后，结果会保留应用于对象的约束。

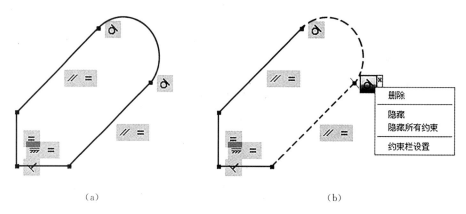

(a)   (b)

图 8-9　编辑几何约束

（3）在有些情况下，使用 TRIM、EXTEND 及 BREAK 等命令修改受约束的几何对象后，所加约束将被删除。

二、标注约束

标注约束控制二维对象的大小、角度及两点间距离等，此类约束可以是数值，也可是变量及方程式。改变标注约束，则约束将驱动对象发生相应变化，但对被约束对象进行多种编辑操作，不会改变对象及对象之间被约束的尺寸。

1. 标注约束的种类与功能

标注约束的种类、标记与功能见表 8-2。

表 8-2　　　　　　　　　　　　标注约束的种类、标记与功能

名称	标记	功能
对齐约束		约束两点、点与直线、直线与直线间的距离
水平约束		约束两点之间的水平距离
竖直约束		约束两点之间的竖直距离
角度约束		约束直线间的夹角、圆弧的圆心角或三个点构成的角度
半径约束		约束圆或者圆弧的半径
直径约束		约束圆或者圆弧的直径

2. 标注约束的添加

标注约束分为两种形式：动态约束和注释性约束。默认情况下是动态约束，系统变量 CCONSTRAINTFORM 为 0。若该系统变量为 1，则默认为注释性约束。

动态约束：标注外观由固定的预定义尺寸标注样式决定（在任务 7 中介绍了尺寸标注样式），不能修改，且不能被打印。

注释性约束：标注外观由当前标注样式控制，可以修改，也可打印。可把注释性约束放

在同一图层上,设置颜色及改变可见性。

　　动态约束与注释性约束间可相互转换,选择标注约束后单击鼠标右键,在弹出的快捷菜单中选择【特性】命令,系统弹出"特性"选项板,在"约束形式"下拉列表框中指定标注约束要采用的形式。

　　通过【参数】→【标注约束】命令的子菜单(图 8-10(a))或〖参数化〗工具栏(图 8-10(b))或"参数化"选项卡的"标注"面板(图 8-10(c)),可添加标注约束。

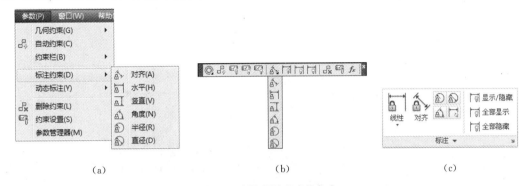

(a)　　　　　　　　　　　　　　(b)　　　　　　　　　　　　　(c)

图 8-10　添加标注约束的方式

　　【例 8-2】　绘制平面图形,图形尺寸任意,添加几何约束及标注约束,使图形处于完全约束状态,结果如图 8-11 所示。

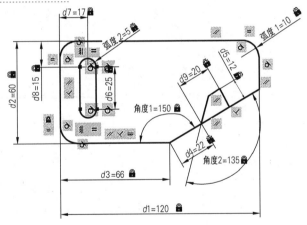

图 8-11　绘图并添加几何约束及标注约束

　　操作步骤如下:

　　(1)设定绘图区域大小为 200 mm×200 mm,并使该区域充满显示在整个绘图窗口,之后打开"极轴追踪"、"对象捕捉"及"对象捕捉追踪"功能,设定对象捕捉方式为"端点"、"交点"及"圆心"。

　　(2)绘制图形,图形尺寸任意,如图 8-12 所示。让 AutoCAD 自动约束图形,对圆心 A 添加固定约束,对所有圆弧添加相等约束,如图 8-13 所示。

　　(3)添加标注约束,操作方法如下:

　　①添加水平约束:单击"水平"按钮,捕捉图 8-14 所示的 B、C 两点后单击放置尺寸线的位置,并输入约束值 120,创建水平标注约束。

②添加角度约束：单击"角度"按钮，选择图 8-14 所示的线段 D、E 后单击放置尺寸线的位置，并输入角度值 150，创建角度约束。

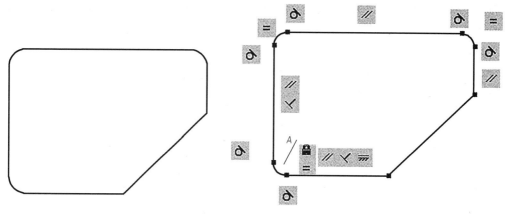

图 8-12　绘图　　　　　　　　　　　　　　　　图 8-13　添加几何约束

③添加半径约束：单击"半径"按钮，选择图 8-14 所示的圆弧 F 后单击放置尺寸线的位置，并输入半径值 10，创建半径约束。

继续创建水平与竖直约束，隐藏几何约束，结果如图 8-15 所示。添加标注约束的一般顺序是，先定形，后定位；先大尺寸，后小尺寸。

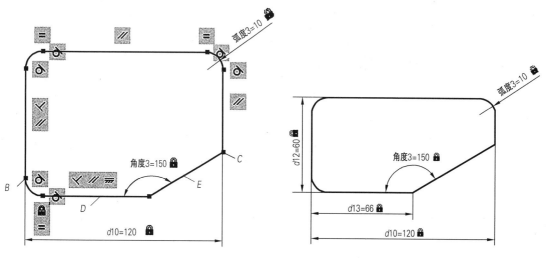

图 8-14　添加水平、角度、半径约束　　　　　　图 8-15　添加水平与竖直约束

（4）继续绘制右中部的图形，图形尺寸任意，如图 8-16 所示。让 AutoCAD 自动约束新图形，然后添加平行及垂直约束，如图 8-17 所示。

（5）继续添加对齐与角度约束，隐藏几何约束，如图 8-18 所示。

（6）继续绘制左中部的图形，图形尺寸任意，如图 8-19 所示。修剪多余线条，添加几何与标注约束，如图 8-20 所示。

（7）逐一双击标注约束，修改标注约束名称，结果如图 8-11 所示。

（8）保存图形。

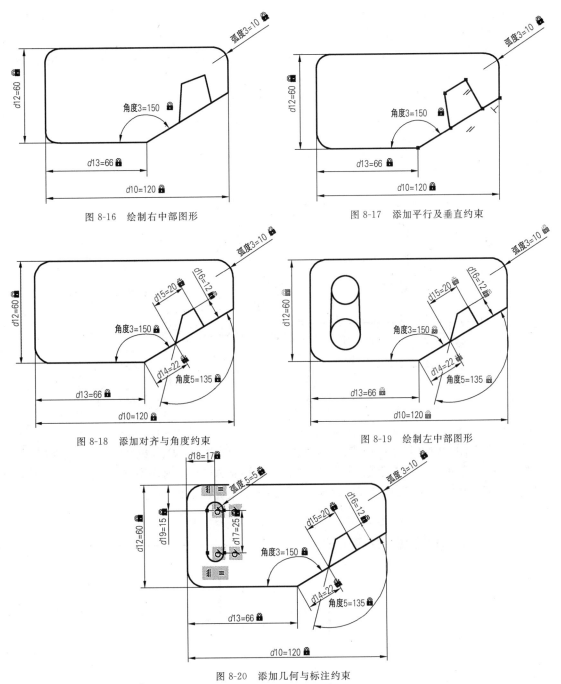

图 8-16　绘制右中部图形　　　　　　　图 8-17　添加平行及垂直约束

图 8-18　添加对齐与角度约束　　　　　　图 8-19　绘制左中部图形

图 8-20　添加几何与标注约束

3. 编辑标注约束

对于已创建的标注约束,可采用以下方式进行编辑:

(1)双击标注约束或利用 DDEDIT 命令编辑约束的值、变量名称或表达式。

(2)选中标注约束,拖动与其关联的三角形关键点改变约束的值,同时驱动图形对象改变。

(3)选中约束,单击鼠标右键,利用弹出的快捷菜单中的相应命令编辑约束。

(4)利用"特性"选项板或"快捷特性"选项板编辑标注约束。

例如：(1)继续以图 8-20 为例，双击"*d*10"，将总长尺寸由 120 改为 100，双击"角度 3"，将"角度 3"的尺寸由 150 改为 130，隐藏几何约束，结果如图 8-21 所示。

(2)单击〖参数化〗工具栏上的"全部隐藏"按钮，将图中所有标注约束全部隐藏，之后再单击"全部显示"按钮，将所有标注约束再显示出来。

(3)选中所有标注约束，单击鼠标右键，在弹出的快捷菜单中选择【特性】命令，系统弹出"特性"选项板，如图 8-22 所示。在"约束形式"下拉列表中选择"注释性"选项，则动态标注约束转换为注释性标注约束。

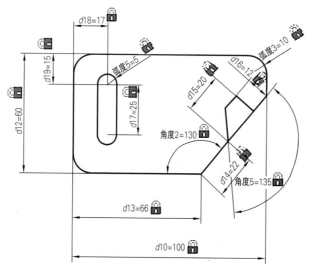

图 8-21　编辑标注约束

图 8-22　"特性"选项板

(4)修改标注约束名称的格式。单击【参数】→【约束设置】命令，系统弹出"约束设置"对话框，如图 8-23 所示。在"标注"选项卡的"标注名称格式"下拉列表中选择"值"选项，再取消对"为注释性约束显示锁定图标"复选框的选择，结果如图 8-24 所示。

图 8-23　"约束设置"对话框——"标注"选项卡

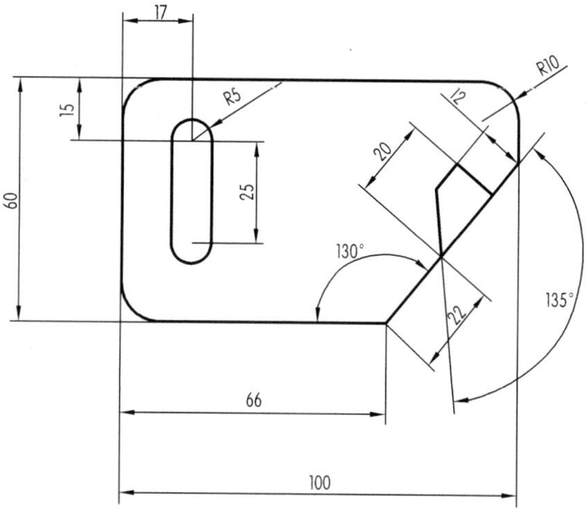

图 8-24　修改标注约束名称的格式

4. 用户变量及方程式

标注约束通常是数值形式，但也可采用自定义变量或数学表达式。选择【参数】→【参数管理器】命令或单击〖参数化〗工具栏上的"参数管理器"按钮 *fx*，系统弹出"参数管理器"选项板,如图 8-25 所示。此选项板上列出了所有标注约束及用户变量,利用它可轻松地对约束和变量进行管理。操作方法是单击标注约束的名称以亮显图形中的约束;双击名称或表达式进行编辑;单击鼠标右键,在弹出的快捷菜单中选择【删除】命令以删除标注约束或用户变量;单击列标题名称对相应列进行排序。

图 8-25　"参数管理器"选项板

标注约束或变量采用表达式时,常用的运算符及数学函数见表 8-3 及表 8-4。

表 8-3　　　　　　　　　　　　　　常用的运算符

运算符	说明	运算符	说明
＋	加	/	除
—	减或取负值	^	求幂
*	乘	( )	圆括号或表达式分隔符

表 8-4　　　　　　　　　　　　　　常用的数学函数

函数	语法	函数	语法
余弦	cos(表达式)	反余弦	acos(表达式)
正弦	sin(表达式)	反正弦	asin(表达式)
正切	tan(表达式)	反正切	atan(表达式)
平方根	sqrt(表达式)	幂函数	pow(表达式 1;表达式 2)
对数,基数为 e	ln(表达式)	指数函数,底数为 e	exp(表达式)
对数,基数为 10	log(表达式)	指数函数,底数为 10	exp10(表达式)
将度转换为弧度	d2r(表达式)	将弧度转换为度	r2d(表达式)

三、推断约束

单击 AutoCAD 2013 状态栏上的"推断约束"按钮,使其变为天蓝色,或者在图 8-26 所示的"约束设置"对话框的"几何"选项卡中选择"推断几何约束"复选框,即启动了"推断约束"功能。这时,用户在绘图窗口中绘制图形,即可显示约束标记,在约束标记上单击鼠标右键,利用弹出的快捷菜单命令可以进行删除约束标记、隐藏所选约束标记和隐藏绘图窗口中所有的约束标记等操作。

启用"推断约束"模式会自动在正在创建或编辑的对象与对象捕捉的关联对象或点之间应用约束。例,使用直线和多段线命令可推断点到点重合约束,即"闭合"选项在第一条直线的起点和最后一条直线的端点之间推断重合约束;矩形命令对闭合多段线应用一对平行约束和一个垂直约束;圆角命令在新创建的圆弧与现有修剪或延伸后的直线对之间应用相切约束和重合约束;倒角命令在新创建的直线与现有修剪或延伸后的直线对之间应用重合约束;移动、复制或拉伸时,如果已编辑对象的基点是该对象的有效约束点,则可以在编辑的对象和要捕捉到的对象之间应用重合、垂直、平行或相切约束。但是,推断约束不支持交点、外观交点、延伸线、象限点等对象捕捉,也无法推断固定、平滑、对称、同心、相等、共线等几何约束。另外,缩放命令、镜像命令、偏移命令、打断命令、修剪命令、延伸命令、阵列命令不受"推断约束"设置的影响。

四、约束设置

在 AutoCAD 2013 状态栏的"推断约束"按钮 上单击鼠标右键,在弹出的快捷菜单中选择【设置】命令,或者单击【参数】→【约束设置】或者单击〖参数化〗工具栏上的"约束设置"按钮 ,均可打开"约束设置"对话框(图 8-23、图 8-26、图 8-27),利用该对话框进行约束设置。

图 8-26 "约束设置"对话框——"几何"选项卡

图 8-27 "约束设置"对话框——"自动约束"选项卡

1."几何"选项卡

"几何"选项卡如图 8-26 所示,用于控制"约束栏显示设置"选项区域上几何约束类型的显示。有关选项的含义说明如下:

"推断几何约束"复选框:确定创建和编辑几何图形时是否推断几何约束。

"约束栏显示设置"选项区域:控制图形编辑中是否为对象显示约束栏或约束点标记。例如,可以为水平约束和竖直约束隐藏约束栏的显示。

【全部选择】按钮:选择全部的几何约束类型。

【全部清除】按钮:清除选定的几何约束类型。

"仅为处于当前平面中的对象显示约束栏"复选框:仅为当前平面上受几何约束的对象显示约束栏。

"约束栏透明度"选项区域:设定图形中约束栏的透明度。

"将约束应用于选定对象后显示约束栏"复选框:手动应用约束后或使用 AUTOCON-

STRAIN 命令时显示相关约束栏。

　　"选定对象时显示约束栏"复选框：临时显示选定对象的约束栏。

2."标注"选项卡

　　"标注"选项卡如图 8-23 所示，用于控制约束栏上的标注约束设置。有关选项的含义说明如下：

　　"标注约束格式"选项区域：设定标注名称格式和锁定图标的显示。

　　"标注名称格式"下拉列表框：为应用标注约束时显示的文字选择格式。可选择显示的文字格式包括"名称"、"值"或"名称和表达式"三种。

　　"为注释性约束显示锁定图标"复选框：针对已应用注释性约束的对象显示锁定图标。

　　"为选定对象显示隐藏的动态约束"：显示选定时已设定为隐藏的动态约束。

3."自动约束"选项卡

　　"自动约束"选项卡如图 8-27 所示，用于控制约束栏上的自动约束设置。有关选项的含义说明如下：

　　"自动约束"选项卡中列表框的三个标题中，"优先级"用于控制约束的应用顺序；"约束类型"用于控制应用于对象的约束类型；"应用"用于控制将约束应用于多个对象时所应用的约束。

　　【上移】按钮：通过在列表中上移选定项目来更改其顺序。

　　【下移】按钮：通过在列表中下移选定项目来更改其顺序。

　　【全部选择】按钮：选择所有几何约束类型以进行自动约束。

　　【全部清除】按钮：清除所有几何约束类型以进行自动约束。

　　【重置】按钮：将自动约束设置重置为默认值。

　　"相切对象必须共用同一交点"复选框：指定两条曲线必须共用一个点（在距离公差内指定），以便应用相切约束。

　　"垂直对象必须共用同一交点"复选框：指定直线必须相交或者一条直线的端点必须与另一条直线或直线的端点重合（在距离公差内指定）。

　　"公差"选项区域：设定可接受的公差值以确定是否可以应用约束。其中"距离"文本框用于设定可应用于重合、同心、相切和共线约束的距离公差值；"角度"文本框用于设定可应用于水平、竖直、平行、垂直、相切和共线约束的角度公差值。

五、参数化绘图的一般步骤

　　用直线、圆及偏移等命令绘图时，必须输入准确的数据参数，保证绘制完成的图形是精确无误的。若要改变图形的形状及大小，一般要重新绘制。利用 AutoCAD 的参数化功能绘图，创建的图形对象是可变的，其形状及大小由几何及标注约束控制。当修改这些约束后，图形就发生相应变化。因此，利用参数化功能绘图的步骤与采用一般绘图命令绘图是不同的，主要作图过程如下：

　　(1)根据图样的大小设定绘图区域大小，并将绘图区域充满显示于绘图窗口，这样就能了解随后绘制的草图轮廓的大小，而不至于使草图形状失真太大。

　　(2)将图形分成外轮廓及多个内轮廓，按先外后内的顺序绘制。

　　(3)绘制外轮廓的大致形状，创建的图形对象其大小是任意的，相互间的位置关系如平行、垂直等是近似的。

（4）根据设计要求对图形元素添加几何约束，确定它们间的几何关系。一般先让 Auto-CAD 自动创建约束（如重合、水平等），然后加入其他约束。为使外轮廓在 XY 坐标平面的位置固定，应对其中某点施加固定约束。

（5）添加标注约束，确定外轮廓中各图形元素的精确大小及位置。创建的尺寸包括定形及定位尺寸，标注顺序一般为先大后小，先定形后定位。

（6）采用相同的方法依次绘制各个内轮廓。

任务实施 >>>

第 1 步： 设定绘图区域大小为 800 mm×800 mm，并使该区域充满显示于整个绘图窗口。

第 2 步： 打开"极轴追踪"、"对象捕捉"及"自动追踪"功能，设定对象捕捉方式为"端点"、"交点"及"圆心"。

第 3 步： 用直线、圆及修剪等命令绘制图形，图形尺寸任意，如图 8-28（a）所示。修剪多余线条并圆角形成外轮廓草图，如图 8-28（b）所示。

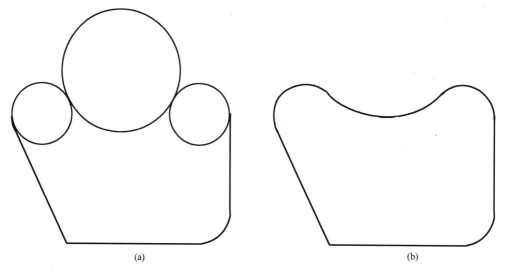

(a)   (b)

图 8-28 绘制外轮廓草图

第 4 步： 启动"自动添加几何约束"功能，给所有图形对象添加几何约束，如图 8-29 所示。

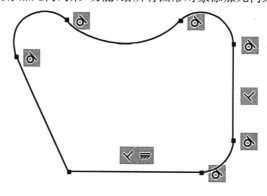

图 8-29 自动添加几何约束

第 5 步：给圆弧 A、B、C 添加相等约束；给左下角点添加固定约束；给圆心 D、F 及圆弧中点 E 添加水平约束，使三点位于同一条水平线上。

首先单击 = 按钮，根据提示分别选择圆弧 A 和 B 来添加相等约束，再单击 = 按钮，根据提示分别选择圆弧 A 和 C 来添加相等约束，使 3 个圆弧的半径相等；再单击 🔒 按钮，捕捉并单击图 8-29 所示的左下角的点来添加固定约束，结果如图 8-30(a)所示。

其次激活"推断约束"功能，使用"点"命令在 D、F、E 处绘制点，如图 8-30(b)所示；单击 ═ 按钮执行"水平约束"命令，根据命令行提示，单击"两点(2P)"选项或输入"2P↙"后依次单击 D 点和 F 点添加水平约束；重复执行"水平约束"命令，依次单击 F 点和 E 点添加水平约束，结果如图 8-30(c)所示。

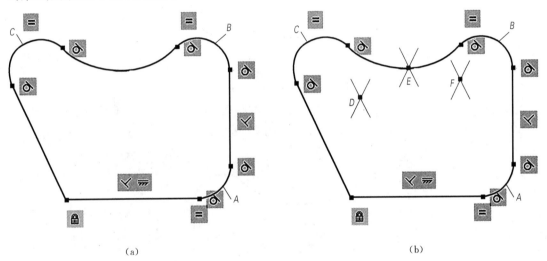

(a)   (b)

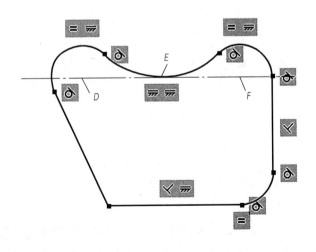

(c)

图 8-30　创建约束

第 6 步：单击〖参数化〗工具栏上的"全部隐藏"按钮，隐藏几何约束，并添加半径约束、角度约束、水平约束、竖直约束，如图 8-31 所示。将角度值修改为 60°，结果如图 8-32 所示。

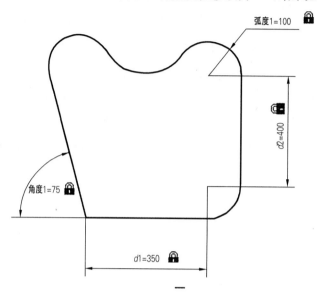

图 8-31　添加标注约束

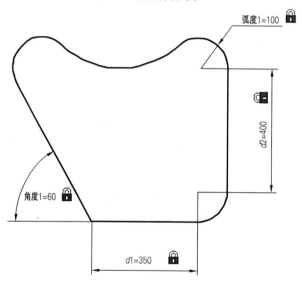

图 8-32　修改角度约束

第 7 步：绘制圆及线段，如图 8-33 所示。修剪多余线条并自动添加几何约束，如图 8-34 所示。

第 8 步：给圆弧 G、H 添加同心约束；给线段 I、J 添加平行约束等，如图 8-35 所示。

第 9 步：复制线框，如图 8-36 所示。对新线框添加同心约束，如图 8-37 所示。

第 10 步：使圆弧 L、M 的圆心位于同一条水平线上，并让它们的半径相等，如图 8-38 所示。

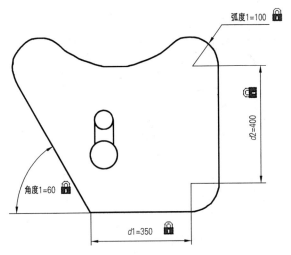

图 8-33　绘制圆及线段

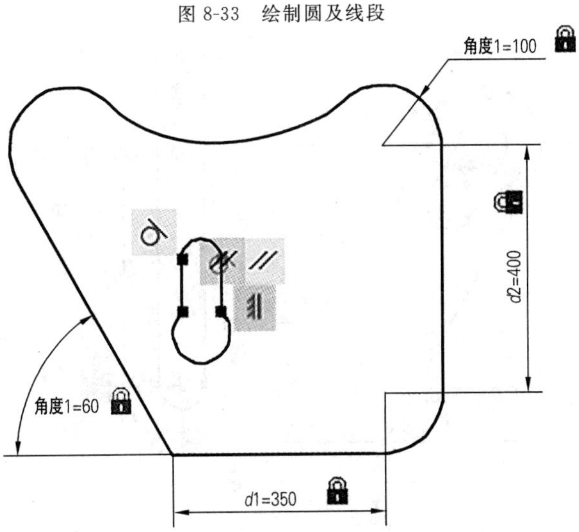

图 8-34　修剪多余线条并自动添加几何约束

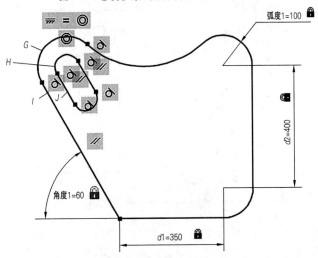

图 8-35　添加同心、平行约束

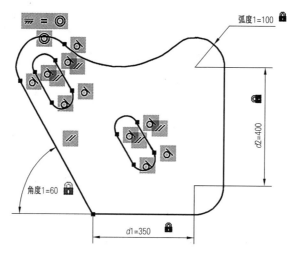

图 8-36　复制线框

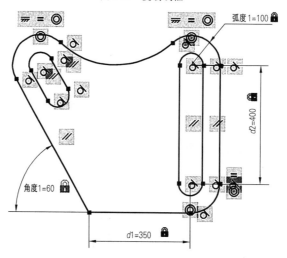

图 8-37　添加同心约束

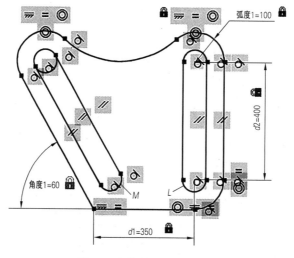

图 8-38　添加水平和相等约束

第 11 步：添加半径约束，使圆弧的半径尺寸为 40，如图 8-39 所示。将半径值由 40 改为 30，结果如图 8-40 所示。

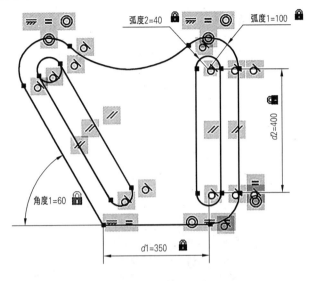

图 8-39　添加半径约束

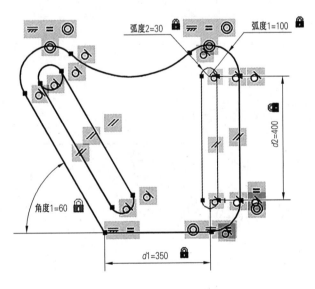

图 8-40　修改半径约束

第 12 步：修改标注约束名称的格式。在"约束设置"对话框的"标注"选项卡中设置"标注名称格式"为"值"，再取消"为注释性约束显示锁定图标"复选框的选择，之后绘制中心线，结果如图 8-1 所示。

第 13 步：保存图形。

任务检测与技能训练 >>>

1. 利用 AutoCAD 的参数化功能绘制平面图形,如图 8-41 所示。先画出图形的大致形状,然后给所有对象添加几何约束及标注约束,使图形处于完全约束状态。修改其中部分尺寸使图形变形,结果如图 8-42 所示。

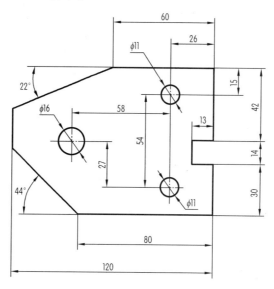

图 8-41 1 题(1)图

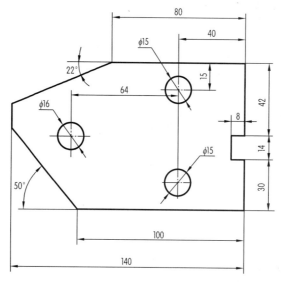

图 8-42 1 题(2)图

2. 绘制如图 8-43 所示的两个图形,尺寸任意。给所有对象添加几何约束及标注约束,使图形处于完全约束状态。

注意：创建阵列后绘制定位线（中心线），选择所有圆及定位线，启动"自动添加约束"功能创建几何约束。给定位线添加标注约束，修改尺寸值，则圆的位置发生变化。

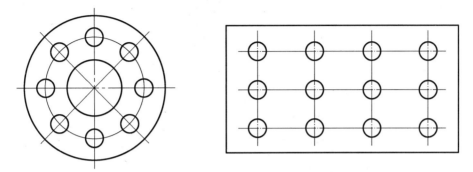

图 8-43 2 题图

3. 利用 AutoCAD 的参数化功能绘制平面图形，如图 8-44 至图 8-47 所示。先画出图形的大致形状，然后给所有对象添加几何约束及标注约束，使图形处于完全约束状态。

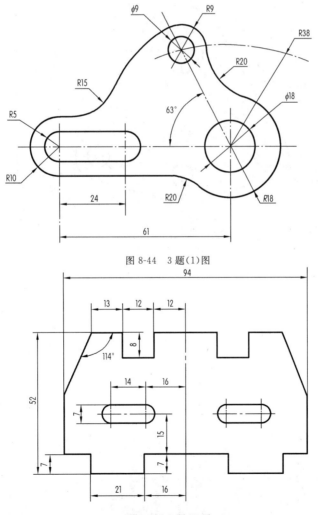

图 8-44 3 题（1）图

图 8-45 3 题（2）图

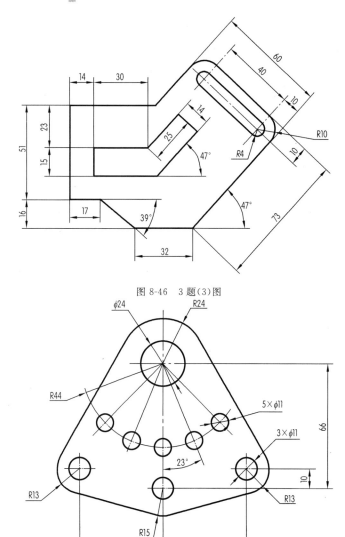

图 8-46　3 题(3)图

图 8-47　3 题(4)图

任务 9

轴套类零件图的绘制

任务描述 >>>

选择 A3 图幅和合适比例绘制图 9-1 所示的轴零件图。要求:布图匀称,图形正确,线型符合国家标准规定,标注尺寸和公差;但不标注表面粗糙度,不填写"技术要求"及标题栏。

任务目标 >>>

1. 知识目标

了解轴套类零件图的表达方法与特点,掌握轴套类零件图的绘制方法和引线命令及多重引线命令的使用方法,重点掌握尺寸公差与几何公差的标注方法和局部放大图的画法。

2. 技能目标

能选择合适的命令与方法绘制和标注轴套类零件图。

知识储备 >>>

一、机械样板文件的建立与调用

1. 样板文件的建立

建立样板文件(以"A3 横装"样板文件为例)的步骤如下:

(1)设置绘图环境

创建新图形文件:启动"新建"命令,从弹出的"选择样板"对话框中选择"acadiso.dwt"样板文件,单击【打开】按钮,以此为基础建立样板文件。

设置绘图单位:启动"单位"命令,从弹出的"图形单位"对话框中设置长度"类型"为"小数","精度"为"0"。设置角度"类型"为"十进制度数","精度"为"0"。

设置"A3 横装"图形界限:启动"图形界限"命令后,根据 AutoCAD 命令行的操作提示进行设置。

使绘图界限充满显示区:输入 Z↙,输入 A↙。

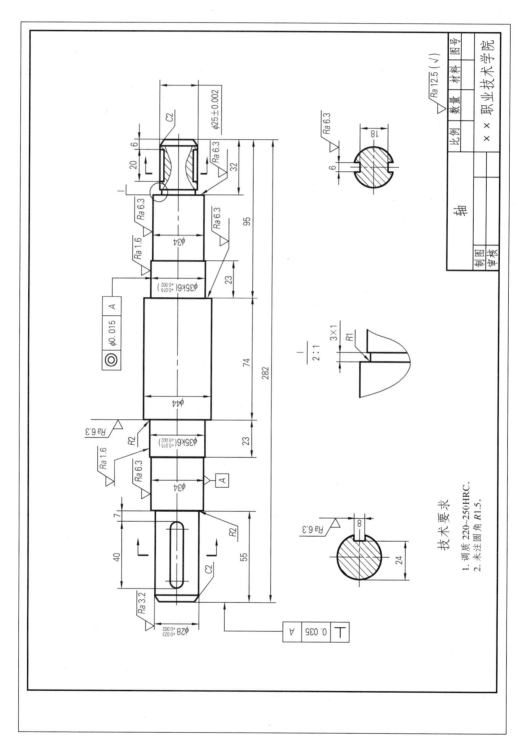

图 9-1 轴零件图

（2）设置图层

根据《机械制图 图样画法 图线》（GB/T 4457.4—2002）和《机械工程 CAD 制图规则》（GB/T 14665—2012），一般需要创建粗实线、细实线、虚线、中心线、文字、尺寸、图案等七个常用图层，具体设置见表 9-1。设置图层的方法详见任务 2。

表 9-1　　　　　　　　　　　　　　绘制零件时的图层设置

图层名	颜色	线型	线宽/mm
粗实线	黑色	Continuous	0.5
细实线	绿色	Continuous	0.25
虚线	黄色	HIDDEN	0.25
中心线	红色	CENTER	0.25
文字	黑色	Continuous	0.25
标注	黑色	Continuous	0.25
图案	绿色	Continuous	0.25
图框标题栏	绿色或黑色（根据线宽设置）	Continuous	0.25 或 0.5（根据国家标准设置）

（3）设置文字样式

微课16

轴零件图的绘制
（设置文字样式）

零件图中有文字说明的汉字和标注尺寸的数字和字母，根据《技术制图 字体》（GB/T 14691—1993），需要创建"汉字"和"标注"两种文字样式。"汉字"样式选用"gbenor. shx"字体，并选择"使用大字体"复选框，大字体样式为"gbcbig. shx"；"标注"样式选用"gbenor. shx"或 "gbeitc. shx"字体，不需要选择"使用大字体"复选框。设置文字样式的方法详见任务 7 和任务 11。

（4）设置尺寸标注样式

创建尺寸标注样式，其要求及各参数设置详见任务 7。主要包括水平样式、与尺寸线对齐样式、ISO 标准样式、非圆视图上标注直径的样式、公差样式等。

①非圆视图上标注直径的样式的设置

设置过程基本和与尺寸线对齐样式的设置相同，不同之处是：在"新样式名"文本框中输入样式名称，如"非圆直径"；在"基础样式"下拉列表中选择"与尺寸线对齐"；在"新建标注样式：非圆直径"对话框中仅对"主单位"选项卡进行设置，即在"前缀"文本框中输入直径符号的控制码"％％c"，其他使用缺省值。

②公差样式的设置

公差样式分为公差-对称尺寸样式和公差-不对称尺寸样式两种，其设置方法如下：

公差-对称尺寸样式的设置：设置过程基本和与尺寸线对齐样式的设置相同，不同之处是：在"新样式名"文本框中输入"公差-对称"；在"基础样式"下拉列表中选择"与尺寸线对齐"；在"新建标注样式：公差-对称"对话框中仅对"公差"选项卡进行设置，即在"方式"下拉列表中选择"对称"，在"精度"下拉列表中选择"0.000"，在"上偏差"文本框中输入"0.002（任意三位小数的正值）"，在"消零"选项区域中"前导"和"后续"复选框均不选择，其他使用缺省值。

公差-不对称尺寸样式的设置：设置过程基本和公差-对称尺寸样式的设置相同，不同之处是：在"新样式名"文本框中输入"公差-不对称"；在"基础样式"下拉列表中选择"公差-对称"；在"新建标注样式：公差-不对称"对话框中仅对"公差"选项卡进行设置，即在"方式"下拉列表中选择"极限偏差"，在"上偏差"文本框中输入"0.021（任意三位小数的正值）"，在"下偏差"文本框中输入"0.003(任意三位小数的正值)",在"高度比例"文本框中输入"0.7",在"公差对齐"选项区域中选择"对齐运算符"单选按钮。

(5)绘制图框和标题栏

根据《技术制图 图纸幅面和格式》(GB/T 14689—2008)的规定,用细实线画 420 mm×297 mm 的图幅线,用粗实线画 390 mm×287 mm 的图框线(图纸左边留 25 mm,其余三边留 5 mm)。根据《技术制图 标题栏》(GB/T 10609.1—2008)的规定,用粗实线画标题栏外框线,用细实线画标题栏分栏线,之后用建好的文字样式填写标题栏中相关的不变文字即可。

(6)保存样板文件

单击【文件】→【另存为】命令,弹出"图形另存为"对话框,在"文件类型"下拉列表框中选择"AutoCAD 图形样板(*.dwt)",输入文件名为"A3 横装";再单击【保存】按钮,弹出"样板选项"对话框,在"说明"文本框中输入"国标横装机械零件样板图",之后单击【确定】按钮,完成样板文件的建立。

如果还想创建 A4、A2 等其他图幅的样板文件,在此基础上可以快速创建出来。例如要创建"A2 横装"样板文件,可执行"新建"命令,在弹出的"选择样板"对话框中选取已建好的"A3 横装"样板文件,则打开的新文件中包含"A3 横装"样板文件的所有信息,这时通过"图形界限"命令输入右上角点坐标(594,420),图形界限就变为 A2 的图幅大小(打开栅格即可验证),但其中边框、图框大小仍没改变。此时需用"拉伸(STRETCH)"命令将边框、图框(不包括标题栏)拉伸到国标规定的尺寸,保存为"A2 横装"样板文件即可。方法是:执行"拉伸"命令,使用窗交方式选择右侧图框线之右的上、下、右边的边框线,以右上角点为基点,将其向右拉伸 5mm;用同样的方法将上侧图框线之上的左、右、上边的边框线向上拉伸 5 mm,将下侧图框线之下的左、右、下边的边框线,以右下角点为基点将其向下拉伸 5 mm;继续执行"拉伸"命令,使用窗交方式选择标题栏左侧的所有边框线和图框线,以左上角点为基点将其向左拉伸 169 mm;用同样的方法将标题栏上侧的所有边框线和图框线向上拉伸 113 mm,这时,保存为"A2 横装"样板文件即可。

2. 样板文件的调用

样板文件建好后,每次绘图都可以调用样板文件开始绘制新图。调用"A3 横装"样板文件的方法是:单击【文件】→【新建】命令,从弹出的"选择样板"对话框中双击"A3 横装"样板文件即可。

二、快速引线命令

"快速引线"命令的注释内容是多行文字、几何公差、块,还可以在图形中选定多行文字、单行文字、公差或块参照对象作为副本,连接到引线末端。

在 AutoCAD 中,"快速引线"命令不能测量距离,常用于倒角和几何公差的标注。在 AutoCAD 2013 中,执行"快速引线"命令的方式是通过键盘输入 QLEADER ✓ 或 LE ✓。如果要改变引线格式,在启动"快速引线"命令后,AutoCAD 提示:

指定第一个引线点或[设置(S)]<设置>:**S** ✓

系统弹出如图 9-2(a)所示的"引线设置"对话框,对话框中有"注释""引线和箭头""附着"三个选项卡。单击相应的选项卡按钮,可在打开的选项卡中设置注释类型、引线格式及文字的附着位置等,如图 9-2 所示。

(a)

(b)

（c）

图 9-2　"引线设置"对话框

【例 9-1】　标注图 9-1 中倒角尺寸 C2。

操作步骤如下：

命令:QLEADER↙　　　　　　　　　　　　　　//执行"引线"命令

指定第一个引线点或[设置(S)]<设置>:↙　　　//回车,进行引线设置

系统弹出如图 9-2(a)所示的对话框,打开"引线和箭头"选项卡,如图 9-2(b)所示,在"箭头"下拉列表中选择"无";再打开"附着"选项卡,如图 9-2(c)所示,选择"最后一行加下划线"复选框,之后单击【确定】按钮。这时 AutoCAD 提示：

指定第一个引线点或[设置(S)]<设置>:**捕捉第一点**　　//选择第一个引线点

指定下一点:**在倒角延长线上单击捕捉第二点**　　　//选择放置引线第二点

指定下一点:**在与第二点纵坐标相同的位置单击捕捉第三点**

　　　　　　　　　　　　　　　　　　　　　　//选择放置引线第三点

指定文字宽度 <0>:**5**↙　　　　　　　　　　　//设置文字宽度

输入注释文字的第一行 <多行文字(M)>:**C2**↙　　//输入文字 C2

输入注释文字的下一行:↙　　　　　　　　　　//回车结束命令

三、多重引线命令

机械制图中的多重引线一般由箭头、引线、基线和注释内容（文字或块或无）四部分组成，如图9-3所示。引线可以是直线或样条曲线，注释内容可以是文字、图块等多种形式。〖多重引线〗工具栏如图9-4所示。标注多重引线之前也要像标注尺寸一样，首先设置多重引线样式，然后进行标注。

图9-3 多重引线的组成部分　　　　　　　　图9-4 〖多重引线〗工具栏

1. 新建或修改多重引线样式

多重引线样式可以指定基线、引线、箭头和注释内容的格式，用于控制多重引线对象的外观。

（1）执行"多重引线样式"命令的方式

①菜单命令：【格式】→【多重引线样式】。

②工具栏：〖多重引线〗工具栏→"多重引线样式"按钮。

③键盘输入：MLEADERSTYLE ↙ 或 MLS ↙。

（2）"多重引线样式管理器"对话框中各选项的功能

执行"多重引线样式"命令，AutoCAD弹出如图9-5所示的"多重引线样式管理器"对话框，其中各选项的功能如下：

"当前多重引线样式"标签：用于显示当前多重引线样式的名称。

"样式"列表框：用于列出已有的多重引线样式的名称。

"列出"下拉列表框：用于确定要在"样式"列表框中列出的多重引线样式，有"所有样式"和"正在使用的样式"两种选择。

"预览"框：用于预览在"样式"列表框中所选中的多重引线样式的标注效果。

【置为当前】按钮：用于将指定的多重引线样式设为当前样式。设置方法为：在"样式"列表框中选择对应的多重引线样式，单击【置为当前】按钮。

【新建】按钮：用于创建新多重引线样式。单击该按钮，AutoCAD弹出如图9-6所示的"创建新多重引线样式"对话框，从中可以给新建样式命名。

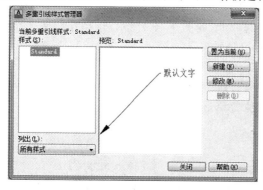

图9-5 "多重引线样式管理器"对话框

图9-6 "创建新多重引线样式"对话框

单击如图 9-5 所示的"多重引线样式管理器"对话框中的【修改】按钮,或者单击如图 9-6 所示的"创建新多重引线样式"对话框中的【继续】按钮,AutoCAD 弹出如图 9-7 所示的"修改多重引线样式"对话框。

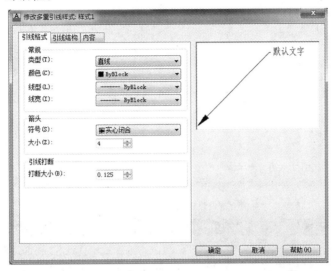

图 9-7　"修改多重引线样式"对话框——"引线格式"选项卡

(3)"修改多重引线样式"对话框中各选项的功能

"修改多重引线样式"对话框中有"引线格式""引线结构""内容"三个选项卡。

"引线格式"选项卡中"常规"选项区域用于设置引线的类型(有"直线"、"样条曲线"和"无"三种类型)、颜色、线型和线宽,一般不修改颜色、线型和线宽三个列表框中的值;"箭头"选项区域用于设置引线箭头的符号和大小;"引线打断"选项区域用于设置用打断标注命令打断多重引线时的断开间距。

"引线结构"选项卡中,"约束"选项区域用于设置多重引线折线段的顶点数和折线段角度。最大引线点数决定了引线的段数,系统默认的"最大引线点数"最小为 2,仅绘制一段引线;"第一段角度"和"第二段角度"分别控制第一段与第二段引线的角度。"基线设置"选项区域用于设置引线是否自动包含水平基线及水平基线的长度。当选中"自动包含基线"复选框后,"设置基线距离"复选框亮显,用户输入数值以确定引线包含水平基线的长度。"比例"选项区域用于设置引线标注对象的缩放比例。一般情况下,用户在"指定比例"文本框中输入比例值控制多重引线标注的大小,如图 9-8 所示。

"内容"选项卡中,"多重引线类型"下拉列表框用于设置引线末端的注释内容的类型,有"多行文字"、"块"和"无"三种。当注释内容的类型为"多行文字"时,应在"文字选项"选项区域设置注释文字的样式、角度、颜色、高度,设置方法与文字样式的设置相同;如果单击"默认文字"文本框右侧的 ... 按钮,则打开"文字格式"编辑器,输入默认文字后,即可显示在"默认文字"文本框中。这种情况下使用多重引线命令标注多重引线时,命令行会增加提示:

覆盖默认文字[是(Y)/否(N)]<否>:

确认是否在多重引线标注时使用默认文字。在"引线连接"选项区域确定注释内容的文字对齐方式、注释内容与水平基线的距离,如图 9-9 所示。

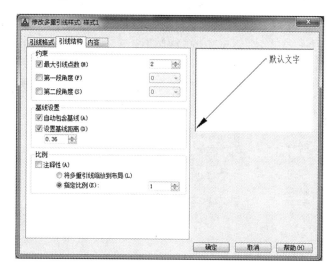

图 9-8 "修改多重引线样式"对话框——"引线结构"选项卡

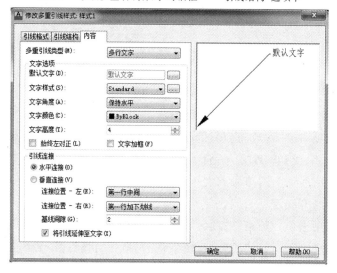

图 9-9 "修改多重引线样式"对话框——"内容"选项卡

附着在引线两侧的文字的对齐方式可以分别设置,如图 9-10 所示为"连接位置-左"设置的九种情况。

如果"多重引线类型"下拉列表框中选择了"块",则"内容"选项卡如图 9-11 所示。对话框中主要选项的功能如下:

"源块"下拉列表框:用来设置"块"的内容,若选择"用户块"选项,则可使用用户自己定义的块。

"附着"下拉列表框:用来控制"块"附着到多重引线的方式,有"插入点"和"中心范围"(中心范围块的中心)两种方式。

(4)新建或修改多重引线样式的方法

新建多重引线样式的方法为:执行"多重引线样式"命令,AutoCAD 弹出如图 9-5 所示的"多重引线样式管理器"对话框,单击【新建】按钮,AutoCAD 弹出如图 9-6 所示的"创建新多重引线样式"对话框,在"新样式名"文本框中输入多重引线样式的名称(如倒角标注)后,

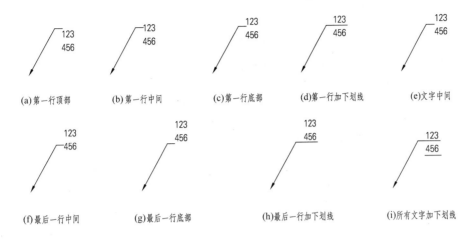

(a)第一行顶部   (b)第一行中间   (c)第一行底部   (d)第一行加下划线   (e)文字中间

(f)最后一行中间   (g)最后一行底部   (h)最后一行加下划线   (i)所有文字加下划线

图 9-10 "连接位置-左"设置的九种情况

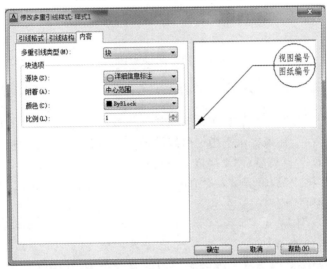

图 9-11 "修改多重引线样式"对话框——"内容"选项卡("多重引线类型"设置为"块")

单击【继续】按钮,AutoCAD 弹出如图 9-7 所示的"修改多重引线样式"对话框,通过对话框中的"引线格式"、"引线结构"和"内容"选项卡设置引线的具体形式。如果修改多重引线样式,在如图 9-5 所示的"多重引线样式管理器"对话框中选择需修改的多重引线样式(如倒角标注),之后单击【修改】按钮,打开如图 9-7 所示的"修改多重引线样式"对话框,重新设置即可。

2. 多重引线标注的步骤

(1)设置当前多重引线标注的样式

(2)执行"多重引线"命令

①菜单命令:【标注】→【多重引线】。

②工具栏:〖多重引线〗工具栏→"多重引线"按钮 。

③键盘输入:MLEADER↙。

(3)多重引线标注

执行"多重引线"命令,AutoCAD 提示:

指定引线箭头的位置或［引线基线优先(L)/内容优先(C)/选项(O)］＜选项＞：

其中，"指定引线箭头的位置"选项用于确定引线的箭头位置。"引线基线优先(L)"和"内容优先(C)"选项分别用于确定将首先确定引线基线的位置还是首先确定标注内容，用户根据需要选择即可。"选项(O)"选项用于多重引线标注的设置。

如果用户在上面给出的提示下指定一点，即指定引线的箭头位置后，AutoCAD 提示：

指定下一点：**在适当位置单击**　　　　　　　　　　　　　//指定引线的第二点

指定下一点：**在适当位置再单击**　　　　　　　　　　　　//指定引线的第三点

在该提示下依次指定各点，然后按 Enter 键，AutoCAD 弹出"文字格式"编辑器，如图 9-12 所示。

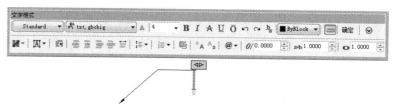

图 9-12　"文字格式"编辑器

说　明

如果设置了最大引线点数，在将要到达该点数时，命令行窗口的提示为"指定引线基线的位置："，在该提示下指定引线的最后一点位置后即达到了设置的最大点数，AutoCAD 会自动显示"文字格式"编辑器。

通过"文字格式"编辑器输入对应的多行文字后，单击"文字格式"编辑器上的【确定】按钮，即可完成引线标注。

3. 添加多重引线命令

添加多重引线命令可以为已标注的多重引线添加引线，如图 9-13 所示。其操作方法是：首先调出如图 9-4 所示的〖多重引线〗工具栏，然后单击该工具栏上的"添加引线"按钮 ，AutoCAD 提示：

选择多重引线：**单击图 9-13(a)中的多重引线 1**　　　　//选择多重引线

找到 1 个

指定引线箭头位置或［删除引线(R)］：**单击图 9-13(a)中的 2 点**

　　　　　　　　　　　　　　　　　　　　　　　　　//指定引线箭头位置

指定引线箭头位置或［删除引线(R)］↙　　　　　　　　//结束引线添加

结果如图 9-13(b)所示。

4. 删除多重引线命令

删除多重引线命令可以删除已标注的多重引线，如图 9-14 所示。其操作方法是：单击〖多重引线〗工具栏上的"删除引线"按钮 ，AutoCAD 提示：

选择多重引线：**单击图 9-14(a)中的多重引线 1 点**　　　//选择多重引线

找到 1 个

指定要删除的引线或［添加引线(A)］：**单击图 9-14(a)中的引线 2**

指定要删除的引线或〔添加引线(A)〕：↙　　　　　　//指定要删除的引线
　　　　　　　　　　　　　　　　　　　　　　//结束引线删除
结果如图9-14(b)所示。

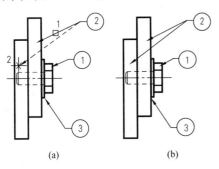
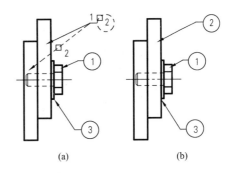

(a)　　　　　　(b)　　　　　　(a)　　　　　　(b)

图 9-13　添加多重引线　　　　　　图 9-14　删除多重引线

5. 对齐多重引线命令

对齐多重引线命令可以使已标注的多个多重引线对齐并按指定的间距排列,如图9-15所示。其操作方法是:单击〖多重引线〗工具栏上的"多重引线对齐"按钮 ⚏ ,AutoCAD提示:

选择多重引线:**单击图 9-15(a)中的多重引线 1**　　//选择多重引线

选择多重引线:**单击图 9-15(a)中的多重引线 2**　　//选择多重引线

选择多重引线:**单击图 9-15(a)中的多重引线 3**　　//选择多重引线

选择多重引线:↙　　　　　　　　　　　　　　//结束选择多重引线

当前模式:使用当前间距

选择要对齐到的多重引线或〔选项(O)〕:**单击图 9-15(b)中的多重引线 4**

　　　　　　　　　　　　　　　　　　　　//选择要对齐到的多重引线

指定方向:**移动光标至合适位置单击**　　　//指定多重引线按水平或竖直或

　　　　　　　　　　　　　　　　　　　　输入的其他角度对齐

本例按竖直方向对齐,结果如图9-15(b)所示。

📎 说　明

　　如果在"选择要对齐到的多重引线或〔选项(O)〕:"提示下,选择"选项(O)",则下一级的提示为:

　　　　输入选项〔分布(D)/使引线线段平行(P)/指定间距(S)/使用当前间距(U)〕

〈使用当前间距〉:

　　输入的选项不同,后续提示也不同,下面仅说明上面提示中各选项的含义:

　　● 分布(D):指定两点,使所选多重引线的文字内容按两点间距离等距分布。

　　● 使引线线段平行(P):使所选多重引线的引线线段相互平行。

　　● 指定间距(S):指定一个间距值后,使所选多重引线的文字内容按指定的间距分布。

　　● 使用当前间距(U):使所选多重引线的文字内容按当前指定的间距分布。

6.合并多重引线命令

合并多重引线命令可以使已标注的多个多重引线的块集中在同一条基线上,如图 9-16 所示。但特别说明的是所选多重引线的注释内容必须是块。其操作方法是:单击〖多重引线〗工具栏上的"多重引线合并"按钮 ⁄8,AutoCAD 提示:

选择多重引线:**单击图 9-16(a)中的多重引线 3**　　　//选择多重引线
选择多重引线:**单击图 9-16(a)中的多重引线 2**　　　//选择多重引线
选择多重引线:**单击图 9-16(a)中的多重引线 1**　　　//选择多重引线
选择多重引线:↙　　　　　　　　　　　　　　　//结束选择多重引线
指定收集的多重引线位置或[垂直(V)/水平(H)/缠绕(W)]＜水平＞:**单击图 9-16(b)中的 4 点**　　　　　　　　　　　　　　　// 指定多重引线的合并位置

结果如图 9-16(b)所示。

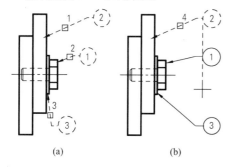

(a)　　　　　　　(b)

图 9-15　对齐多重引线

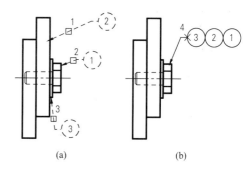

(a)　　　　　　　(b)

图 9-16　合并多重引线

四、尺寸公差标注

尺寸公差是为了有效控制零件的加工精度,许多零件图上需要标注极限偏差或公差带代号。可用三种方法标注尺寸公差。

1.设置公差标注样式后用"线性标注"命令进行标注

在机械图样中,对于不同的公差格式,可以利用"新建标注样式"对话框中的"公差"选项卡设置公差值的格式和精度,如对 $\phi 50_{-0.025}^{-0.005}$ 的上、下偏差的设置如图 9-17 所示。

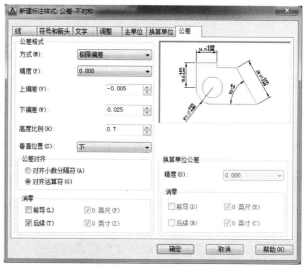

图 9-17　"新建标注样式"对话框——"公差"选项卡

在"公差格式"选项区域中,可以设置公差的方式和精度,设置时要注意以下几点:

"方式"下拉列表框:用于设置公差的方式,如"无"、"对称"、"极限偏差"、"极限尺寸"和"公称尺寸"等。

"精度"下拉列表框:设置公差值的小数位数。按公差标注标准要求应设置成"0.000"。

"上偏差"文本框:输入上极限偏差的值,在对称公差中也可使用该值。系统默认上偏差为"正",下偏差为"负",当它们相反时,先输入"一"号,再输入偏差值。当其中一项极限偏差为"0"时,先按空格键再输入"0"。

"下偏差"文本框:输入下极限偏差的值。

"高度比例"文本框:公差文字高度与公称尺寸文字高度的比值。对于"对称"偏差该值应设为"1";而对"极限偏差"则设成"0.7"。

"垂直位置"下拉列表框:设置对称和极限偏差的垂直位置,有"上"、"中"和"下"三种方式,如图 9-18 所示。按国家标准规定,此项应设成"中"。

此外,在"公差"选项卡中,还可以对"公差格式"进行"消零"设置,或对"换算单位公差"进行"精度"和"消零"设置。

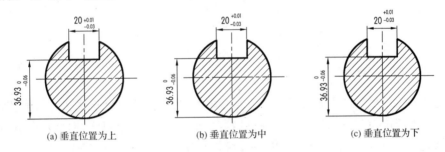

图 9-18　设置公差的垂直位置

2. 利用"文字格式"编辑器的"堆叠功能"进行标注

启动"线性标注"命令,指定了尺寸界线的两个起点后,输入 M↙,打开如图 9-19 所示的"文字格式"编辑器,首先输入公称尺寸及上、下极限偏差,注意在上、下极限偏差之间输入对齐符号"^",如图 9-19(a)所示,然后选择偏差尺寸后单击"堆叠"按钮 便可标注出尺寸公差,之后单击"文字格式"编辑器上的【确定】按钮,再在图上指定文字标注位置即可,如图 9-19(b)所示。

图 9-19　利用"文字格式"编辑器标注尺寸公差

3.利用"特性"选项板标注尺寸公差

首先标注公称尺寸,然后在标注对象上单击鼠标右键,从弹出的快捷菜单中选择【特性】命令,系统弹出"特性"选项板,在"特性"选项板的"公差"选项组中进行设置,如图 9-20 所示。设置方法与"新建标注样式"对话框中"公差"选项卡的设置相同,设置完后回车。

图 9-20 利用"特性"选项板标注尺寸公差

五、几何公差标注

几何公差在机械制图中极为重要。几何公差控制不好,零件就会失去正常的使用功能,装配件就不能正确装配。几何公差标注的内容包括基准符号、指引线、框格及框格内的有关符号和数值。指引线、框格及框格内的有关符号和数值可用两种方法标注。

1.使用"快速引线"命令标注(以图 9-1 所示同轴度公差为例)

启动"快速引线"命令,AutoCAD 提示:

指定第一个引线点或[设置(S)]<设置>: ↙   //进行引线设置

系统弹出如图 9-2(a)所示的"引线设置"对话框,在"注释"选项卡的"注释类型"选项区域中选择"公差"单选按钮,然后单击【确定】按钮,出现提示:

指定第一个引线点或[设置(S)]<设置>:**捕捉提取(被测)要素的合适位置,即捕捉尺寸 $\phi35k6\binom{+0.015}{+0.002}$ 的箭头所指的位置**   //指定指引线的箭头位置

指定下一点:**在箭头延长线上的合适位置处单击**   //确定指引线第二点

指定下一点:**在与指引线第二点垂直高度相同的位置处单击**   //确定指引线第三点

默认情况下将自动弹出"形位公差"对话框,如图 9-21 所示。

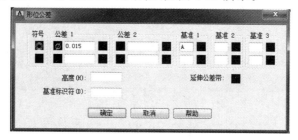

图 9-21 "形位公差"对话框

"符号"区：显示或设置几何公差的符号。单击"符号"下面的黑方框，打开"特征符号"面板，如图9-22所示，在其中选择几何公差符号（如本例选择同轴度符号）后返回"形位公差"对话框。

"公差1"区：设置几何公差数值和数值前的直径符号"ϕ"以及材料状态符号等参数。单击"公差1"下面左侧的黑方框以自动填写"ϕ"（如本例需单击），在中间文本框中填写几何公差的值（如本例填写"0.015"），单击文本框右侧的黑方框，打开如图9-23所示"附加符号"面板，从中可以选择需要的材料标记，本例无须进行此项选择。

"公差2"区：设置几何公差有关参数，本例中该区域的参数均设为空。

"基准1""基准2""基准3"区，设置基准的有关符号，用户可在其文本框中输入相应基准代号即可。本例只在"基准1"下面左侧的文本框中填写基准字母"A"，其他均设置为空。

设置完各参数后单击【确定】按钮，完成如图9-1所示同轴度公差的标注。

图9-22 "特征符号"面板

图9-23 "附加符号"面板

2. 使用"公差"命令标注

执行"公差"命令的方式如下：

(1)菜单命令：【标注】→【公差】。

(2)工具栏：〖标注〗工具栏→"公差"按钮⊞。

(3)键盘输入：TOLERANCE↙。

执行"公差"命令后，AutoCAD弹出如图9-21所示的"形位公差"对话框。通过"形位公差"对话框设置完各参数（操作方法与使用"快速引线"标注相同）后单击【确定】按钮，Auto-CAD切换到绘图屏幕，并在命令行提示：

输入公差位置：**单击图9-1所示公差框格的位置**　　//确定几何公差框格的标注位置

指出几何公差框格的标注位置后，在指定位置显示如图9-1所示的几何公差框格。

用"公差"命令标注几何公差时，AutoCAD并不能自动生成指引线，需要用户通过创建多重引线的方式绘制。

任务实施 >>>

第1步：调用或建立一个机械零件图的样板文件

(1)在绘制一幅新图之前应根据所绘图形的大小及个数，确定绘图比例和图幅尺寸，建立或调用符合国家机械制图标准的样板图。绘图应尽量采用1∶1比例，假如我们需要一张2∶1的机械图样，通常的做法是，先按1∶1比例绘制图形，然后用"缩放（SCALE）"命令将所绘图形放大到原图的两倍，再将放大后的图形移至样板图中。

(2)如果没有所需样板图，建立一个样板文件（建立方法见本任务知识点）。

(3)用"另存为（SAVEAS）"命令指定路径保存图形文件，文件名为"轴零件图.dwg"。

第 2 步:绘制图形

轴套类零件一般采用主视图、断面图、局部放大图等方法表达。现以图 9-1 为例说明轴套类零件图的视图绘制步骤、方法与技巧。

绘图前应先分析图形,设计好绘图顺序,合理布置图形,在绘图过程中要充分利用"缩放""正交""对象捕捉""极轴追踪"等辅助绘图工具,并注意切换图层。

(1)绘制主视图

根据轴套类零件的主视图有一对称轴,且整个图形沿轴线方向排列,大部分线条与轴线平行或垂直的特点,可先用"直线"命令,结合"正交"功能画出轴线和上半部分的外部轮廓线,然后用"镜像"命令复制出轴的下半部分,最后置换图层。

①用"直线"命令,结合"正交"功能先画出轴的上半部分外部轮廓线,如图 9-24 所示。

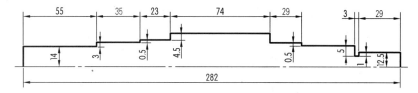

图 9-24 绘制轴的上半部分外部轮廓线

②用"倒角"命令绘制轴端倒角,用"圆角"命令绘制轴肩圆角,如图 9-25 所示。

图 9-25 绘制倒角、轴肩圆角

③用"直线"命令捕捉端点连接直线,如图 9-26 所示。

图 9-26 连接直线

④用"镜像"命令镜像图形,镜像结果如图 9-27 所示。

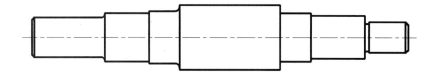

图 9-27 镜像图形

⑤绘制键槽。先用"圆"和"直线"命令,结合"追踪"等辅助工具绘制键槽,然后用"样条曲线"命令绘制键槽局部剖视图的波浪线,并进行图案填充,结果如图 9-28 所示。

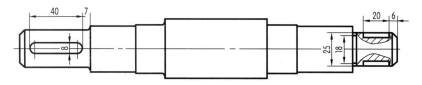

图 9-28 绘制键槽

（2）绘制轴肩局部放大图

绘制 2∶1 的局部放大图。先用"圆"命令和"多重引线"命令在主视图上画出并标注欲放大的部位Ⅰ,然后将Ⅰ所指的圆圈部位的图形复制到主视图的中下位置,再利用"缩放"命令将所绘图形放大到原图的两倍,并用"样条曲线"命令画出波浪线,用"修剪"命令进行修剪,用前面创建的"标注"文字样式和"多行文字"命令标注局部放大图的名称"$\dfrac{Ⅰ}{2∶1}$",最后置换图层并将其移动至如图 9-29(b)所示的位置。

（3）绘制键槽断面图

①绘制断面图。

方法一：在选定位置画出圆后,用"偏移"命令将竖直中心线和水平中心线分别偏移,然后用"修剪"命令修剪多余图线,用"图案填充"命令在剖面区域填充剖面线,最后置换图层。

方法二：为了减少尺寸输入,先将断面图的圆和键槽画在主视图内,然后复制圆和键槽至选定位置并填充剖面线,再删除主视图内的圆及多余图线,并置换图层,结果如图 9-29(a)、图 9-29(c)所示。

②绘制剖切符号。使用"多段线"或"直线"与"快速引线"命令绘制,结果如图 9-29 主视图所示。

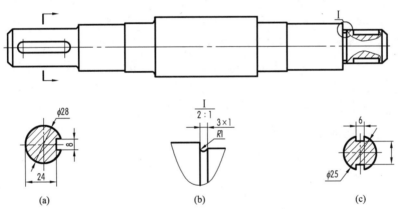

(a) (b) (c)

图 9-29　绘制键槽断面图和轴肩局部放大图

（4）修理图形,将图形调整至合适位置,完成轴类零件图视图的绘制,结果如图 9-29 所示。

第 3 步：标注尺寸

在如图 9-1 所示的零件图中,对于"线性尺寸""连续尺寸""基线尺寸"的标注已在任务 7 中做了详细讲解,现对带直径符号的线性尺寸标注、局部放大图的尺寸标注、倒角的尺寸标注、尺寸公差的标注、几何公差的标注做详细说明。

（1）带直径符号的线性尺寸标注（以尺寸 φ34 为例）

方法一：首先用"线性标注"命令标注直径尺寸,然后在标注对象上单击鼠标右键,在弹出的快捷菜单中选择【特性】命令（或者直接按"Ctrl＋1"组合键）,可打开"特性"选项板,在"特性"选项板的"主单位"选项组中的"标注前缀"文本框中输入"％％c"后回车。

微课 17

轴零件图的绘制
（线性尺寸标注）

微课 18

轴零件图的绘制
（直径尺寸标注）

方法二:在打开"快捷特性"绘图工具的情况下,首先用"线性标注"命令标注直径尺寸,然后单击尺寸标注,在"快捷特性"选项板中的"文字替代"文本框中输入"%%c34"后回车。

方法三:首先设置一种非圆直径的标注样式,操作方法详见本任务"设置尺寸标注样式",并将"非圆直径"样式置为当前,然后用"线性标注"命令即可。

(2)局部放大图的尺寸标注(以尺寸 R1 为例)

方法一:首先标注半径尺寸,然后在标注对象上单击鼠标右键,在弹出的快捷菜单中选择【特性】命令,可打开"特性"选项板,在"特性"选项板的"文字"选项组的"文字替代"文本框中输入"R1"后回车。

微课 19

轴零件图的绘制(局部放大图的尺寸标注)

方法二:首先标注半径尺寸,然后单击尺寸标注,在"快捷特性"选项板中的"文字替代"文本框中输入"R1"后回车。

方法三:首先设置一种半径标注的替代样式,将"新建标注样式"对话框的"主单位"选项卡中的"比例因子"设置为"0.5",然后用"半径"命令标注。

(3)倒角的尺寸标注(以尺寸 C2 为例)

首先设置当前多重引线标注样式。执行"多重引线样式"命令,AutoCAD 弹出如图 9-5 所示的"多重引线样式管理器"对话框,单击【新建】按钮,AutoCAD 弹出如图 9-6 所示的"创建新多重引线样式"对话框,在"新样式名"文本框中输入"倒角标注",单击【继续】按钮,AutoCAD 弹出"修改多重引线样式—倒角标注"对话框(图略),在"引线格式"选项卡中,将箭头的"符号"设置为"无";在"引线结构"选项卡中,将"最大引线点数"设置为"2",不选"自动包含基线"复选框;在"内容"选项卡中,将"多重引线类型"设置为"多行文字",将"文字样式"设置为"标注",将"引线连接"选项区域中的"连接位置-左"设置为"最后一行加下划线",将"基线间隙"设置为"0",其他选项及"引线格式"和"引线结构"选项卡中未设置的选项均采用默认值,单击【确定】按钮。

微课 20

轴零件图的绘制(倒角的标注)

然后执行"多重引线"命令,AutoCAD 提示:

指定引线箭头的位置或[引线基线优先(L)/内容优先(C)/选项(O)]<选项>:**在倒角位置拾取一点**   //指定引线箭头的位置

指定引线基线的位置:**移动光标至放置基线的合适位置并单击**

//指定引线箭头的位置

AutoCAD 弹出"文字格式"编辑器,从中输入"C2",单击"文字格式"编辑器上的【确定】按钮,即可完成倒角标注。

(4)尺寸公差的标注

①尺寸公差"$\phi 28^{+0.023}_{+0.002}$"的标注

方法一:首先用"线性标注"命令标注直径尺寸,然后在标注对象上单击鼠标右键,在弹出的快捷菜单中选择【特性】命令(或者直接按"Ctrl+1"组合键),可打开"特性"选项板,在"特性"选项板的"主单位"选项组中的"小数分隔符"文本框中输入".";在"标注前缀"文本框中输入"%%c";在

微课 21

轴零件图的绘制(尺寸公差的标注)

"精度"选项框选择"0"。在"公差"选项组中,在"显示公差"选项框选择"极限偏差";在"公差下偏差"文本框输入"－0.002";在"公差上偏差"文本框输入"0.023";在"水平放置公差"选项框选择"下";在"公差精度"选项框选择"0.000";在"公差文字高度"文本框输入"0.7",之后关闭"特性"选项板,再按 Esc 键取消夹点。

方法二:首先设置"公差-不对称"尺寸样式并置为当前,然后用"线性标注"命令标注即可。

方法三:启动"线性标注"命令,指定了尺寸界限的两个起点后,输入 M↙,打开"文字格式"编辑器,首先输入尺寸"％％c28(＋0.023^＋0.002)",然后选择偏差尺寸"＋0.023^＋0.002",之后单击"堆叠"按钮 ┗,再单击【确定】按钮关闭"文字格式"编辑器,最后在放置尺寸线的位置单击即可。

②尺寸公差"$\phi 25\pm 0.002$"标注

方法一:与尺寸公差"$\phi 28^{+0.023}_{+0.002}$"的标注基本相同,不同之处是在"显示公差"选项框选择"对称";在"公差上偏差"文本框输入"0.002"。

方法二:首先设置"公差-对称"的尺寸样式并置为当前,然后用"线性标注"命令标注即可。

方法三:启动"线性标注"命令,指定了尺寸界限的两个起点后,输入 M↙,打开"文字格式"编辑器,首先输入尺寸"％％c28％％p0.002",然后单击【确定】按钮,关闭"文字格式"编辑器,最后在放置尺寸线的位置单击即可。

③尺寸公差"$\phi 35k6\left(^{+0.015}_{+0.002}\right)$"标注

启动"线性标注"命令,指定了尺寸界限的两个起点后,输入 M↙,打开"文字格式"编辑器,首先输入尺寸"％％c35k6(＋0.015^＋0.002)",然后选择偏差尺寸"＋0.015^＋0.002",之后单击"堆叠"按钮 ┗,再单击【确定】按钮关闭"文字格式"编辑器,最后在放置尺寸线的位置单击即可。

(5)几何公差的标注

几何公差的标注详见本任务知识储备五,基准符号的标注将在任务 10 中详细介绍,这里用"直线"命令画出基准符号后,再用"单行文字"书写"A"即可。

第 4 步:保存图形文件。

任务检测与技能训练 >>>

1.选择合适图幅和比例绘制图 9-30 所示的齿轮轴零件图。要求:布图匀称,图形正确,线型符合国家标准规定,标注尺寸和公差。但不标注表面粗糙度,不填写"技术要求"及标题栏。

2.选择合适图幅和比例绘制如图 9-31 所示的主轴零件图。要求:布图匀称,图形正确,线型符合国家标准规定,标注尺寸和公差。但不标注表面粗糙度,不填写"技术要求"及标题栏。

3.选择合适图幅和比例绘制如图 9-32 所示的套零件图。要求:布图匀称,图形正确,线型符合国家标准规定,标注尺寸、公差和表面粗糙度,但不填写"技术要求"及标题栏。

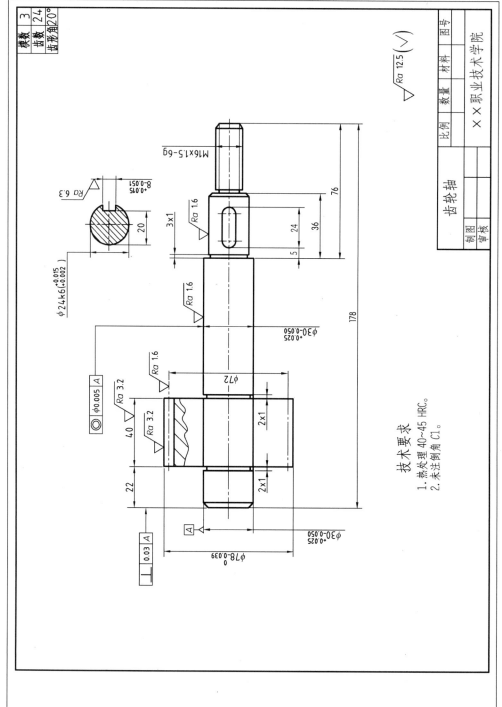

技术要求
1. 热处理 40~45 HRC。
2. 未注倒角 C1。

模数	3
齿数	24
齿形角	20°

$\sqrt{Ra\ 12.5}$ ($\sqrt{}$)

比例			X X 职业技术学院
数量			
材料			齿轮轴
图号			
制图			
审核			

图 9-30　齿轮轴零件图

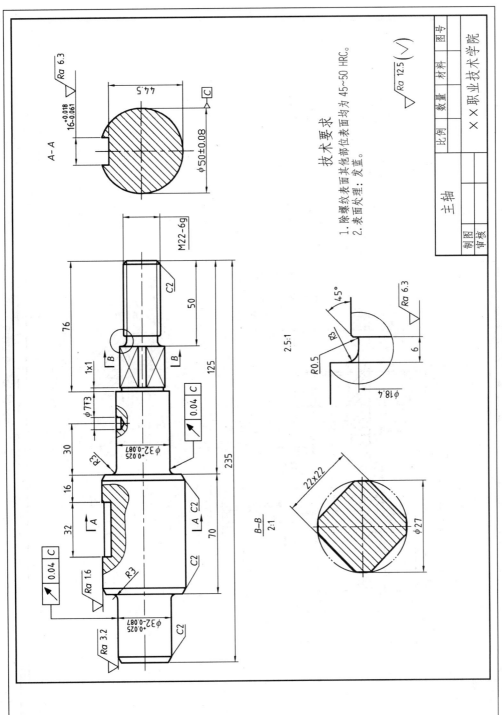

技术要求
1. 除螺纹表面其他部位各表面均为 45~50 HRC。
2. 表面处理：发蓝。

$\sqrt{Ra\ 12.5}(\sqrt{\ })$

	比例	数量	材料	图号
主轴				××职业技术学院
制图				
审核				

图 9-31　主轴零件图

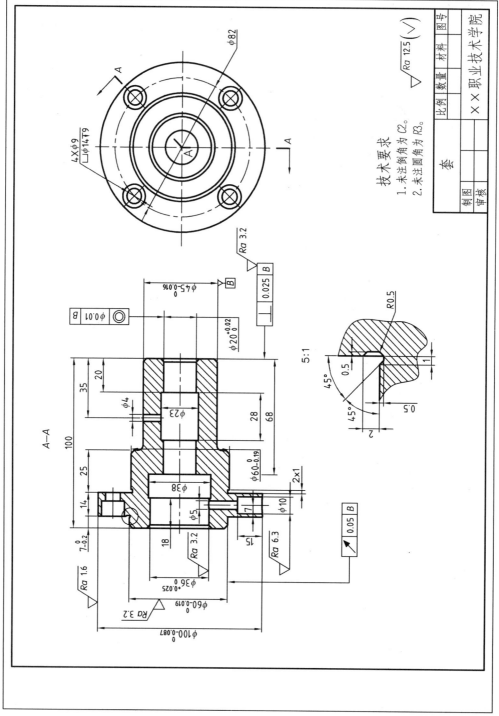

图 9-32 套零件图

任务 10

轮盘类零件图的绘制

任务描述 >>>

选择 A3 图幅和合适比例绘制图 10-1 所示的轮盘类零件图。要求：布图匀称，图形正确，线型符合国家标准规定，标注尺寸、公差和表面粗糙度，但不填写"技术要求"及标题栏。

任务目标 >>>

1. 知识目标

了解轮盘类零件图的表达方法与特点，掌握轮盘类零件图的绘制方法和尺寸标注方法，重点掌握带属性块的创建、应用及表面粗糙度的标注方法。

2. 技能目标

能选择合适的命令与方法绘制和标注轮盘类零件图。

知识储备 >>>

一、块的概念与特性

块是多个图形对象的组合，如图 10-2 所示。块可以是绘制在一个图层上的相同颜色、线型和线宽特性的对象的组合，也可以是绘制在几个图层上的不同颜色、线型和线宽特性的对象的组合。对于绘图过程中相同的图形，不必重复地绘制，只需将它们创建为一个块，在需要的位置插入即可。插入时可以进行任意比例的转换和旋转。还可以给块定义属性，在插入时填写可变信息。

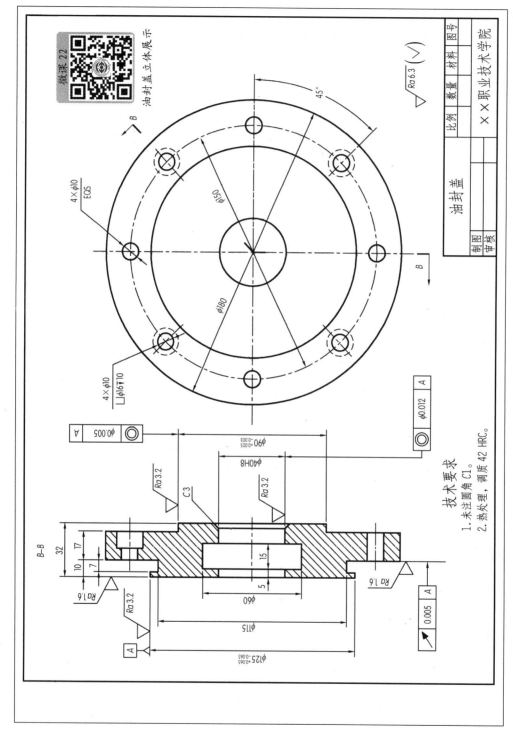

图 10-1 轮盘类零件图 (1)

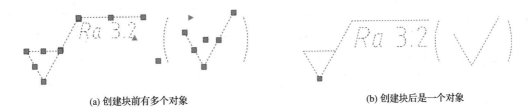

<table>
<tr><td>(a) 创建块前有多个对象</td><td>(b) 创建块后是一个对象</td></tr>
</table>

图 10-2　创建块前与创建块后的比较

在 AutoCAD 中,使用块具有提高绘图速度、节省存储空间、便于修改图形并能够为其添加属性的特性。

二、创建内部块

内部块就是只能在当前文件中使用,而不能被其他文件所引用的图块。利用"创建块"命令可以将一个或多个图形对象定义为新的单个对象,并保存在当前图形文件中。

1. 创建内部块的命令

执行"创建块"命令的方式如下:

(1)菜单命令:【绘图】→【块】→【创建】。

(2)工具栏:〖绘图〗工具栏→"创建块"按钮。

(3)键盘输入:BLOCK ↙或 B ↙。

2. "定义块"对话框中各选项的含义

执行"创建块"命令后,弹出如图 10-3 所示的"块定义"对话框,其中各选项的含义如下:

图 10-3　"块定义"对话框

"名称"下拉列表框:在此下拉列表框中输入新建块的名称,最多可使用 255 个字符,不能与已有的图块名相同。单击下拉按钮,打开下拉列表,该下拉列表中显示了当前图形的所有块。

"基点"选项区域:设置插入的基点。在不选择"在屏幕上指定"复选框时,用户可以在"X""Y""Z"文本框中直接输入基点的 X、Y、Z 的坐标值;也可以单击"拾取点"按钮,用十字光标直接在作图屏幕上拾取基点。在选择了"在屏幕上指定"复选框时,只能用十字光标直接在作图屏幕上拾取基点。理论上,用户可以任意选取一点作为基点,但实际的操作中,建议用户选取实体的特征点作为基点,如中心点、右下角等。

"对象"选项区域:设置组成块的对象。其中单击"选择对象"按钮，AutoCAD 切换到绘图窗口,用户在绘图区中选择构成图块的图形对象。在该设置区域中有"保留"、"转换为块"和"删除"单选按钮。它们的含义如下:"保留"单选按钮,是指保留显示所选取的要定义块的实体图形;"转换为块"单选按钮,是指将选取的实体转化为块;"删除"单选按钮,是指删除所选取的实体图形。

"方式"选项区域:设置组成块的对象显示方式。选择"注释性"复选框,可以将对象设置成注释性对象;选择"按同一比例缩放"复选框,设置对象是否按统一比例进行缩放;选择"允许分解"复选框,设置对象是否允许被分解。

"设置"选项区域:设置块的基本属性。在"块单位"下拉列表框中,单击下拉按钮,将弹出下拉列表选项,用户可从中选取所插入块的单位。单击【超链接】按钮,将弹出"插入超链接"对话框,在该对话框中可以插入超链接文档。

"说明"文本框:用户可以在"说明"文本框中详细描述所定义图块的资料。

3. 创建内部块的操作步骤

(1)画出块定义所需的图形。

(2)执行"创建块"命令,弹出"块定义"对话框。

(3)在"名称"下拉列表框中指定块名。

(4)在"基点"选项区域中指定块的插入点,有两种方法:第一种是单击"拾取点"按钮，在绘图区上拾取插入点;另一种是直接输入插入点的 X、Y、Z 坐标。

(5)单击"选择对象"按钮，在绘图区上拾取构成块的对象,回车,完成对象选择,返回"块定义"对话框。

(6)在"对象"选项区域中选择一种对原选定对象的处理方式。处理方式有三种:"保留"、"删除"和"转换为块"。

(7)单击【确定】按钮,完成内部块的创建。

三、创建外部块

外部块又称写块或块存盘。利用"写块"命令可以将当前图形中的块或图形对象保存为独立的 AutoCAD 图形文件,以便在其他图形文件中调用。

1. 创建外部块命令

执行"写块"命令的方式如下:

键盘输入:WBLOCK ↙ 或 W ↙。

2. "写块"对话框中各选项的含义

执行"写块"命令后,弹出如图 10-4 所示的"写块"对话框,其中各选项的含义如下:

"源"选项区域:用户可以通过"块""整个图形""对象"三个单选按钮来确定块的来源。它们的含义如下:"块"单选按钮,是指在"块"下拉列表中选择现有的内部块来创建外部块;"整个图形"单选按钮,是指选择当前整个图形来创建外部块;"对象"单选按钮,是指从屏幕上选择对象并指定插入点来创建外部块。

"基点"选项区域和"对象"选项区域各选项的含义与"块定义"对话框相同。

"目标"选项区域有两个选项:一是设置输出文件名及路径的"文件名和路径"下拉列表框;二是设置插入块单位的"插入单位"下拉列表框。

图 10-4 "写块"对话框

用户在执行"写块"命令时,不必先定义一个块,只要直接将所选的图形实体作为一个图块保存在磁盘上即可。当所输入的块不存在时,AutoCAD 会显示"AutoCAD 提示信息"对话框,提示块不存在,是否要重新选择。在多视窗中,"写块"命令只适用于当前窗口。

3. 创建外部块的操作步骤

(1)执行"写块"命令,弹出"写块"对话框。

(2)在"源"选项区域中指定外部块的来源,即从"块"、"整个图形"和"对象"三种方式中选择一种。

(3)在"基点"选项区域中指定块的插入点。有两种方法:第一种是单击"拾取点"按钮,在绘图区上拾取插入点;另一种是直接输入插入点的 X、Y、Z 坐标。

(4)单击"选择对象"按钮,在绘图区上拾取构成块的对象,回车,完成对象选择,返回"写块"对话框。

(5)在"对象"选项区域中选择一种对原选定对象的处理方式。

(6)在"目标"选项区域中,输入新图形的路径和文件名称。

(7)单击【确定】按钮,完成外部块的创建。

四、创建带属性的块

属性是附属块的文本信息,是块的组成部分。属性由属性标记和属性值组成。如果把"表面结构符号"定义为属性标记,而具体的表面结构参数值(Ra 3.2)就是属性值。它可以是常量或变量、可视或不可视的,当用户将一个块及属性插入图形中时,属性按块的缩放比例和旋转来显示。

属性块由图形对象和属性对象组成。对块增加属性,就是使块中的指定内容发生变化。属性是块中的文本对象,它是块的一个组成部分。属性从属于块,当利用删除命令删除块时,属性也被删除了。要创建带属性的块,首先要画好欲创建块的图形,其次进行属性定义,再次将属性和相应的图形一起定义成块,就是带属性的块。创建带属性的块与创建块的方法基本相同,这里仅介绍创建块属性的方法。

1. 创建块属性的命令

执行"定义属性"命令的方式如下:

(1)菜单命令:【绘图】→【块】→【定义属性】。

(2)键盘输入:ATTDEF↙或 ATT↙。

2."属性定义"对话框中各选项的含义

执行"定义属性"命令后,打开"属性定义"对话框,如图 10-5 所示,其中各选项的含义如下:

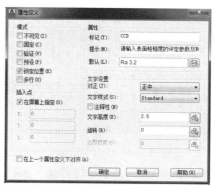

图 10-5 "属性定义"对话框

"模式"选项区域:"不可见"复选框用于控制属性值在图形中的可见性。如果想使图中包含属性信息,但不想使其在图形中显示出来,就选中这个复选框。"固定"复选框用于设定属性值是否为常量。若选中该复选框,属性值将为常量。"验证"复选框用于设置是否对属性值进行校验。若选中该复选框,则插入块并输入属性值后,AutoCAD 将再次给出提示,让用户校验输入值是否正确。"预设"复选框用于设定是否将实际属性值设置成默认值。若选中该复选框,则插入块时,AutoCAD 将不再提示用户输入新属性值,实际属性值等于"属性"选项区域中"默认"文本框中的输入值。"锁定位置"复选框用于锁定块参照中属性的位置。"多行"复选框用于确定属性值是否包含多行文字。

"属性"选项区域:"标记"文本框用于输入属性标记,属性标记可以由字母、数字、字符等组成,但是字符之间不能有空格,且必须输入属性标记;"提示"文本框用于输入属性值的提示;"默认"是属性值的缺省值。

"插入点"选项区域:选中"在屏幕上指定"复选框,则用十字光标直接在作图屏幕上拾取"插入点";"X""Y""Z"文本框用于分别输入属性插入点的 X、Y、Z 坐标值。

"文字设置"选项区域:"对正"下拉列表框用于指定属性文字的对齐方式;"文字样式"下拉列表框用于指定文字样式;"文字高度"文本框用于直接输入属性文字高度,或单击其右侧的"文字高度"按钮 切换到绘图窗口,在绘图区中拾取两点以指定高度;"旋转"文本框可设定属性文字的旋转角度;勾选"注释性"复选框,可以使创建的块属性具有注释性。具有注释性特性的块及块属性中的所有对象有相同的注释比例;"边界宽度"文本框这里不可用。

"在上一个属性定义下对齐"复选框:选中该复选框,在一个块中定义多个属性时,使当前定义的属性与上一个已定义的属性的对正方式、文字样式、字高和旋转角度相同,而且另起一行排列在上一个属性的下方。

需要说明的是:单击对话框中的【确定】按钮只能完成一个属性定义,重复"定义属性"命令可为块定义多个属性。

3. 创建块属性的操作步骤

(1)执行"定义属性"命令,弹出"属性定义"对话框。

(2)在"标记"文本框中输入"属性的标记",在"提示"文本框中输入"输入属性值的提示",也可以不输入,在"默认"文本框中输入"属性值的默认值",在"对正"文本框中选择"正中",在"文字样式"文本框中选择"Standard",在"文字高度"文本框中输入"3.5",在"旋转"文本框中输入"0",其他采用默认值。

(3)单击【确定】按钮关闭该对话框,在绘图区指定属性的位置,完成块属性的创建。

五、插入块

图形被定义为块后,可通过"插入块"命令直接调用,插入图形中的块称为块参照。插入块时可以一次插入一个,也可以一次插入呈矩形阵列排列的多个块参照。

1. 插入单个块

利用"插入块"命令可以插入单个块。执行"插入块"命令的方式如下:

(1)菜单命令:【插入】→【块】。

(2)工具栏:〖绘图〗工具栏→"插入块"按钮 。

(3)键盘输入:INSERT↙或 I↙。

2. "插入"对话框中主要选项的含义

执行"插入块"命令后弹出如图 10-6 所示的"插入"对话框,其中各选项的含义如下:

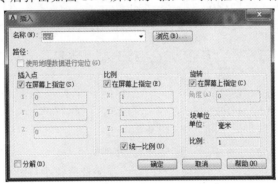

图 10-6　"插入"对话框

"名称"选项区域:该选项区域的下拉列表列出了图样中的所有图块,通过这个列表,用户选择要插入的块(内部块)。如果要把图形文件(外部块)插入当前图形中,就单击【浏览】按钮,然后选择要插入的文件(外部块)。

"插入点"选项区域:确定图块的插入点。可直接在"X""Y""Z"文本框中输入插入点的绝对坐标值,或是选中"在屏幕上指定"复选框,然后在屏幕上指定。

"比例"选项区域:确定块的缩放比例。可直接在"X""Y""Z"文本框中输入沿这三个方向的缩放比例因子,也可选中"在屏幕上指定"复选框,然后在屏幕上指定。选中"统一比例"复选框将使块沿 X、Y、Z 方向的缩放比例都相同。

"旋转"选项区域:指定插入块时的旋转角度。可在"角度"文本框中直接输入旋转角度值,或是选中"在屏幕上指定"复选框,然后在屏幕上指定。

"分解"复选框:若用户选中该复选框,则 AutoCAD 在插入块的同时分解块对象。

3. 插入块的方法

执行"插入块"命令后弹出如图 10-6 所示的"插入"对话框,在"名称"下拉列表中选择要插入的块,或者单击【浏览】按钮,然后选择要插入的外部块文件名;在"插入点"选项区域选中"在屏幕上指定"复选框;在"比例"选项区域选中"统一比例"复选框,如果要放大或缩小块,再在"X"文本框中输入缩放比例因子,也可选中"在屏幕上指定"复选框,然后在屏幕上指定;在"旋转"选项区域选中"在屏幕上指定"复选框,之后单击【确定】按钮,然后在屏幕上指定"插入点"和"旋转角度",输入"属性值"或回车采用默认值。

另外,还可以使用设计中心或将文件名直接拖入绘图窗口的方法插入块,具体操作将在任务 13 中详细介绍。

4. 插入带属性的块

带属性的块的插入方法与上述方法基本相同,只是在输入块的旋转角度后需输入属性的具体值。

5. 插入矩形阵列块

利用"矩形阵列块"命令可以插入矩形阵列块。执行"矩形阵列块"命令的方式是:键盘输入 MINSERT✓。

例如,插入如图 10-7 所示的"矩形阵列块"的操作方法如下:

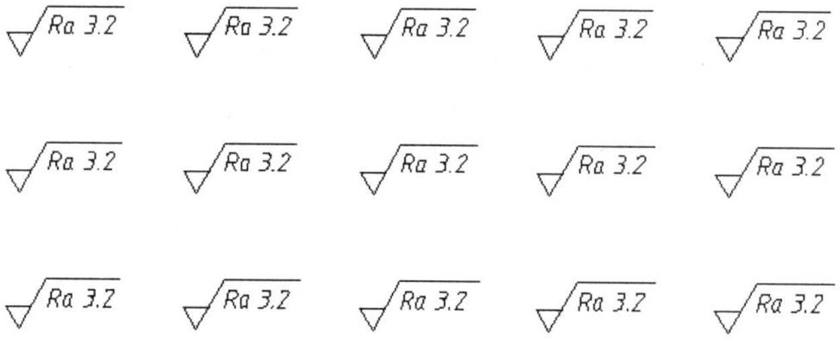

$\sqrt{Ra\ 3.2}$　　$\sqrt{Ra\ 3.2}$　　$\sqrt{Ra\ 3.2}$　　$\sqrt{Ra\ 3.2}$　　$\sqrt{Ra\ 3.2}$

$\sqrt{Ra\ 3.2}$　　$\sqrt{Ra\ 3.2}$　　$\sqrt{Ra\ 3.2}$　　$\sqrt{Ra\ 3.2}$　　$\sqrt{Ra\ 3.2}$

$\sqrt{Ra\ 3.2}$　　$\sqrt{Ra\ 3.2}$　　$\sqrt{Ra\ 3.2}$　　$\sqrt{Ra\ 3.2}$　　$\sqrt{Ra\ 3.2}$

图 10-7 矩形阵列块

命令:MINSERT✓ 　　　　　　　　// 启动矩形阵列块命令

输入块名或[?]<ccd>:✓ 　　　　　　// AutoCAD 提示用户输入矩形阵列块的块名

指定插入点或[基点(B)/比例(S)/X/Y/Z/旋转(R)]:**在屏幕上拾取一点** 　　　　　　// AutoCAD 提示用户指定插入点

输入 X 比例因子,指定对角点,或[角点(C)/XYZ(XYZ)]<1>:✓ 　　　　　　// AutoCAD 提示用户输入或指定 X 比例因子

输入 Y 比例因子或 <使用 X 比例因子>:✓ 　　　　　　// AutoCAD 提示用户输入 Y 比例因子

指定旋转角度 <0>:✓ 　　　　　　// AutoCAD 提示用户输入指定旋转角度

输入行数 (———) <1>:**3**✓ 　　　　// AutoCAD 提示用户输入行数

输入列数 (|||) <1>:**5**✓ 　　　　// AutoCAD 提示用户输入列数

输入行间距或指定单位单元（———）：**30** ↙　　//AutoCAD 提示用户输入行间距

指定列间距（|||）：**40** ↙　　　　　　//AutoCAD 提示用户输入列间距

输入属性值：**Ra 3.2** ↙　　　　　　　//AutoCAD 提示用户输入属性值

灵活使用该命令不仅可以大大节省绘图时间,还可以提高绘图速度,减少所占用的磁盘空间。

6. 控制插入块的颜色和线型

尽管块总是在当前层上,但块参照保存了有关包含在该块中的对象的原图层、颜色和线型特性的信息。为了控制插入块的颜色、线型或线宽特性,在创建块时有如下三种情况:

如果让块中的对象保留颜色、线型和线宽特性,而不从当前层继承,那么在块定义时应分别为每个对象设置颜色、线型和线宽特性,而不要在创建这些对象时使用"ByBlock"或"ByLayer"设置颜色、线型和线宽。

如果让块中的对象完全继承当前层的颜色、线型和线宽特性,在创建要包含在块定义中的对象之前,将当前层设置为 0 层,将当前颜色、线型和线宽设置为"ByLayer"。

如果为块单独设置特性,在创建要包含在块定义中的对象之前,将当前层设置为非 0 层,当前颜色或线型设置为"ByBlock"。

7. 设置插入基点

前面介绍过,用 WBLOCK 命令创建的外部块以 AutoCAD 图形文件格式(即 DWG 格式)保存。实际上,用户可以用 INSERT 命令将任一 AutoCAD 图形文件插入当前图形。但是,当将某一图形文件以块的形式插入时,AutoCAD 默认将图形的坐标原点作为块上的插入基点,这样往往会给绘图带来不便。为此,AutoCAD 允许用户为图形重新指定插入基点。用于设置图形插入基点的命令是 BASE,利用【绘图】→【块】→【基点】命令也可启动该命令。执行 BASE 命令,AutoCAD 提示:

输入基点:

在此提示下指定一点,即可为图形指定新基点。

六、编辑属性

1. 编辑属性定义

创建属性后,在属性定义与块相关联之前(即只定义了属性但没定义块时),用户可以修改属性定义中的属性标记、提示和默认值。编辑属性定义的方法有以下两种:

(1)通过如图 10-8 所示的"编辑属性定义"对话框修改属性标记、提示和默认值。打开"编辑属性定义"对话框的方式如下:

①菜单命令:【修改】→【对象】→【文字】→【编辑】。

②键盘输入:DDEDIT ↙。

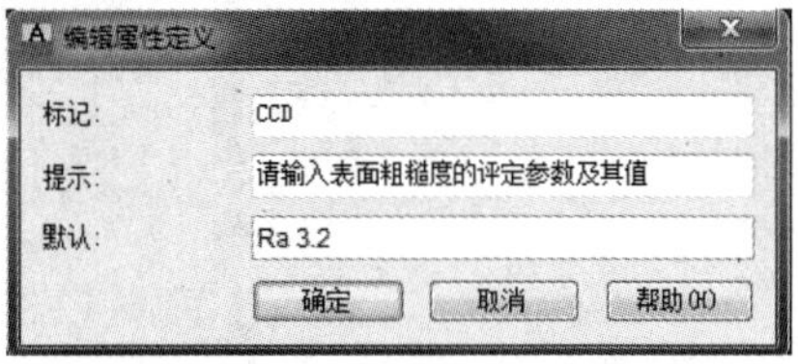

执行上述任一操作后,AutoCAD 提示:

图 10-8　"编辑属性定义"对话框

选择注释对象或[放弃(U)]:

在该提示下选择属性定义标记或者直接双击已定义属性,AutoCAD 打开"编辑属性定义"对话框。

（2）通过"特性"选项板修改。启动"特性"选项板，其中的"文字"区域中列出了属性定义的标记、提示、默认值、字高和旋转角度等项目，用户可在其中进行修改。

2.编辑块的属性

若属性已被创建为块，可通过如图 10-9 所示的"增强属性编辑器"对话框编辑属性值及属性的其他特性。打开"增强属性编辑器"对话框的方式如下：

（1）菜单命令：【修改】→【对象】→【属性】→【单个】或【修改】→【对象】→【文字】→【编辑】。

（2）工具栏：〖修改Ⅱ〗工具栏→"编辑属性"按钮 。

（3）键盘输入：EATTEDIT↙。

执行上述任一操作后，AutoCAD 提示"选择块"，用户选择要编辑的图块或者直接双击已创建的属性块，AutoCAD 打开"增强属性编辑器"对话框。

"增强属性编辑器"对话框有三个选项卡："属性"、"文字选项"和"特性"选项卡，它们有如下功能：

"属性"选项卡列出当前块对象中各个属性的标记、提示和值。选中某一属性，用户就可以在"值"文本框中修改属性的值，如图 10-9 所示。

"文字选项"选项卡用于修改属性文字的一些特性，如文字样式、字高、旋转等。该选项卡中各选项的含义与"文字样式"对话框中同名选项含义相同，如图 10-10 所示。

图 10-9 "增强属性编辑器"对话框——"属性"选项卡　　图 10-10 "增强属性编辑器"对话框——"文字选项"选项卡

"特性"选项卡用于修改属性文字的图层、线型和颜色等，如图 10-11 所示。

图 10-11 "增强属性编辑器"对话框——"特性"选项卡

3.利用"块属性管理器"对话框编辑属性

用户通过"块属性管理器"对话框，可以有效地管理当前图形中所有块的属性，并能进行编辑。

(1)启动"块属性管理器"对话框的方式

①菜单命令:【修改】→【对象】→【属性】→【块属性管理器】。

②工具栏:〖修改Ⅱ〗工具栏→"块属性管理器"按钮。

③键盘输入:BATTMAN↙。

执行上述任一操作后,AutoCAD 弹出"块属性管理器"对话框,如图 10-12 所示。在此对话框中用户可对块属性进行编辑。

图 10-12 "块属性管理器"对话框

(2)"块属性管理器"对话框常用选项的功能

"选择块"按钮:通过此按钮选择要操作的块。单击该按钮,AutoCAD 切换到绘图窗口,并提示"选择块:",用户选择块后,AutoCAD 又返回"块属性管理器"对话框。

"块"下拉列表框:用户也可通过此下拉列表选择要操作的块。该下拉列表中显示当前图形中所有具有属性的图块名称。

【同步】按钮:用户修改某一属性定义后,单击此按钮,更新所有块对象中的属性定义。

【上移】按钮:在属性列表中选中一属性行,单击此按钮,则该属性行向上移动一行。

【下移】按钮:在属性列表中选中一属性行,单击此按钮,则该属性行向下移动一行。

【删除】按钮:删除属性列表中选中的属性定义。

【编辑】按钮:单击此按钮,打开"编辑属性"对话框,如图 10-13 所示。该对话框有三个选项卡:"属性"、"文字选项"和"特性"选项卡,这些选项卡的功能与"增强属性管理器"对话框中同名选项卡的功能相同。

【设置】按钮:单击此按钮,弹出"块属性设置"对话框,如图 10-14 所示。在该对话框中,用户可以设置在"块属性管理器"对话框的属性列表中显示的内容。

图 10-13 "编辑属性"对话框

图 10-14 "块属性设置"对话框

七、属性显示控制

执行"属性显示"的方式如下：

(1)菜单命令：【视图】→【显示】→【属性显示】→【普通】或【开】或【关】。

(2)键盘输入：ATTDISP ✓。

执行上述任一操作后，AutoCAD 提示：

输入属性的可见性设置[普通(N)/开(ON)/关(OFF)]<普通>：

其中，"普通(N)"选项表示将按定义属性时规定的可见性模式显示各属性值；"开(ON)"选项将会显示出所有属性值，与定义属性时规定的属性可见性无关；"关(OFF)"选项则不显示所有属性值，与定义属性时规定的属性可见性无关。

八、沉孔尺寸的标注方法

以图 10-1 中的尺寸" $\dfrac{4\times\phi10}{\sqcup\,\phi16\,\underline{\vee}\,10}$ "为例说明沉孔的标注方法。

首先单击【标注】→【直径】命令，选择圆后输入 M ✓，系统弹出"文字格式"编辑器，在自动标注数字前输入"4×"，移动光标至自动标注数字后，回车另起一行，输入"空格％％c16 空格10"，单击【确定】按钮，指定尺寸线位置。之后用"分解"命令分解尺寸，用"移动"命令把尺寸文字移动到合适位置。然后用"多段线"命令在 $\phi16$ 前的空格处画上"$\sqcup$"，在 $\phi16$ 后的空格处画上"$\underline{\vee}$"。也可以用"直径"命令标注"4×$\phi10$"后，再用"多行文字"或"单行文字"命令、"多段线"命令、"块"命令将"$\sqcup\,\phi16\,\underline{\vee}\,10$"做成带属性外部块（$\phi16$ 和 10 定义为块属性，以便在其他图形中应用），然后插入到合适位置。"多行文字"或"单行文字"命令详见任务 11。

九、基准代号的标注方法

以图 10-1 中的基准代号"$\boxed{A}$"为例说明基准代号的标注方法。

1. 在 0 层绘制基准符号

当尺寸数字高度为"3.5"时，基准符号各部分尺寸如图 10-15(a)所示。

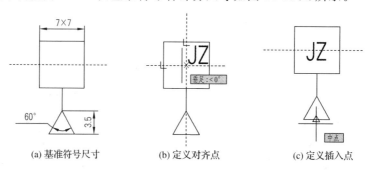

(a)基准符号尺寸　　　　(b)定义对齐点　　　　(c)定义插入点

图 10-15　创建基准符号属性块

2. 将基准字母定义为块属性

①单击【绘图】→【块】→【定义属性】命令,系统弹出如图 10-5 所示的"属性定义"对话框,在"标记"文本框中输入"JZ",在"提示"文本框中输入"请输入基准字母",在"默认"文本框中输入"A",在"对正"下拉列表框中选择"正中",在"文字样式"下拉列表框中选择"标注",在"文字高度"文本框中输入"3.5",在"旋转"文本框中输入"0",其他采用默认值。

②单击【确定】按钮,返回绘图区域,在基准符号正方形正中心位置单击,如图 10-15(b)所示,确定属性的位置,完成块属性的定义。

3. 将基准代号创建成外部块

①输入 WBLOCK(或 W)命令,系统弹出如图 10-4 所示的"写块"对话框;

②在"源"选项区域选择"对象"单选按钮,指定通过选择对象方式确定所要定义块的来源;

③单击"对象"选项区域的"选择对象"按钮,返回绘图区域,选择已定义属性的基准符号,回车,返回对话框;

④单击"基点"选项区域的"拾取点"按钮,返回绘图区域,拾取如图 10-15(c)所示基准符号最下方的中点,作为块插入时的基点;

⑤在"文件名和路径"下拉列表框中(或单击其右侧按钮⌷⌷⌷)设置块的保存路径、确定块名,本任务中块的保存路径为"E:\机械图块",块名为"JZ";

⑥单击【确定】按钮,关闭对话框,完成外部块的定义。

4. 插入基准代号

执行"插入块"命令后系统弹出如图 10-6 所示的"插入"对话框。单击【浏览】按钮,然后选择要插入的外部块"JZ";在"插入点"选项区域选中"在屏幕上指定"复选框;在"比例"选项区域选中"统一比例"复选框;在"旋转"选项区域不勾选"在屏幕上指定"复选框,单击【确定】按钮,然后在屏幕上捕捉尺寸 $\phi 125$ 的箭头与尺寸界限的接触点为"插入点",其他回车采用默认值。

5. 编辑"JZ"块的属性

在绘图区双击"JZ"图标后,AutoCAD 弹出如图 10-9 所示的"增强属性编辑器"对话框,从中可对块属性进行编辑。如果"基准字母"不是需要的字母"A",如为"B",则在"值"文本框中输入"B";如果"基准字母"没有水平放置,则在"文字选项"选项卡的"旋转"文本框中输入"0"。

十、表面粗糙度代号的标注方法

以图 10-1 中的"√Ra 6.3"为例说明表面粗糙度代号的标注方法。

1. 在 0 层绘制表面粗糙度符号

当尺寸数字高度为"3.5"时,表面粗糙度符号各部分尺寸如图 10-16(a)所示。

微课 23

属性块的
创建与应用

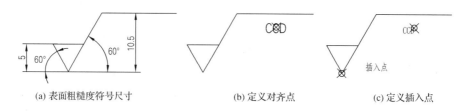

(a) 表面粗糙度符号尺寸　　　(b) 定义对齐点　　　(c) 定义插入点

图 10-16　将表面粗糙度代号创建为属性块

2. 将表面粗糙度的评定参数及其值定义为块属性

首先单击【绘图】→【块】→【定义属性】命令,系统弹出如图 10-5 所示的"属性定义"对话框,在"标记"文本框中输入"CCD",在"提示"文本框中输入"请输入表面粗糙度的评定参数及其值",在"默认"文本框中输入"Ra 3.2",在"对正"下拉列表中选择"正中",在"文字样式"下拉列表中选择"标注",在"文字高度"文本框中输入"3.5",在"旋转"文本框中输入"0",其他采用默认值。然后单击【确定】按钮,返回绘图区域,在图 10-16(b)所示的表面粗糙度符号上水平线的中点正下方 3 mm 处单击,确定属性的位置,完成块属性的定义。

3. 创建带属性的外部块

①输入 WBLOCK 命令,系统弹出如图 10-4 所示的"写块"对话框;

②在"源"选项区域选择"对象"单选按钮,指定通过选择对象方式确定所要定义块的来源;

③单击"对象"选项区域的"选择对象"按钮⬚,返回绘图区域,选择已定义属性的表面粗糙度代号,回车,返回对话框;

④单击"基点"选项区域的"拾取点"按钮⬚,返回绘图区域,拾取如图 10-16(c)所示表面粗糙度代号最下方的交点,作为块插入时的基点;

⑤在"文件名和路径"下拉列表框中(或单击其右侧按钮⬚)设置块的保存路径、确定块名,本任务中块的保存路径为"E:\机械图块",块名为"CCD";

⑥单击【确定】按钮,关闭对话框,完成带属性的外部块的定义。

4. 插入表面粗糙度代号

执行"插入块"命令后系统弹出如图 10-6 所示的"插入"对话框。单击【浏览】按钮,然后选择要插入的外部块"CCD";在"插入点"选项区域选中"在屏幕上指定"复选框;在"比例"选项区域选中"统一比例"复选框,在"旋转"选项区域选中"在屏幕上指定"复选框,之后单击【确定】按钮,返回绘图区域,在屏幕上指定"插入点"和"旋转角度"后,在"请输入表面粗糙度的评定参数及其值"的提示下(如果在上面步骤"2.将表面粗糙度的评定参数及其值定义为块属性"的操作时,没有在"属性定义"对话框的"提示"文本框中输入"请输入表面粗糙度的评定参数及其值",这里没有该提示)输入"*Ra* 6.3"或回车采用默认值。

5. 编辑"CCD"块的属性

在绘制区双击"表面粗糙度代号"后,AutoCAD 弹出如图 10-9 所示的"增强属性编辑器"对话框。在对话框中可对块属性进行编辑。如果"表面粗糙度的评定参数及其值"不为"Ra 3.2",如为"Ra 1.6",则在"值"文本框中输入"Ra 1.6";如果"表面粗糙度的评定参数及其值"不符合标注要求,则在"文字选项"选项卡的"旋转"文本框中输入"默认值减去 180°后的数值",如默认值为 270,则此时输入"90",之后单击【确定】按钮。

其他表面粗糙度代号直接用"插入块"的方法标注后进行编辑即可。

任务实施 >>>

第 1 步：根据零件的结构形状和大小确定表达方法、比例和图幅。本任务采用 1∶1 比例、A3 图纸、横装。

第 2 步：打开相应的样板文件

打开任务 9 中创建的"A3 横装"样板文件。用"另存为"命令指定路径保存图形文件，文件名为"轮盘类零件图.dwg"。

第 3 步：设置作图环境

在状态栏上依次单击激活【极轴】、【对象捕捉】及【对象追踪】按钮功能，关闭【捕捉】、【栅格】及【正交】按钮功能；设置"对象捕捉"的特征点为端点、中点、圆心、象限点、切点及交点等。

第 4 步：绘制视图

（1）绘制左视图。使用"直线""圆""阵列"等命令和"追踪"等辅助工具绘制左视图及剖切符号，如图 10-17 所示。

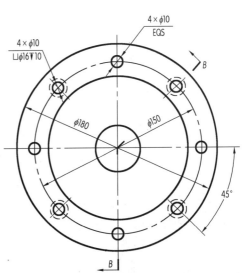

图 10-17 绘制左视图及剖切符号

（2）绘制主视图。使用"直线""镜像""倒角"等命令和"对象捕捉"等辅助工具绘制主视图，如图 10-18 所示。

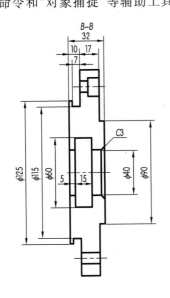
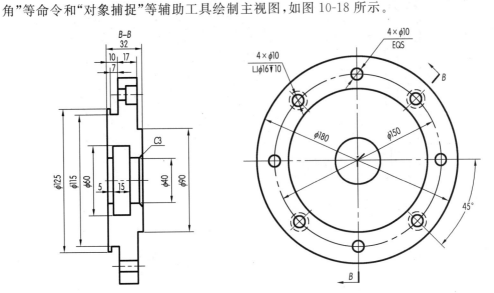

图 10-18 绘制主视图

（3）对主视图进行剖视，绘制剖面符号，如图 10-19 所示。

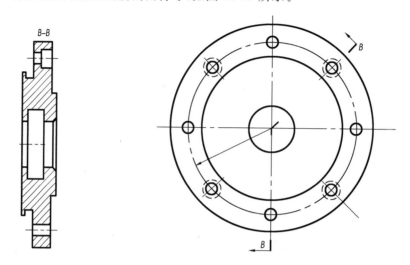

图 10-19　绘制剖面符号

第 5 步：标注尺寸及公差，如图 10-20 所示。关于标注尺寸详见任务 7 和本任务知识储备八，公差标注详见任务 8，基准代号的标注详见本任务知识储备九。

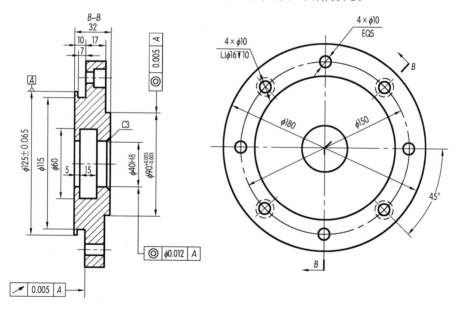

图 10-20　标注尺寸及公差

第 6 步：标注表面粗糙度，如图 10-21 所示。表面粗糙度的标注详见本任务知识储备十。

第 7 步：保存图形文件。

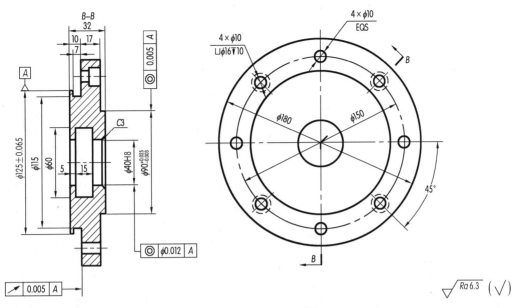

图 10-21　标注表面粗糙度

任务检测与技能训练 >>>

1.选择合适图幅和比例绘制如图 10-22 所示的轮盘类零件图。要求:布图匀称,图形正确,线型符合国家标准规定,标注尺寸、公差和表面粗糙度,但不填写"技术要求"及标题栏。

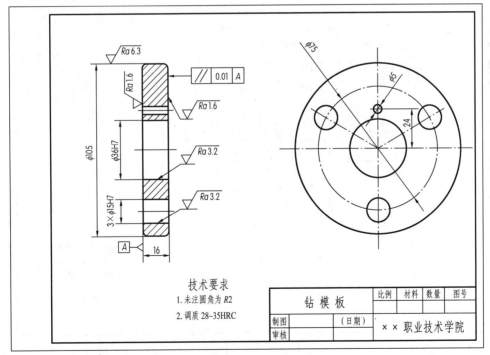

图 10-22　轮盘类零件图(2)

2.选择合适图幅和比例绘制如图 10-23 所示的轮盘类零件图。要求:布图匀称,图形正确,线型符合图家标准规定,标注尺寸、公差和表面粗糙,但不填写"技术要求"及标题栏。

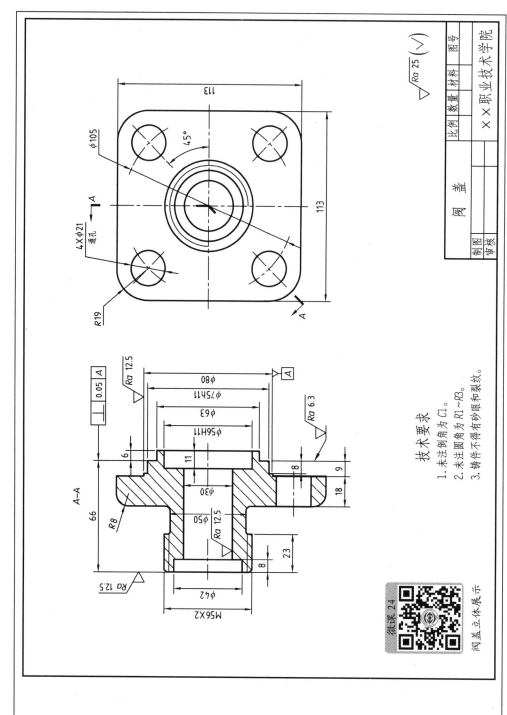

技术要求
1. 未注倒角为 C1。
2. 未注圆角为 R1~R3。
3. 铸件不得有砂眼和裂纹。

微课 2.4

阀盖立体展示

图 10-23 轮盘类零件图 (3)

任务 11

叉架类零件图的绘制

任务描述 >>>

选择 A3 图幅和合适比例绘制如图 11-1 所示的叉架类零件图。要求：布图匀称，图形正确，线型符合国家标准规定，标注尺寸、公差和表面粗糙度，填写标题栏及"技术要求"。

任务目标 >>>

1. 知识目标

了解叉架类零件图的表达方法与特点，掌握叉架类零件图的绘制方法及尺寸与公差的标注方法，重点掌握文字的输入与编辑方法。

2. 技能目标

能选择合适的命令与方法绘制和标注叉架类零件图，能熟练应用文字功能填写"技术要求"和标题栏。

知识储备 >>>

一、创建文字样式

文字是机械图样中不可缺少的组成部分，文字样式是对文字特性的一种描述，包括字体、高度、宽度比例、倾斜角度以及排列方式等。AutoCAD 为用户提供了一种默认的文字样式，样式名称为 Standard，其具体属性见表 11-1。

表 11-1   **Standard 属性**

设置	默认	说明
样式名	Standard	名称最长为 255 个字符
字体名	Txt. shx	与字体相关联的文件（字符样式）
大字体	非	用于非 ASCII 字符集（如汉字）的特殊形定义文件
高度	0	字符高度
宽度比例	1	延展或压缩字符
倾斜角度	0	倾斜字符
反向	否	反向字符
倒置	否	倒置字符
垂直	否	垂直或水平放置字符

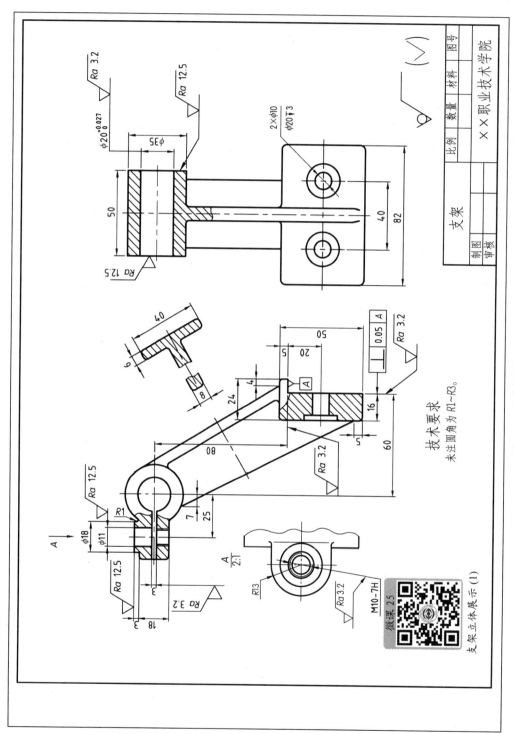

技术要求

未注圆角为 R1~R3。

支架立体展示 (1)

图 11-1 叉架类零件图 (1)

在输入文字时,可以使用 AutoCAD 提供的默认文字样式进行输入,但在工程图样中所标注的文字往往需要采用不同的文字样式,因此,在注写文字之前首先应创建所需的文字样式。

1. 启动"文字样式"对话框

执行"文字样式"命令的方式如下:

(1)菜单命令:【格式】→【文字样式】。

(2)工具栏:〖样式〗工具栏→"文字样式"按钮，或〖文字〗工具栏→"文字样式"按钮。

(3)键盘输入:STYLE✓ 或 ST ✓ 。

执行"文字样式"命令后,弹出"文字样式"对话框,如图 11-2 所示,在该对话框内不但可以创建新的文字样式,也可以修改或删除已有的文字样式。

图 11-2 "文字样式"对话框

2. 新建文字样式

图 11-3 "新建文字样式"对话框

单击"文字样式"对话框中的【新建】按钮,可弹出"新建文字样式"对话框,如图 11-3 所示,在"样式名"文本框中输入文字样式的名称(如"文字样式")后单击【确定】按钮,返回"文字样式"对话框,这时,在"文字样式"对话框的"样式"列表框中已经增加了"文字样式"样式名。

3. 设置新文字样式的属性

在"字体"选项区域中,单击"字体名"下拉列表框右侧的下拉按钮，打开"字体名"下拉列表,从中选择"gbenor. shx",如图 11-4 所示。"＊.shx"字体是 Autodesk 公司开发的一种用线画来描述字符轮廓的字体。它具有占内存空间小、打印速度快的特点。它分为小字体和大字体,小字体用于标注西文,大字体用于标注亚洲语言文字。

选择"使用大字体"复选框,可创建支持汉字等大字体的文字样式,此时"大字体"下拉列表框被激活,从其下拉列表中选择"gbcbig. shx",如图 11-5 所示。如果遇到中、英文字体高度和宽度不一致的问题时,用户可以在"SHX 字体"下拉列表中选择"gbenor. shx(控制英文直体)"或"gbeitc. shx(控制英文斜体,中文直体)"来解决,如图 11-6 所示。

在"大小"选项区域中,"高度"文本框用于指定文字高度。文字高度的默认值为 0,表示字高是可变的;如果输入某一高度值,文字高度就为固定值。

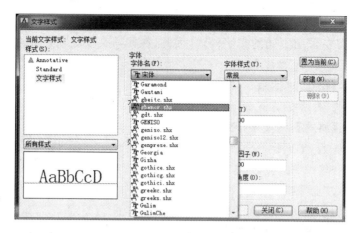

图 11-4 "字体名"下拉列表

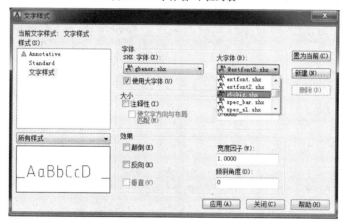

图 11-5 "大字体"下拉列表

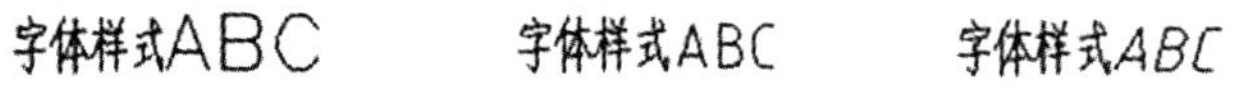

字体样式ABC 字体样式ABC 字体样式ABC

(a) 选择 simple.shx 字体 (b) 选择 gbenor.shx 字体 (c) 选择 gbeitc.shx 字体

图 11-6 协调中、英文字体高度和宽度的一致

在"效果"选项区域中,各选项用于控制文字的效果。如颠倒、宽度因子、反向、倾斜角度等,通过相应的复选框和文本框来进行设置,同时在左下角的预览框中显示效果,如图 11-7 所示。

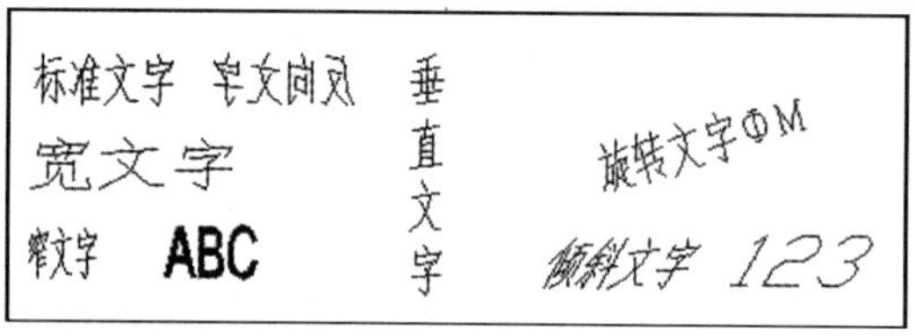

图 11-7 字体效果

在具体设置时应注意:

①倾斜角度:用于设置字符向左右倾斜的角度,以 Y 轴正向为角度的 0 值,顺时针为正。字符倾斜角度的范围必须在 $-85°\sim85°$ 之间。按照国家标准输入"15",使文本倾斜 75°。该选项与输入文字时"旋转角度"的区别在于,"倾斜角度"是指字符本身的倾斜度,"旋

转角度(R)"是指文字行的倾斜度,如图 11-7 右边所示。

　　②宽度因子:用于设置字体宽度。如将仿宋体改设为长仿宋体,其宽度因子应设置为 0.67。

　　③设置颠倒、反向、垂直效果可应用于已输入的文字,而高度、宽度因子和倾斜角度效果只能应用于新输入的文字。"颠倒"和"反向"只适合于单行文字。垂直功能对"True Type"字体不可用。

　　预览框用来显示字体的设置效果。

　　如果完成了上述的文字样式设置,单击【应用】按钮,系统保存新创建的文字样式。然后单击【关闭】按钮,退出"文字样式"对话框,完成一个新文字样式的创建。

二、修改文字样式

　　在"文字样式"对话框的"样式"列表框中,显示所有已创建的文字样式。用户可以随时修改某一种已建文字样式,并将所有使用这种样式输入的文字特性同时进行修改,方法是在"样式"列表框中选择需要修改的文字样式,并在"文字样式"对话框的"字体"选项区域和"效果"选项区域进行修改,如果修改了其中任何一项,对话框中的【应用】按钮就会被激活。单击【应用】按钮,系统会将更新的样式定义保存,同时更新所有使用这种样式输入的文字的特性,然后单击【关闭】按钮,退出"文字样式"对话框;也可以只修改文字样式的定义,使它只对以后使用这种样式输入的文字起作用,而不修改之前使用该样式输入的文字特性,方法是在修改某一文字样式之前,选中需要修改的文字样式,然后单击鼠标右键,在弹出的快捷菜单中选择【重命名】命令,重命名并修改"字体"或"效果"的选项设置,之后单击【关闭】按钮,屏幕上会弹出如图 11-8 所示的系统提示,单击【是】按钮即可保存当前样式的

图 11-8　文字样式修改系统提示

修改并退出对话框,但此时系统只是保存更新的样式定义,并不修改之前使用该样式输入的文字特性。

三、设置当前文字样式

　　在输入文字时,都是使用当前文字样式进行输入的。所以用户应当在文字输入之前,将要使用的文字样式置为当前样式。设置当前样式的方法有以下几种:

　　(1)在"文字样式"对话框的"样式"列表框中选中样式名,然后单击【关闭】按钮(或单击右上角的"关闭"按钮▣)。

　　(2)在如图 11-9 所示的〖样式〗工具栏的"文字样式控制"下拉列表中直接选择样式作为当前样式。

　　(3)在执行 TEXT 或 MTEXT 命令时,在命令行选择"样式(S)"选项,通过输入样式名来作为当前样式。

图 11-9　〖样式〗工具栏

四、单行文字

　　AutoCAD 提供了两种文字输入的方式:单行文字输入和多行文字输入。所谓的单行

文字输入,并不是用该命令每次只能输入一行文字,而是输入的文字,每一行单独作为一个实体对象来处理。相反,多行文字输入就是不管输入几行文字,AutoCAD 都把它作为一个实体对象来处理。

1. 单行文字的输入

单行文字的每一行就是一个单独的整体,不可分解,只能具有整体特性,不能对其中的字符设置另外的格式。单行文字除了具有当前使用文字样式的特性外,还具有的特性包括内容、位置、对齐方式、字高、旋转角度。执行"单行文字"命令的方式如下:

①菜单命令:【绘图】→【文字】→【单行文字】。

②工具栏:〖文字〗工具栏→"单行文字"按钮 **A**。

③键盘输入:TEXT↙或 DTEXT ↙。

执行"单行文字"命令的操作如下:

命令:**TEXT**↙   // 启动"单行文字"命令

当前文字样式:"工程字"当前文字高度:2.5000   // 显示当前文字样式信息

指定文字的起点或[对正(J)/样式(S)]:**单击一点**   // 指定文字起点

指定高度 <2.5000>:**5** ↙   // 输入文字高度

指定文字的旋转角度 <0>:↙   // 输入文字旋转角度

TEXT:**未注圆角 R2** ↙   // 输入所需文字并回车

TEXT: // 转行继续输入所需文字,
                                           或回车结束命令

在命令行提示"指定文字的起点或[对正(J)/样式(S)]:"时,如果输入 J↙,选择"对正(J)"选项,可以用来指定文字的对齐方式;如果输入 S↙,选择"样式(S)"选项,可以用来指定文字的当前输入样式。下面详细介绍各选项的使用。

(1)"对正(J)"选项

在命令行提示"指定文字的起点或[对正(J)/样式(S)]:"时,如果输入 J↙,命令行提示:

输入选项[对齐(A)/布满(F)/居中(C)/中间(M)/右对齐(R)/左上(TL)/中上(TC)/右上(TR)/左中(ML)/正中(MC)/右中(MR)/左下(BL)/中下(BC)/右下(BR)]:

其中各选项的含义分别为:

● 对齐(A):将文字限制在指定基线的两个端点之间。输入 A↙后,命令行会提示指定文字基线的第一个端点和第二个端点,输入的文字正好嵌入在指定的两个端点之间,文字的倾斜角度由指定的两个端点决定,高度由系统计算得到,而不需用户来指定,注意文字的高宽比保持不变,叉号表示指定的端点,如图 11-10 所示。

● 布满(F):将文字限制在指定基线的两个端点之间,与"对齐(A)"不同的是,需要用户指定文字高度,字符的宽度因子由系统计算得到,如图 11-11 所示。

图 11-10　对齐方式 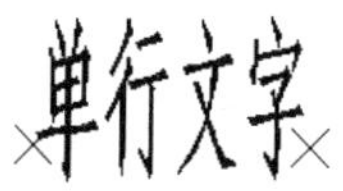　　　　　　图 11-11　布满方式

● 居中(C):以指定点为中心点对齐文字,需要用户指定基线的中心点、文字高度和旋转角度,如图 11-12 所示。

● 中间(M):文字基线的水平中点与文字高度的垂直中点重合,需要用户指定文字的中间点、文字高度和旋转角度,如图 11-13 所示。

单行文字　　　　单行文字

图 11-12　居中方式 　　　　　　　图 11-13　中间方式

● 右对齐(R):在基线上以指定点为基准右对齐文字,需要用户指定文字的右端点、文字高度和旋转角度,如图 11-14 所示。

● 左上(TL):以指定点作为文字的顶部左端点,并且以该点为基准左对齐文字,需要用户指定文字的左上点、文字高度和旋转角度,如图 11-15 所示。

单行文字　　　　单行文字

图 11-14　右对齐方式 　　　　　　图 11-15　左上方式

● 中上(TC):以指定点作为文字顶部中点,并且以该点为基准居中对齐文字,需要用户指定文字的中上点、文字高度和旋转角度,如图 11-16 所示。

● 右上(TR):以指定点作为文字的顶部右端点,并且以该点为基准右对齐文字,需要用户指定文字的右上点、文字高度和旋转角度,如图 11-17 所示。

单行文字　　　　单行文字

图 11-16　中上方式 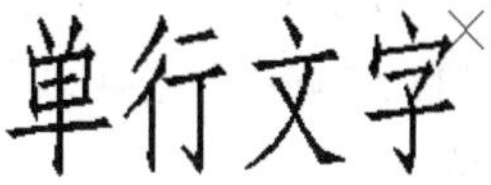　　　　　　　图 11-17　右上方式

● 左中(ML):以指定点作为文字高度上的中点,并且以该点为基准左对齐文字,需要用户指定文字的左中点、文字高度和旋转角度,如图 11-18 所示。

● 正中(MC):以指定点作为文字高度上的中点,并且以该点为基准居中对齐文字,需要用户指定文字的中间点、文字高度和旋转角度,如图 11-19 所示。"中间(M)"选项与"正中(MC)"选项不同,"中间(M)"选项使用的中点是所有文字包括下行文字在内的中点,而"正中(MC)"选项使用大写字母高度的中点。

单行文字　　　　单行文字

图 11-18　左中方式 　　　　　　　图 11-19　正中方式

● 右中(MR):以指定点作为文字高度上的中点,并且以该点为基准右对齐文字,需要用户指定文字的右中点、文字高度和旋转角度,如图 11-20 所示。

● 左下(BL):以指定点作为文字的基线,并且以该点为基准左对齐文字,需要用户指定文字的左下点、文字高度和旋转角度,如图 11-21 所示。

图 11-20　右中方式 　　　　　　　图 11-21　左下方式

● 中下(BC)：以指定点作为文字的基线，并且以该点为基准居中对齐文字，需要用户指定文字的中下点、文字高度和旋转角度，如图 11-22 所示。

● 右下(BR)：以指定点作为文字的基线，并且以该点为基准右对齐文字，需要用户指定文字的右下点、文字高度和旋转角度，如图 11-23 所示。

图 11-22　中下方式　　　　　　　　图 11-23　右下方式

文字的对正方式还可以在"特性"选项板中进行调整。

（2）"样式(S)"选项

在命令行提示"指定文字的起点或[对正(J)/样式(S)]:"时，如果输入 S↙，命令行提示：

输入样式名或[?]<样式 4>：　　//输入样式名或回车默认括号中的文字样式

也可以事先将需要的文字样式设置为当前样式

在输入单行文字时，为了使得文字的定位和对齐更为方便、精确，可以使用"对象捕捉"功能对其进行捕捉。单行文字具有两个特殊点：对齐点和定位点。当在"草图设置"对话框的"对象捕捉"选项卡中选择"插入点"捕捉方式时，可以捕捉到单行文字的对齐点，根据选用的对齐方式该点的位置有所不同，文字的对齐点如上述"对正(J)"选项中所述；当选择"节点"捕捉方式时，可以捕捉到单行文字的定位点，它始终位于文字基线的左端点。

2. 特殊符号的输入

在使用单行文字输入时，常常需要输入一些特殊符号，如直径符号"ϕ"、角度符号"°"等。根据当前文字样式所使用的字体不同，特殊符号的输入分为用"True Type"字体输入特殊字符和用"*.shx"字体输入特殊字符两种情况。

（1）用"True Type"字体输入特殊字符

"True Type"字体是 Windows 提供的一种字体。如果当前的文字样式使用的是"True Type"字体，就可以使用 Windows 提供的软键盘进行输入。任选一种输入法，例如智能ABC 输入法，系统弹出如图 11-24 所示的输入法状态条。在"软键盘"按钮▦上单击鼠标右键，弹出键盘快捷菜单，如图 11-25 所示。例如选择"希腊字母"，就会出现如图 11-26 所示的希腊字母软键盘，软键盘的用法与硬键盘一样，在需要的字母键上单击，就可以输入对应的字母。

图 11-24　输入法状态条　　图 11-25　键盘快捷菜单　　　图 11-26　希腊字母软键盘

（2）用"*.shx"字体输入特殊字符

如果当前文字样式使用的字体是"*.shx"字体，并且勾选了如图 11-5 所示的"使用大字体"复选框，依然可以使用上述软键盘进行输入；如果没有勾选"使用大字体"复选框，就不能用上述方法输入特殊字符,因为输入的字符 AutoCAD 系统不承认,显示为"?"。这时可以使用 AutoCAD 提供的控制码输入,控制码由两个百分号(％％)后紧跟一个字母构成。表11-2列出了 AutoCAD 中常用的控制码。

表 11-2　　　　　　　　　　　　　　**AutoCAD 中常用的控制码**

控制码	功能
％％o	加上划线
％％u	加下划线
％％d	度符号
％％p	正、负符号
％％c	直径符号
％％％	百分号

3. 单行文字的编辑

用户既可以编辑已输入单行文字的内容,也可以修改单行文字对象的特性。

(1)编辑单行文字的内容

对单行文字的编辑有以下几种方法:

①单击【修改】→【对象】→【文字】→【编辑】命令,这时命令行提示"选择注释对象或[放弃(U)]:",用拾取框选择要进行编辑的单行文字,该文字高亮显示,重新填写需要的文字,然后连续回车两次,结束编辑操作。如果回车一次,则命令行还会继续提示"选择注释对象或[放弃(U)]:",此时可以连续执行多个文字对象的编辑操作。

②在命令行输入 DDEDIT↙或 ED↙后,命令行提示"选择注释对象或[放弃(U)]:",后面的操作方法与上述相同。

③在绘图区选中单行文字对象,单击鼠标右键,在弹出的快捷菜单中单击【编辑】命令,此时命令行的操作方法同上。

④双击单行文字对象,该文字也会高亮显示,重新填写需要的文字,然后连续回车两次结束编辑。但是这种方法与前三种方法不同的是,每次只能编辑一个单行文字对象。

(2)修改单行文字特性

①通过"特性"选项板来修改文字的样式、高度、对正方式等特性。方法是选中文字对象,单击鼠标右键选择快捷菜单中的【特性】命令,屏幕上将弹出"特性"选项板,在选项板中修改对象的特性。同时单击"特性"选项板"文字"列表中的"内容",还可以对文字内容进行编辑。

②激活状态栏上的"快捷特性"按钮 QP 后单击单行文字对象,或者单击单行文字对象后再单击鼠标右键,从弹出的快捷菜单中选择【快捷特性】

图 11-27　"快捷特性"选项板

命令,打开如图 11-27 所示的"快捷特性"选项板,从中进行编辑。

五、多行文字

多行文字可以包含任意多个文本行和文本段落,并可以对其中的部分文字设置不同的文字格式。整个多行文字作为一个对象处理,其中的每一行不再为单独的对象。但是多行文字可以使用 EXPLODE 命令进行分解,分解之后的每一行将重新作为单个的单行文字对象。"多行文字"命令用于输入内部格式比较复杂的多行文字。

1. 多行文字的输入

执行"多行文字"命令的方式如下:

(1)菜单命令:【绘图】→【文字】→【多行文字】。

(2)工具栏:〖绘图〗工具栏→"多行文字"按钮**A**。

(3)键盘输入:MTEXT↙或 MT↙。

执行"多行文字"命令后,AutoCAD 提示:

指定第一角点:

在此提示下指定一点作为第一角点后,AutoCAD 继续提示:

指定对角点或[高度(H)/对正(J)/行距(L)/旋转(R)/样式(S)/宽度(W)/栏(C)]:

如果响应默认选项,即指定另一角点的位置。指定的两个角点是文字输入编辑框的对角点,AutoCAD 弹出如图 11-28 所示的"文字格式"编辑器。

"文字格式"编辑器由上面的〖文字格式〗工具栏和下面的标尺及文字输入编辑框组成。工具栏上有一些下拉列表框、按钮等。用户可通过该编辑器输入要标注的文字,并进行相关的标注设置。它类似于 Word 等文字编辑工具,用户对它的使用应该比较熟悉,这里不多赘述。

单击【确定】按钮或者使用"Ctrl+Enter"组合键或者在"文字格式"编辑器外的图形窗口中单击,将关闭"文字格式"编辑器并保存所做的任何修改;按 Esc 键,则关闭"文字格式"编辑器而不保存修改。

2. 多行文字的编辑

多行文字的编辑方法如下:

①单击【修改】→【对象】→【文字】→【编辑】命令,这时命令行提示"选择注释对象或[放弃(U)]:",用拾取框选择要进行编辑的多行文字,屏幕将弹出如图 11-28 所示的"文字格式"编辑器,在文字输入编辑框中重新填写需要的文字,然后单击【确定】按钮。这时,命令行继续提示"选择注释对象或[放弃(U)]:",可以连续执行多行文字对象的编辑操作。

图 11-28 "文字格式"编辑器

②在命令行输入命令 DDEDIT↙或 ED↙,命令行的提示与操作同上。

③在绘图区选中多行文字对象,单击鼠标右键,在弹出的快捷菜单中单击【编辑多行文字】命令,命令行的提示与操作依然同上。

④双击多行文字对象,也可以用同样的方法来编辑文字。但是这种方法只能执行一次编辑操作,如果要编辑其他多行文字对象需要重新双击对象。

⑤单击多行文字对象,在"快捷特性"选项板中编辑。

⑥在打开"文字格式"编辑器后,单击鼠标右键,在弹出的快捷菜单中进行相关选项的操作,如"对正""查找与替换"等。

六、注释性文字

AutoCAD 2013 可以将文字、尺寸、几何公差、块、属性、引线等指定为注释性对象。

1. 注释性文字样式

用于定义注释性文字样式的命令也是 STYLE，其定义过程与文字样式的创建过程类似。执行 STYLE 命令后，在打开的"文字样式"对话框中按创建文字样式的过程设置文字样式，然后选中"注释性"复选框。选中该复选框后，会在"样式"列表框中的对应样式名前显示图标，表示该样式属于注释性文字样式。

2. 标注注释性文字

用 DTEXT 或 MTEXT 命令标注文字时，只要将对应的注释性文字样式设为当前样式，然后按前面介绍的方法标注即可。注释性文字的编辑方法也与其他文字的编辑方法相同。

任务实施 >>>

第 1 步：根据零件的结构形状和大小确定表达方法、比例和图幅。本任务采用 1：1 比例、A3 图纸、横装。

第 2 步：打开相应的样板文件。打开任务 9 中创建的"A3 横装"样板文件。用"另存为"命令指定路径保存图形文件，文件名为"支架类零件图.dwg"。

第 3 步：设置作图环境

在状态栏上依次单击激活【正交】、【对象捕捉】及【对象追踪】按钮功能，关闭【捕捉】、【栅格】按钮功能；设置"对象捕捉"的特征点为端点、中点、圆心、象限点、切点及交点等。

第 4 步：绘制视图

(1)绘制支架工作部分的视图

使用"直线""圆""圆角"等命令和"正交""追踪"等辅助工具绘制支架工作部分的视图，使用"多重引线"或"多段线"命令绘制投射方向符号，使用"单行文字"或"多行文字"命令书写字母"A"，如图 11-29 所示。

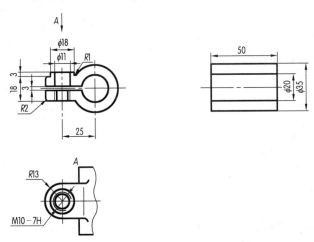

图 11-29　支架工作部分的视图

（2）绘制支架支承部分的视图

向左移动 A 向视图，使用"直线""圆""圆角"等命令和"正交""追踪"等辅助工具绘制支架支承部分的视图，如图 11-30 所示。

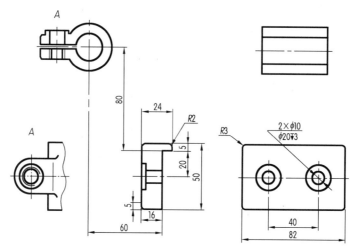

图 11-30　支架支承部分的视图

（3）绘制支架连接部分的视图

关闭【正交】按钮功能，使用"直线""偏移""圆角"等命令和"对象捕捉""追踪"等辅助工具绘制支架连接部分的视图，如图 11-31 所示。

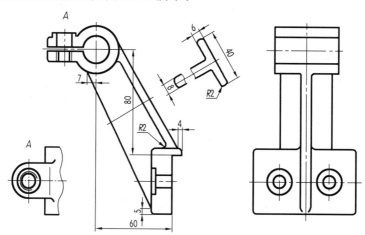

图 11-31　支架连接部分的视图

（4）使用"样条曲线"和"图案填充"命令绘制剖面符号（图 11-32）

第 5 步：标注尺寸、尺寸公差、几何公差及表面粗糙度代号，并将 A 向视图放大两倍，如图 11-33 所示。

第 6 步：书写技术要求。

（1）设置技术要求文字样式

在〖样式〗工具栏的"文字样式控制"列表中直接选择已建的样式"汉字"作为当前文字样式或者在"文字格式"编辑器"样式"下拉列表中直接选择已建的样式"汉字"作为当前文字样式。

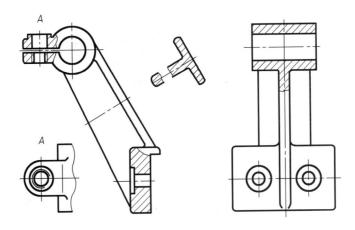

图 11-32　绘制剖面符号

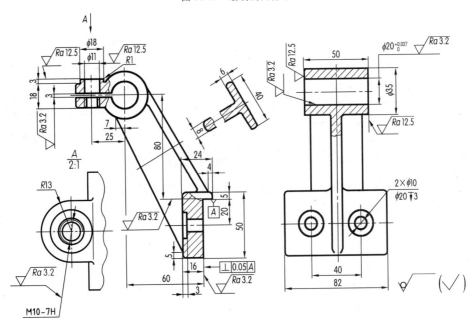

图 11-33　标注尺寸、尺寸公差、几何公差及表面粗糙度代号

(2)书写技术要求内容

技术要求内容可用"多行文字"命令书写,也可用"单行文字"命令书写,具体操作如下。

①使用"多行文字"命令书写技术要求

命令:mtext↙或 mt↙或 t↙或单击〖绘图〗工具栏→A按钮　　//执行"多行文字"命令

当前文字样式:汉字 文字高度:3.5　　//系统提示

指定第一角点:**单击注写文字左上角点**　　//在绘图区中要注写文字

处指定第一角点

指定对角点或[高度(H)/对正(J)/行距(L)/旋转(R)/样式(S)/宽度(W)/栏(C)]:单

击注写文字右下角点　　//在绘图区中要注写文字

处指定第二角点

执行上述操作后,AutoCAD 将以指定的两个点作为对角点所形成的矩形区域作为文字行的宽度,同时打开如图 11-28 所示的"文字格式"编辑器。将"文字格式"编辑器"字高"文本框中的数字改为"7"并回车后,在文字输入编辑框中输入"技术要求↙",再将字高设置为"5",之后输入"未注圆角为 R1~R3。",单击【确定】按钮或在文字输入编辑框外单击。

②使用"单行文字"命令书写技术要求

命令:text 或 dt↙或单击菜单栏【绘制】→【文字】→【单行文字】命令

// 执行"单行文字"命令

当前文字样式:汉字 文字高度:3.5 // 系统提示

指定文字的起点或[对正(J)/样式(S)]:**单击书写文字左下角点**

// 在绘图区指定文字起点

指定高度 <3.5000>:**5**↙ // 输入文字高度

指定文字的旋转角度 <0>:↙ // 输入文字旋转角度

text:**技术要求**↙ // 输入所需文字

text:**未注圆角为 R1~R3。**↙ // 另起一行输入所需文字

text:↙↙ // 回车结束文字输入,再回车结束"单行文字"命令

激活状态栏上的"快捷特性"按钮 QP 后单击"技术要求",或者单击"技术要求"后再单击鼠标右键,从弹出的快捷菜中选择【快捷特性】命令,打开如图 11-27 所示的"快捷特性"选项板,将"高度"文本框中的"5"改为"7"后回车,关闭"快捷特性"选项板,移动"技术要求"至合适位置,结果如图 11-1 所示。

第 7 步:填写标题栏

标题栏可用"多行文字"命令填写,也可用"单行文字"命令填写,操作如下。

(1)使用"多行文字"命令填写标题栏

命令:t↙或 mt↙或 mtext↙或单击〖绘图〗工具栏→A 按钮

// 执行"多行文字"命令

当前文字样式:汉字 文字高度:3.5 // 系统提示

指定第一角点:**单击图 11-34 中的 A 点或 B 点** // 指定第一角点

指定对角点或[高度(H)/对正(J)/行距(L)/旋转(R)/样式(S)/宽度(W)/栏(C)]:**J**↙**或单击"对正(J)"** // 选择"对正(J)"选项

输入对正方式[左上(TL)/中上(TC)/右上(TR)/左中(ML)/正中(MC)/右中(MR)/左下(BL)/中下(BC)/右下(BR)]<左上(TL)>:**MC**↙**或单击"正中(MC)"**

// 选择"正中(MC)"选项

指定对角点或[高度(H)/对正(J)/行距(L)/旋转(R)/样式(S)/宽度(W)/栏(C)]:**单击图 11-34 中的 B 点或 A 点** // 指定第二角点

执行上述操作后,打开"文字格式"编辑器,首先在"文字格式"编辑器的"栏数"下拉列表中选择"不分栏",其次将"字高"文本框中的数字改为"7"并回车后,在文字输入编辑框中输入"支架",单击【确定】按钮或在文字输入编辑框外单击。

用同样的方法书写其他单元格的内容或者复制后编辑并移动夹点,结果如图 11-34 所示。

(2)使用"单行文字"命令填写标题栏

命令:text 或 dt↙或单击菜单栏【绘图】→【文字】→【单行文字】命令

　　　　　　　　　　　　　　　　　　　　//执行"单行文字"命令

当前文字样式:汉字 文字高度:3.5　　　　　　//系统提示

指定文字的起点或[对正(J)/样式(S)]:**J↙**或单击"对正(J)"

　　　　　　　　　　　　　　　　　　　　//选择"对正(J)"选项

输入选项[对齐(A)/布满(F)/居中(C)/中间(M)/右对齐(R)/左上(TL)/中上(TC)/右上(TR)/左中(ML)/正中(MC)/右中(MR)/左下(BL)/中下(BC)/右下(BR)]:**MC↙**或单击"正中(MC)"　　　　　　　　　　　　　//选择"正中(MC)"选项

指定文字的中间点:**捕捉并单击图 11-34 所示 AB 直线的中点**

　　　　　　　　　　　　　　　　　　　　//确定文字的中间点

指定高度<3.5000>:**7↙**　　　　　　　　//输入文字高度

指定文字的旋转角度<0>:**↙**　　　　　　//输入文字旋转角度

text:**支架↙**　　　　　　　　　　　　　//输入所需文字

text:**↙**　　　　　　　　　　　　　　　//回车结束文字输入,再回

　　　　　　　　　　　　　　　　　　　　车结束"单行文字"命令

用同样的方法书写其他单元格的内容或者复制后编辑,结果如图 11-34 所示。

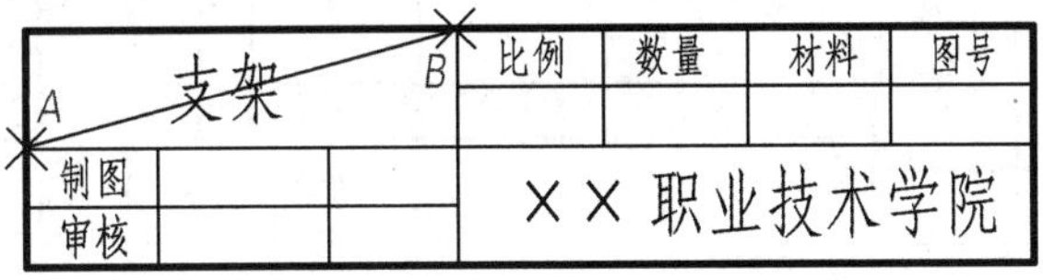

图 11-34　标题栏及文字填写

第 8 步:保存图形文件。

任务检测与技能训练 >>>

1.选择合适图幅和比例绘制如图 11-35 所示的叉架类零件图。要求:布图匀称,图形正确,线型符合国家标准规定,标注尺寸、公差和表面粗糙度,填写标题栏及"技术要求"。

2.选择合适图幅和比例绘制如图 11-36 所示的叉架类零件图。要求:布图匀称,图形正确,线型符合国家标准规定,标注尺寸、公差和表面粗糙度,填写标题栏及"技术要求"。

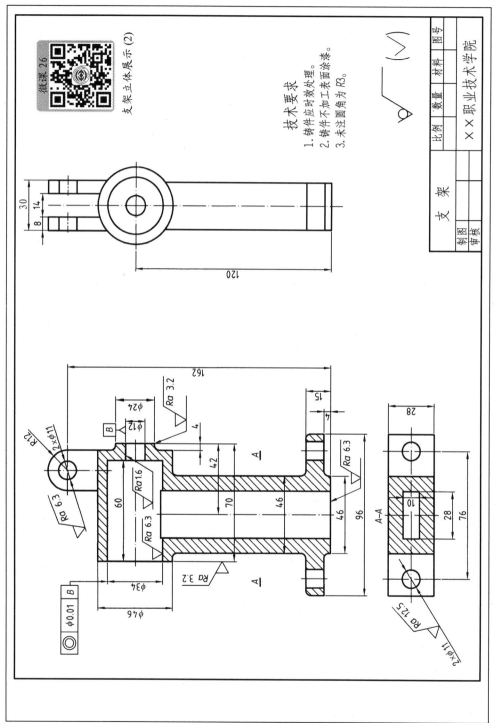

图 11-35 叉架类零件图 (2)

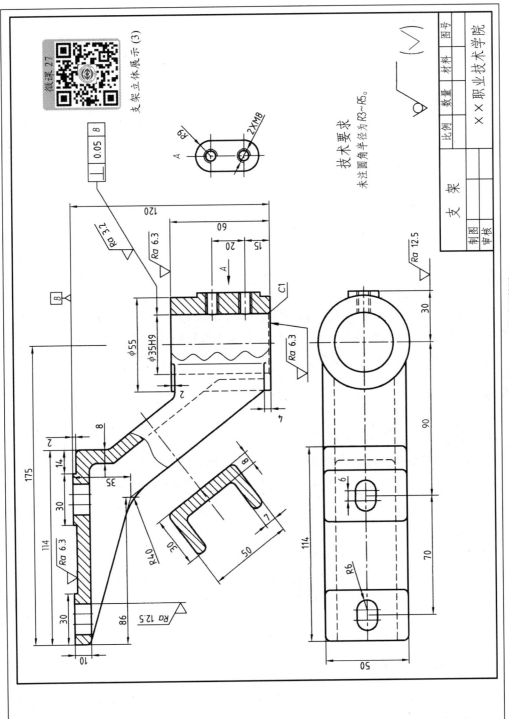

技术要求

未注圆角半径为R3~R5。

微课 27

支架立体展示 (3)

⊥ | 0.05 | B

2×M8

R9

120

60

20

15

Ra 3.2

Ra 6.3

A

C1

φ55

φ35H9

Ra 6.3

B

175

8

2

14

35

30

114

Ra 6.3

30

Ra 12.5

98

10

R40

8

7

50

30

90

114

6

70

R6

30

50

Ra 12.5

支　架

比例

数量

材料

图号

××职业技术学院

制图

审核

图 11-36　叉架类零件图 (3)

任务 **12** | 箱体类零件图的绘制

任务描述 >>>

选择 A2 图幅和 1∶1 的比例绘制如图 12-1 所示的箱体类零件图。要求：布图匀称，图形正确，线型符合国家标准规定，标注尺寸、公差和表面粗糙度，书写"技术要求"，使用"表格"命令绘制标题栏并填写文字信息。

任务目标 >>>

1.知识目标

了解箱体类零件图的表达方法与特点，掌握箱体类零件图的绘制方法，巩固尺寸、公差和表面粗糙度的标注方法及文字的输入与编辑方法，重点掌握"表格样式""绘制表格""编辑表格"等命令的使用方法。

2.技能目标

能选择合适的命令与方法绘制箱体类零件图，能正确标注尺寸、公差、表面粗糙度和填写"技术要求"及标题栏。能熟练使用"表格""文字"命令绘制与填写装配图明细栏。

知识储备 >>>

一、创建表格样式

表格是一个在行和列中包含数据的对象。表格的外观由表格样式控制，用户可以使用默认表格样式 Standard，也可以创建自己的表格样式，具体步骤如下：

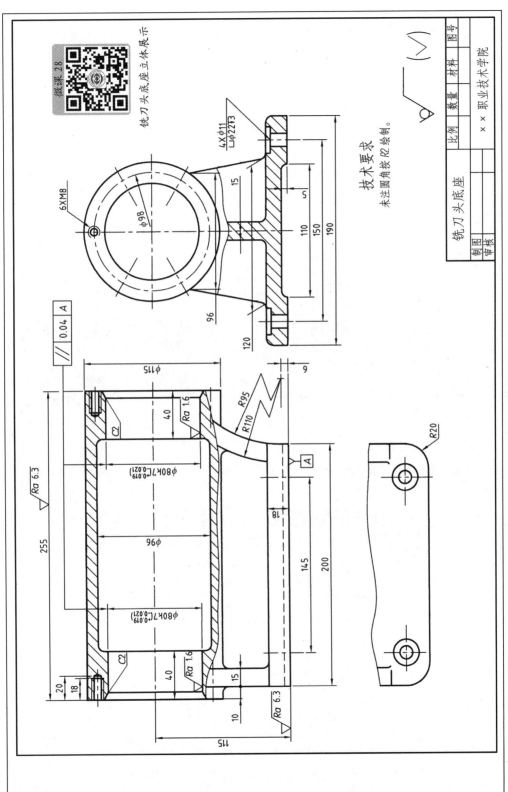

微课 28

铣刀头底座立体展示

技术要求
未注圆角按R2绘制。

铣刀头底座

图 12-1　箱体类零件图 (1)

1. 执行"表格样式"命令

单击【格式】→【表格样式】命令或通过键盘输入 TABLESTYLE↙后,系统弹出"表格样式"对话框,如图 12-2 所示。其中,"样式"列表框中列出了满足条件的表格样式;"预览"框中显示出表格的预览图像;【置为当前】按钮用于将在"样式"列表框中选中的表格样式设置为当前样式;【删除】按钮用于删除在"样式"列表框中选中的表格样式;【新建】按钮用于新建表格样式;【修改】按钮用于修改已有的表格样式。

2. 命名新建表格样式

单击【新建】按钮,系统弹出如图 12-3 所示的"创建新的表格样式"对话框,在"新样式名"文本框中输入新的表格样式名称,如"明细栏"。

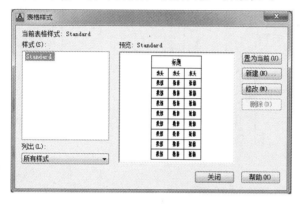

图 12-2 "表格样式"对话框

图 12-3 "创建新的表格样式"对话框

3. 设置新建表格样式

单击【继续】按钮,系统弹出"新建表格样式:明细栏(新的表格样式名称)"对话框,如图 12-4 所示。

图 12-4 "新建表格样式:明细栏(新的表格样式名称)"对话框

通过该对话框可以指定表格方向和单元样式,还可以对表格进行参数设置,下面介绍对话框中各部分的功能。

(1)起始表格:使用户可以在图形中指定一个表格作为样例来设置此表格样式的格式,单击"选择起始表格"按钮，进入绘图区,可以在绘图区选择表格录入。"删除起始表格"按钮与"选择起始表格"按钮的作用相反。

(2)表格方向:在"表格方向"下拉列表中选择"向上"或"向下"选项。"向上"选项用于创建由下而上读取的表格,列标题行和标题行都在表格的底部,而"向下"选项的作用正好相反。

(3)单元样式:在"单元样式"下拉列表中有"数据"、"表头"、"标题"、"创建新单元样式"和"管理单元样式"五个选项,前三个选项分别用于设置表格的数据特性、列标题和表标题的外观。当用户需要创建新的单元样式时,可以在"单元样式"下拉列表中选择"创建新单元样式"或单击"创建新单元样式"按钮进行创建。此外,用户可通过在"单元样式"下拉列表中选择"管理单元样式"或单击"管理单元样式"按钮进行单元样式管理。AutoCAD 表格的各部分名称如图 12-5 所示。

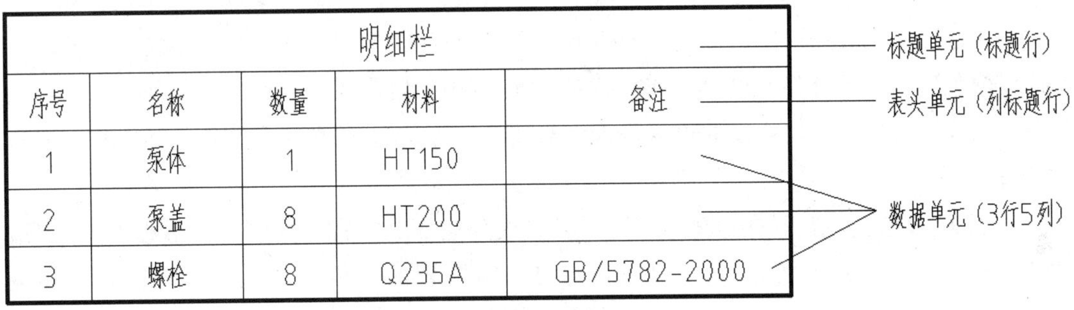

明细栏				
序号	名称	数量	材料	备注
1	泵体	1	HT150	
2	泵盖	8	HT200	
3	螺栓	8	Q235A	GB/5782-2000

— 标题单元(标题行)
— 表头单元(列标题行)
— 数据单元(3行5列)

图 12-5　AutoCAD 表格的各部分名称

(4)"常规"选项卡:用于选择当前单元格的样式。

填充颜色:设置表格区域的颜色。

"对齐":为单元格内容指定一种对齐方式。

"格式":设置表格中各行的数据类型和格式。单击按钮以显示"表格单元格式"对话框,从中可以进一步定义格式选项。

"类型":将单元格样式指定为"标签"或"数据",在包含起始表格的表格样式中插入默认文字时使用。

"页边距"—"水平":指定单元格中的文字与单元格左、右边框之间的距离。

"页边距"—"垂直":指定单元格中的文字与单元格上、下边框之间的距离。

"创建行/列时合并单元"复选框:用于将使用当前单元样式创建的所有新行或列合并到一个单元格中,可以通过选择该复选框在表格的顶部创建标题行。

(5)"文字"选项卡：用于设置文字的样式、高度、颜色、角度等特性。

"文字样式"：指定文字样式。在"文字样式"下拉列表中选择文字样式，或单击 ⋯ 按钮打开"文字样式"对话框以创建新的文字样式。

"文字高度"：指定文字高度。此选项仅在选定文字样式的文字高度为 0 时可用（默认文字样式 Standard 的文字高度为 0）。如果选定的文字样式指定了固定的文字高度，则此选项不可用。

"文字颜色"：指定文字颜色。在"文字颜色"下拉列表中选择一种颜色或者单击"选择颜色"选项，系统将弹出"选择颜色"对话框，从中指定需要的颜色。

"文字角度"：设置文字角度。默认的文字角度为 0°。可以输入 -359° 至 +359° 之间的任何角度。

(6)"边框"选项卡：用于设置表格边框的显示特性，如线宽、颜色等。

"线宽"：设置要用于显示边界的线宽。如果使用加粗的线宽，需要修改单元边距才能看到文字。

"线型"：设置线型以应用于指定边框。在"线型"下拉列表中选择标准线型"ByBlock"、"ByLayer"或"Continuous(连续)"，或者选择"其他"选项加载自定义线型。

"颜色"：指定颜色以应用于显示的边界。在"颜色"下拉列表中选择一种颜色或者单击"选择颜色"选项，系统将弹出"选择颜色"对话框，从中指定需要的颜色。

"双线"复选框：指定选定的边框是否为双线型。可以通过在"间距"文本框中输入值来更改行距。

"边框"按钮：包括"所有边框"、"外边框"、"内部边框"、"底部边框"、"左边框"、"顶部边框"、"右边框"和"无边框"按钮。单击按钮可以将设置的"边框"特性应用到选定的相应边框。

(7)"单元样式预览"框：显示当前表格样式设置效果的样例。

4. 完成表格样式的创建

单击【确定】按钮，返回"表格样式"对话框，单击【置为当前】和【关闭】按钮，完成表格样式的创建。

二、创建表格

利用"表格"命令可以将空白的表格插入到图形的指定位置。执行"表格"命令的方式如下：

(1)菜单命令：【绘图】→【表格】。

(2)工具栏：〖绘图〗工具栏→"表格"按钮 ▦。

(3)键盘输入：TABLE↙ 或 TB↙。

执行"表格"命令后，系统弹出如图 12-6 所示的"插入表格"对话框，各选项的含义如下：

(1)表格样式：用于指定要插入表格的样式。通过单击下拉列表框右边的 ⬚ 按钮，用户

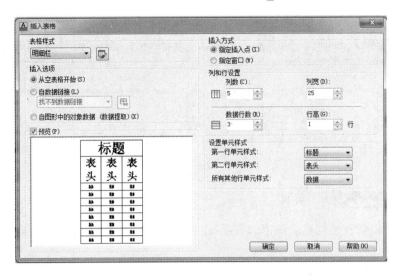

图 12-6　"插入表格"对话框

可以创建新的表格样式。

（2）插入选项：用于指定插入表格的方式。

选择"从空表格开始"单选按钮，可以创建手动填充数据的空表格。

选择"自数据链接"单选按钮，可以利用外部电子表格中的数据创建表格。

选择"自图形中的对象数据（数据提取）"单选按钮，将启动"数据提取"向导，可以从图形中的对象（包括块与属性）提取特性数据和图形信息，并利用提取的数据创建表格。

（3）插入方式：用于指定插入表格的位置。

选择"指定插入点"单选按钮，可以在绘图窗口中的某点插入固定大小的表格。如果表格样式将表格的方向设置为由下而上读取，则插入点位于表格的左下角。如果表格样式将表格的方向设置为由上而下读取，则插入点位于表格的左上角。指定表格插入点的位置，可以使用定点设备，也可以在命令提示下输入坐标值。

选择"指定窗口"单选按钮，可以在绘图窗口中通过指定表格两对角点的方式创建任意大小的表格。指定表格两对角点的位置，可以使用定点设备，也可以在命令提示下输入坐标值。选定此单选按钮时，行数、列数、列宽和行高取决于窗口的大小以及列和行的设置。

（4）列和行设置：用于指定插入表格的行、列数目及大小，其中"行高"是指按照文字行高指定表格的行高，最小行高为一行。

（5）设置单元样式：可以分别将第一行、第二行和其他行的样式设置成标题、表头或数据样式，也可以将所有行均设置为数据或其他选项。

按照表格的需要设置完"插入表格"对话框后，单击对话框中的【确定】按钮，在绘图区指定插入点，这时会在当前位置按照表格设置插入一个表格，且插入后 AutoCAD 弹出"文字格式"编辑器，同时将表格中的第一个单元格加亮显示，如图 12-7 所示，此时可输入对应的文字。输入文字时，可以利用 Tab 键或向左、向右、向上、向下的箭头键在各单元格之间进行切换，以便在各单元格中输入文字。单击"文字格式"编辑器中的【确定】按钮，或在表格外的绘图屏幕上单击鼠标左键,将关闭"文字格式"编辑器,完成表格的绘制。

图 12-7 "文字格式"编辑器

三、编辑表格

用户既可以修改已创建表格中的数据,也可以修改已有表格,如更改行高、列宽、合并单元格等。

1. 选择表格与单元格

要选择表格,可直接单击表格线或利用选择窗口选择整个表格,如图 12-8 所示。

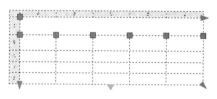

图 12-8 选择表格

要选择单个单元格,可直接在该单元格内单击。

要选择多个单元格,可在单元格内单击并在多个单元格上拖动,或者按住 Shift 键并在另一个单元格内单击,可以同时选中这两个单元格以及它们之间的所有单元格,如图 12-9 所示。

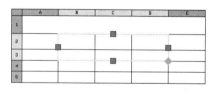

图 12-9 选择多个单元格

2. 编辑表格数据

编辑表格数据的方法很简单,双击绘图屏幕中已有表格的某一单元格,AutoCAD 会弹出"文字格式"编辑器,并将表格显示成编辑模式,同时将所双击的单元格突出显示。在编辑模式修改表格中的各数据后,单击"文字格式"编辑器中的【确定】按钮,即可完成表格数据的修改。选择一个单元格后,按 F2 键也可以编辑该单元格文字。要删除单元格中的内容,可首先选中单元格,然后按 Delete 键删除。

3. 调整表格的行高与列宽

方法一:选中表格后,通过拖动不同夹点可移动表格的位置,或者修改已有表格的列宽和行高,这些夹点的功能如图 12-10 所示。

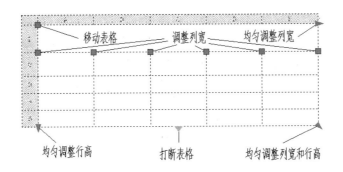

图 12-10　表格各夹点的不同功能

要保持表格的宽度不变，只更改与所选夹点相邻的列宽时，左右拖动中间夹点即可；要更改列宽而让表格按比例更改时，在左右拖动中间夹点时按住 Ctrl 键。

方法二：选择对应的单元格，AutoCAD 会在该单元格的四条边上各显示出一个夹点，并显示出一个〖表格〗工具栏。通过拖动夹点，就能够改变对应行的高度或对应列的宽度，如图 12-11 所示。

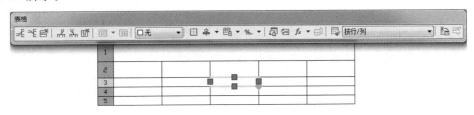

图 12-11　调整表格的行高与列宽

方法三：选中表格后单击鼠标右键，可从弹出的快捷菜单中选择【均匀调整行大小】或【均匀调整列大小】命令来均匀调整表格的行高与列宽，如图 12-12 所示。

图 12-12　均匀调整表格的行高与列宽

方法四：通过"特性"选项板调整表格的行高与列宽。

4. 插入或删除行和列，合并或取消合并单元格

选择单元格后，可以单击鼠标右键，然后使用快捷菜单上的命令来插入或删除列和行、合并相邻单元格或进行其他修改，如图 12-13 所示。也可以利用〖表格〗工具栏，对表格进行各种编辑操作，如插入行、插入列、删除行、删除列以及合并单元格等。

5. 调整表格内容的对齐方式

要调整表格内容的对齐方式，可首先选中单元格（如果对整个表格内容进行对齐设置，应首先单击表格左上角的单元格，再按住 Shift 键，在表格右下角的单元格内单击，从而选

图 12-13　编辑表格

中所有单元格),然后单击鼠标右键,从弹出的快捷菜单中选择"对齐"子菜单中的相应命令,如图 12-14 所示。

图 12-14　表格内容的对齐方式

四、装配图明细栏的绘制与填写方法

以图 12-15 所示千斤顶装配图明细栏的绘制与填写为例,说明装配图明细栏的绘制与填写方法。

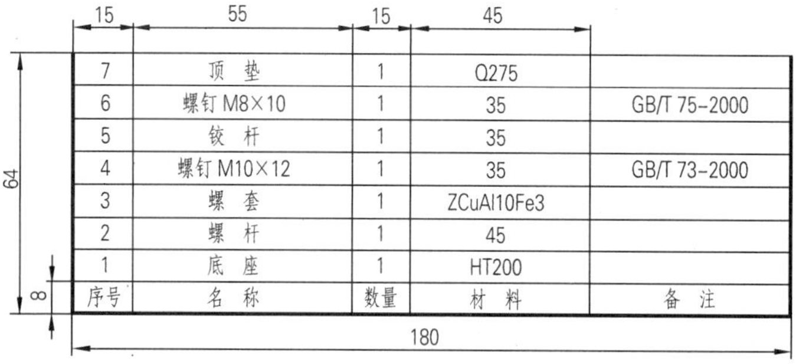 15	55	15	45	
7	顶　垫	1	Q275	
6	螺钉 M8×10	1	35	GB/T 75–2000
5	铰　杆	1	35	
4	螺钉 M10×12	1	35	GB/T 73–2000
3	螺　套	1	ZCuAl10Fe3	
2	螺　杆	1	45	
1	底　座	1	HT200	
序号	名　称	数量	材　料	备　注

（左侧标注：64、8；下方标注：180）

图 12-15　千斤顶装配图明细栏

1. 创建明细栏表格样式

(1)单击【格式】→【表格样式】命令,弹出如图 12-2 所示的"表格样式"对话框。

(2)单击【新建】按钮,弹出如图 12-3 所示的"创建新的表格样式"对话框,在"新样式名"文本框中输入"明细栏"。

(3)单击【继续】按钮,弹出如图 12-4 所示的"新建表格样式:明细栏"对话框。在"表格方向"下拉列表中选择"向上",在"单元样式"下拉列表中选择"数据",然后对"常规""文字""边框"三个选项卡分别进行设置。在"常规"选项卡中,在"对齐"下拉列表中选择"正中",在"页边距"的"垂直""水平"文本框中均输入"0.5",不选择"创建行/列时合并单元"复选框;在

"文字"选项卡中,单击□□按钮打开"文字样式"对话框,单击【新建】按钮,弹出"新建文字样式"对话框,在该对话框的"样式名"文本框中输入"文字样式"后单击【确定】按钮,返回"文字样式"对话框,在该对话框的"字体名"下拉列表中选择"gbenor. shx",勾选"使用大字体"复选框,在"大字体"下拉列表中选择大字体"gbcbig. shx",其余选项采用默认值,分别单击【置为当前】、【应用】和【关闭】按钮;在"边框"选项卡中,在"线宽"下拉列表中选择"ByLayer",再单击"无边框"按钮□;其余选项采用默认值。

(4)在"单元样式"下拉列表中选择"表头",选择与"数据"完全相同的设置。

(5)对于"单元样式"下拉列表中的"标题"不进行设置,因为此例不需要标题行。

(6)单击【确定】按钮,返回到"表格样式"对话框,单击【置为当前】和【关闭】按钮,完成表格样式的创建。

2. 创建表格

(1)单击【绘图】→【表格】命令,弹出如图 12-6 所示的"插入表格"对话框,在"表格样式"下拉列表中选择"明细栏";在"插入选项"选项区域中选择"从空表格开始"单选按钮;在"插入方式"选项区域中选择"指定插入点"单选按钮;在"列和行设置"选项区域中的"列数"文本框中输入"5","列宽"文本框中输入"25","数据行数"文本框中输入"6"(加上标题行和表头行共 8 行),"行高"文本框中输入"1";在"设置单元样式"选项区域中分别将"第一行单元样式"、"第二行单元样式"和"所有其他行单元样式"设置成"表头"、"数据"和"数据"。

(2)单击【确定】按钮,在屏幕适当位置单击,以指定表格的插入点,这时生成 8 行 5 列的表格,出现"文字格式"编辑器,并自动激活"表头"单元格,可以填入相应文字,如图 12-16 所示。

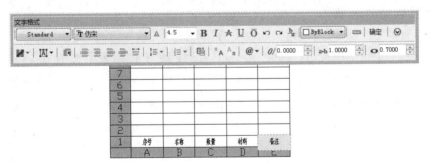

图 12-16　填写表头内容

(3)单击"文字格式"编辑器的【确定】按钮,完成明细栏的插入。

3. 修改表格的行高和列宽

(1)用窗口方式(或单击左上角单元格后,按 Shift 键再单击右下角单元格)选择所有单元格,打开"特性"选项板,在"单元高度"文本框中输入"8",回车,如图 12-17 所示。

(2)依次在每一列单元格内单击,在"特性"选项板的"单元宽度"文本框中输入每一列的宽度值(如图 12-18 所示第二列的列宽 55)后回车。

(3)在表格外单击鼠标左键,退出选择,完成行高、列宽的修改。

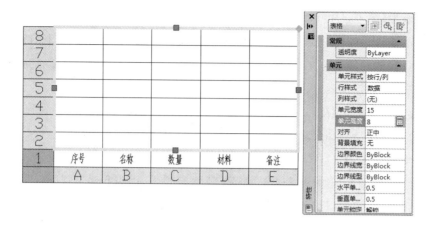

图 12-17　修改表格的行高

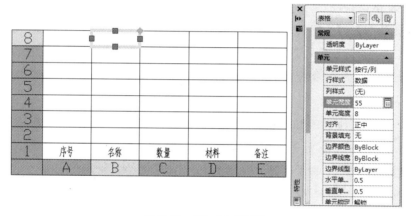

图 12-18　修改表格的列宽

4. 修改表格的边框

选择所有单元格,单击〖表格〗工具栏中的"单元边框"按钮⊞或"特性"选项板中"边界线宽"后面的⊟按钮,弹出"单元边框特性"对话框,在"线宽"下拉列表中选择"0.50 mm",在"线型""颜色"下拉列表中均选择"ByLayer",再单击"上边框"按钮⎴、"左边框"按钮▋ 和"右边框"按钮▏,设置表格最下边的水平线和表格两边的垂直线为粗实线,如图 12-19 所示。

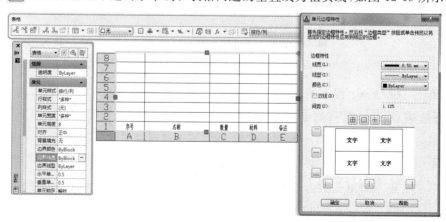

图 12-19　修改表格边框

5. 填写明细栏

在"数据"单元格中双击,自下而上填写明细栏内容,如图 12-15 所示。

6. 保存图形文件

略。

任务实施 >>>

第 1 步:根据零件的结构形状和大小确定表达方法、比例和图幅。本任务采用 1 ∶ 1 比例、A2 留装订边图纸。

第 2 步:打开任务 9 中创建的"A3 横装"样板文件,对图框进行拉伸,建立名为"A2 横装"的样板文件,并另存为"箱体类零件图. dwg"。

第 3 步:绘制视图

(1)在状态栏上依次单击激活【正交】、【对象捕捉】及【对象追踪】按钮功能,关闭【捕捉】、【栅格】按钮功能;设置"对象捕捉"的特征点为端点、中点、圆心、象限点及交点等。

(2)绘制基准线及主视图、左视图上半部分的视图。使用"直线""圆""矩形"等命令和"正交""对象追踪"等辅助工具绘制。主视图也可用"直线"与"镜像"命令绘制,结果如图 12-20 所示。

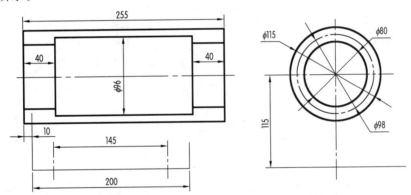

图 12-20 绘制基准线及主视图、左视图上半部分的视图

(3)绘制主视图、左视图下半部分的视图。先绘制左视图下半部分左侧的图形,用"镜像"命令复制出右侧图形,然后绘制主视图下半部分的图形,注意投影关系,结果如图 12-21 所示。

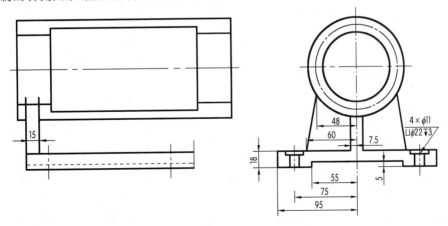

图 12-21 绘制主视图、左视图下半部分的视图

（4）作辅助线 AB，以 A 点为圆心，以 $R95$ 为半径作辅助圆，确定圆心 O。以 O 点为圆心，绘制 $R110$、$R95$ 两段圆弧，如图 12-22 所示。

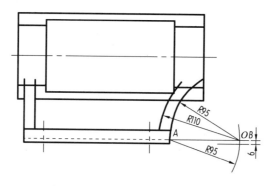

图 12-22　绘制 $R95$、$R110$ 两段圆弧

（5）绘制 M8 螺纹孔。首先用"环形阵列"命令绘制左视图螺纹孔中心线，其次用"圆"与"打断"命令绘制左视图螺纹孔，再次用"直线"与"对象追踪"工具绘制主视图右侧螺纹孔，如图 12-23 所示，最后用"镜像"命令复制出主视图左侧螺纹孔，如图 12-24 所示。

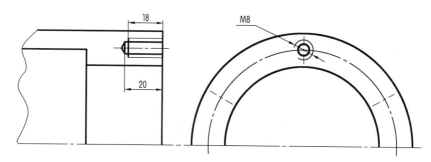

图 12-23　绘制 M8 螺纹孔

（6）绘制倒角、圆角、波浪线。用"倒角"命令绘制主视图两端倒角，用"圆角"命令绘制各处圆角，用"样条曲线"命令绘制波浪线并整理轮廓线。结果如图 12-24 所示。

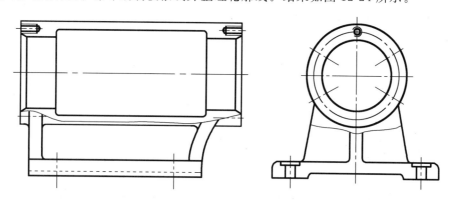

图 12-24　绘制倒角、圆角、波浪线（未注圆角按 $R2$ 控制）

（7）绘制俯视图和剖面线，结果如图 12-25 所示。

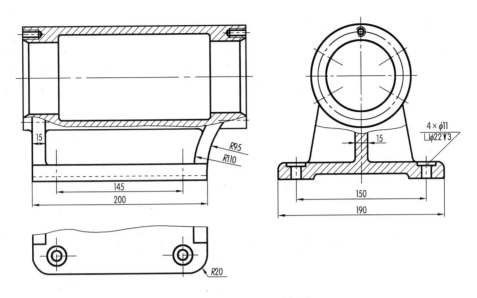

图 12-25 绘制俯视图和剖面线

第 4 步:用"表格"命令绘制并填写标题栏。

(1)创建标题栏表格样式。单击菜单栏【格式】→【表格样式】命令或用键盘输入"TA-BLESTYLE"命令,系统弹出"表格样式"对话框,如图 12-2 所示;单击【新建】按钮,弹出如图 12-3 所示的"创建新的表格样式"对话框,在"新样式名"文本框中输入新的表格样式名称"标题栏";单击【继续】按钮,弹出"新建表格样式:标题栏"对话框,在"表格方向"下拉列表中选择"向上""向下"均可。在"单元样式"下拉列表中选择"数据",然后对"常规""文字""边框"三个选项卡选项分别进行设置:打开"常规"选项卡,在"对齐"下拉列表中选择"正中",在"页边距"的"垂直""水平"文本框中均输入"0";打开"文字"选项卡,从"文字样式"下拉列表中选择"汉字"(没有"汉字"文字样式,可单击该选项框右侧的 按钮,打开"文字样式"对话框,单击【新建】按钮,弹出"新建文字样式"对话框,在该对话框的"样式名"文本框中输入"汉字"后单击【确定】按钮,返回"文字样式"对话框,在该对话框的"字体名"下拉列表中选择"gbenor.shx",勾选"使用大字体"复选框,在"大字体"下拉列表中选择大字体"gbcbig.shx",其余选项采用默认值,单击【置为当前】按钮,再单击【是】按钮确认样式修改,之后单击【关闭】按钮),在"文字高度"文本框中输入"5";打开"边框"选项卡,在"线宽"下拉列表中选择"0.50 mm",再单击"外边框"按钮 ;其余选项采用默认值。"单元样式"下拉列表中的"标题""表头"不进行设置,单击【确定】按钮,返回"表格样式"对话框,依次单击【置为当前】和【关闭】按钮,完成表格样式的创建。

(2)创建表格。创建标题栏表格的方法与创建明细栏的方法不同的是:在"插入表格"对话框中,在"表格样式"下拉列表中选择"标题栏";在"列和行设置"选项区域的"列数"文本框中输入"7",在"数据行数"文本框中输入"2"(加上标题行和表头行共 4 行);在"设置单元样式"中将"第一行单元样式"、"第二行单元样式"和"所有其他行单元样式"均设置成"数据",之后单击【确定】按钮,将光标移到图框的右下角点停留片刻,端点标记显示后向左移动光标,出现追踪虚线时输入"180"即可。

（3）修改表格的行高和列宽。选择所有单元格,打开"特性"选项板,在"单元高度"文本框中输入"8";依次单击第一、第二、第三列的任意单元格,在"特性"选项板的"单元宽度"文本框中分别输入"15""30""35"宽度值并回车确定,在表格外单击,退出单元格选择,完成行高、列宽的修改。

（4）修改表格的边框。选择所有单元格,单击〖表格〗工具栏中的"单元边框"按钮田,弹出"单元边框特性"对话框,在"线宽"下拉列表中选择"0.50 mm",在"线型""颜色"下拉列表中选择"ByLayer",再单击"外边框"按钮田,设置表格外边线均为实线,如图 12-26 所示。

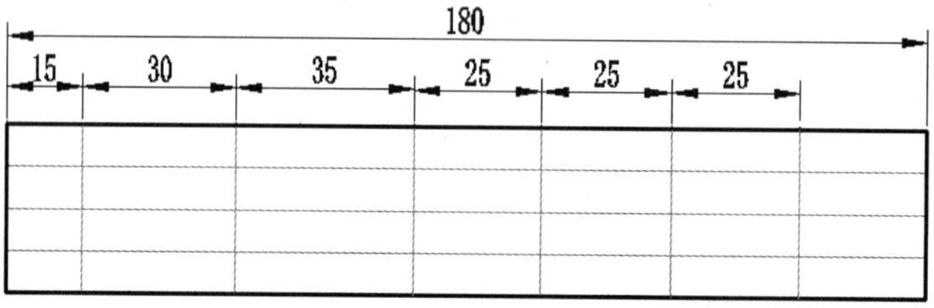

图 12-26　修改表格行高、列宽及边框

（5）合并部分单元格。在第一行第一列的单元格内按住鼠标左键不放,拖动鼠标光标至第二行第三列的单元格再松开鼠标左键,表格中左上角的 6 个单元格被选中,然后单击〖表格〗工具栏中的"合并单元格"按钮田,在弹出的快捷菜单中选择〖全部〗命令,即将所选的 6 个单元格合并。采用同样的方法使右下角的 8 个单元格合并,如图 12-27 所示。

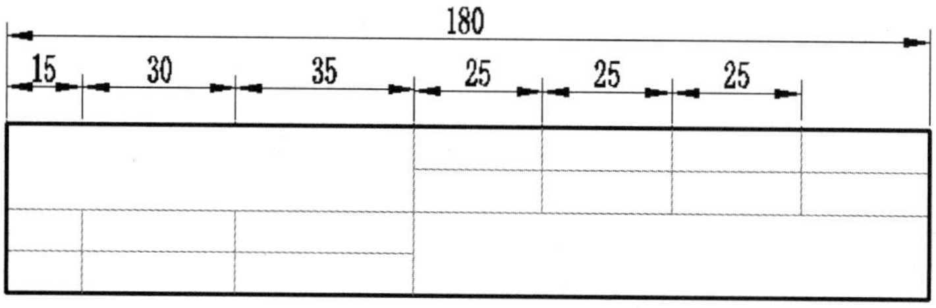

图 12-27　合并单元格

（6）填写标题栏。双击要添加文字信息的单元格,从中填写标题栏中的文字内容,完成后在表格外单击,关闭"文字格式"编辑器。

第 5 步:标注尺寸、公差和表面粗糙度,书写技术要求,结果如图 12-1 所示。

第 6 步:保存图形。

任务检测与技能训练 >>>

1.选择合适图幅和比例绘制如图 12-28 和图 12-29 所示的箱体类零件图。要求:布图匀称,图形正确,线型符合国家标准规定,标注尺寸、公差和表面粗糙度,书写"技术要求",使用"表格"命令绘制标题栏并填写文字信息。

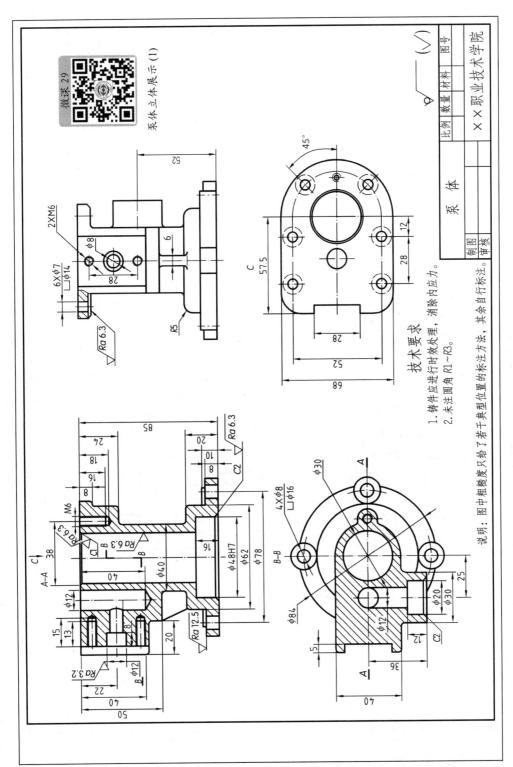

图 12-28 箱体类零件图 (2)

说明：图中粗糙度只给了若干者于典型位置的标注方法，其余自行标注。

技术要求

1. 铸件应进行时效处理，消除内应力。
2. 未注圆角 R1~R3。

泵体立体展示 (1)
微课 29

泵 体

× × 职业技术学院

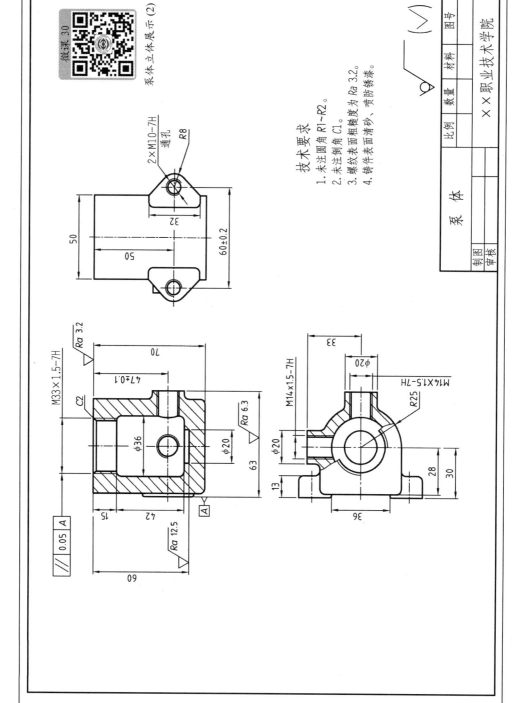

图 12-29 箱体类零件图 (3)

2. 使用"表格"命令绘制如图 12-30 和图 12-31 所示标题栏、明细栏并填写文字信息。

15	55	15	45	
15	挡圈 B32	1	35	GB/T 892-1986
14	螺栓 M6×20	1	Q235A	GB/T 5782-2000
13	键 6×20	2	45	GB/T 1096-2003
12	毡圈	2	半粗羊毛	
11	端盖	2	HT200	
10	调整环	1	35	
9	轴承 30307	2		GB/T 297-1994
8	座体	1	HT150	
7	轴	1	45	
6	螺钉 M8×20	12	Q235A	GB/T 70-2008
5	键 8×40	1	45	GB/T 1096-2006
4	带轮 A 型	1	HT150	
3	销 A3×12	1	35	GB/T 119-2000
2	螺钉 M6×20	1		GB/T 75-2000
1	挡圈 A35	1	35	GB/T 891-1986
序号	名　　称	数量	材　料	备　注

铣 刀 头 ｜ 班级 ｜ ｜ 比例 ｜
学号 ｜ 图号
制图
审核 ｜ （校名）

180

图 12-30 "铣刀头装配图"的标题栏、明细栏

15	55	15	45	
11	螺栓	6	Q235A	GB/T 5782-2000
10	销	2	Q235A	GB/T 119.1-2000
9	齿轮	2	45	
8	从动轴	1	45	
7	密封填料	1	石棉	
6	主动轴	1	45	
5	填料压盖	1	Q235A	
4	压盖螺母	1	HT150	
3	泵体	1	HT200	
2	垫片	1	密封纸	
1	泵盖	1	HT200	
序号	名　　称	数量	材　料	备　注

齿 轮 泵 ｜ 班级 ｜ ｜ 比例 ｜
学号 ｜ 图号
制图
审核 ｜ （校名）

180

图 12-31 "齿轮泵装配图"的标题栏、明细栏

任务 **13**

装配图的绘制

任务描述 >>>

如图 13-1 所示为千斤顶装配图,试根据图 13-2(a)、图 13-2(b)所示千斤顶的各零件图进行"拼装"。要求:图形正确,线型符合国家标准规定,标注尺寸和零件序号,填写标题栏和明细栏。

任务目标 >>>

1.知识目标

掌握利用"设计中心""块""工具选项板""复制粘贴"等功能"拼装"装配图视图的方法;掌握装配图的尺寸和零件序号的标注方法;巩固明细栏和标题栏的绘制、文字填写及其编辑方法。

2.技能目标

根据装配图所需的零件图或示意图,能熟练绘制装配图。

知识储备 >>>

一、AutoCAD 设计中心简介 ▪ ▪ ▪

AutoCAD 设计中心(简称设计中心)类似于 Windows 资源管理器,通过设计中心用户可以浏览、查找、预览、管理、利用和共享 AutoCAD 图形,还可以使用其他图形文件中的图层定义、块、文字样式、尺寸标注样式、布局等信息,提高图形管理和图形设计的效率。

二、"设计中心"选项板 ▪ ▪ ▪

1.打开"设计中心"选项板的命令

(1)菜单命令:【工具】→【选项板】→【设计中心】。

(2)工具栏:〖标准〗工具栏→"设计中心"按钮▦。

(3)键盘输入:ADCENTER↙或"Ctrl＋2"组合键。

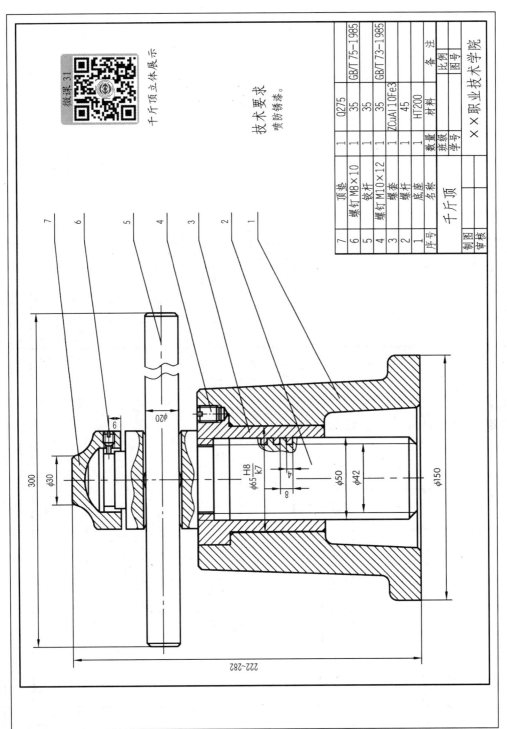

图 13-1 千斤顶装配图

微课 31

千斤顶立体展示

技术要求

喷防锈漆。

7	顶垫		1	Q275	
6	螺钉 M8×10		1	35	GB/T 75—1985
5	绞杆		1	35	
4	螺钉 M10×12		1	35	GB/T 73—1985
3	螺套		1	ZCuAl10Fe3	
2	螺杆		1	45	
1	底座		1	HT200	
序号	名称		数量	材料	备注
			班级		比例
	千斤顶		学号		图号
制图				××职业技术学院	
审核					

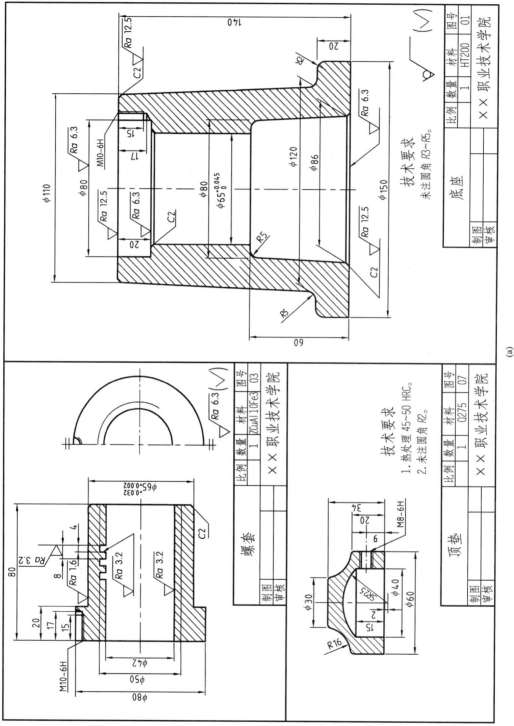

(a)

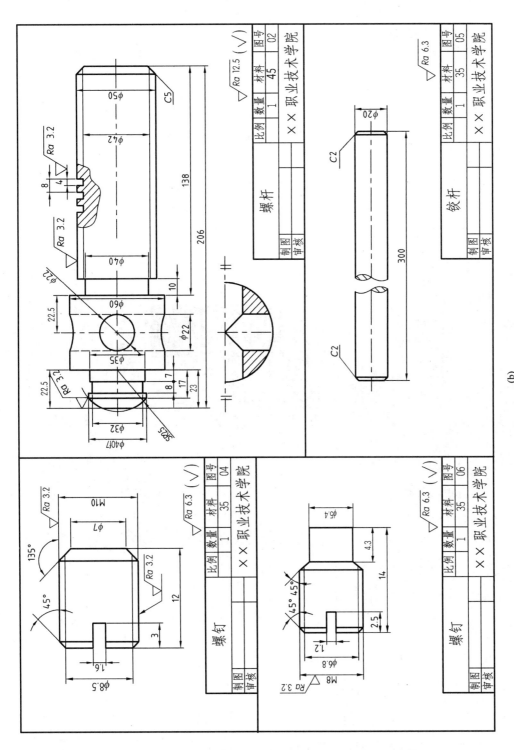

图 13-2　千斤顶零件图

(b)

执行"设计中心"命令后,打开"设计中心"选项板,如图 13-3 所示。

2."设计中心"选项板的组成

"设计中心"选项板由八个主要部分组成:按钮、选项卡、树状视图区、内容区、预览视图区、说明视图区、标题栏及目录栏。简单说明如下:

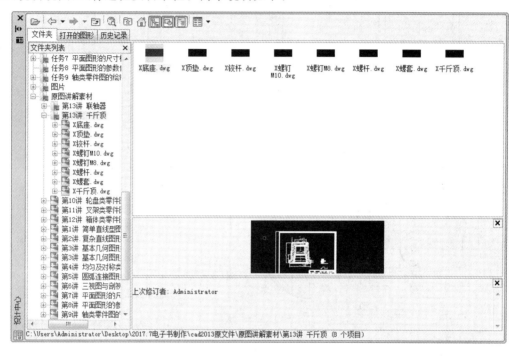

图 13-3 "设计中心"选项板

(1)按钮

位于"设计中心"选项板顶部的是一行按钮,用于设计中心的相关操作,具体名称与作用如下:

"加载"按钮 📂:用于通过设计中心"加载"对话框加载图形。

"上一页"按钮 ← :将当前页面上移一页面。

"下一页"按钮 → :将当前页面下移一页面。

"上一级"按钮 🔄:将当前目录上移一级。

"搜索"按钮 🔍:单击该按钮后,可以通过"搜索"对话框查找图形。

"收藏夹"按钮 📖:用于在"收藏夹"文件中搜索图形。

"主页"按钮 🏠:将设计中心所在的目录设置为当前目录。

"树状图切换"按钮 📰:控制显示或不显示树状视图窗口。

"预览"按钮 📄:用于预览内容区中选中的图形文件。

"说明"按钮 📰:显示图形的文字描述信息。在 AutoCAD 设计中心中不能编辑文字说明,但可以选择并复制。

"视图"按钮▦▾:用不同的显示方式显示内容区中的内容。

(2)选项卡

AutoCAD 设计中心有三个选项卡。其中,"文件夹"选项卡用于显示驱动器盘符、文件夹列表等。"打开的图形"选项卡用于显示当前打开的图形文件列表。单击某个图形文件,可以将图形文件的内容加载到内容区中。"历史记录"选项卡用于显示在设计中心以前打开过的文件列表。双击列表中的某个图形文件,可以在"文件夹"选项卡的树状视图中定位此图形文件并将其内容加载到内容区中。选中"历史记录"选项卡的情况下不能切换树状视图的显示状态。

(3)树状视图区

设计中心中,位于左侧的大区域称为树状视图区。树状视图区显示用户计算机和网络驱动器上的文件与文件夹的层次结构、所打开图形的列表、自定义内容以及上次访问过的位置的历史记录。其显示方式与 Windows 系统的资源管理器类似,为层次结构方式。双击层次结构中的某个项目可以显示其下一层次的内容;对于具有子层次的项目,则可单击该项目左侧的"加号"按钮⊞或"减号"按钮⊟来显示或隐藏其子层次。

(4)内容区

位于右上侧的大区域称为内容区。内容区显示在树状视图区中所选定"容器"的内容。容器是指设计中心可以访问的网络、计算机、磁盘、文件夹、文件或网址(URL)。根据在树状视图区中选定的容器,在内容区可以显示含有图形或其他文件的文件夹、图形中包含的命名对象(命名对象指块、布局、图层、表格样式、标注样式和文字样式等)、块图像或图标、基于 Web 的内容、由第三方开发的自定义内容等。例如,如果在"树状视图区"中选择了一个图形文件,则"内容区"中显示表示图层、块、外部参照和其他图形内容的图标。如果在"树状视图区"中选择图形的图层图标,则"内容区"中将显示图形中各个图层的图标。用户在"内容区"上单击鼠标右键,在弹出的快捷菜单中选择【刷新】命令可对"树状视图区"和"内容区"中显示的内容进行刷新,以反映其最新的变化。

(5)预览视图区

位于内容区下面,显示选定项目的预览图像。如果该项目没有保存预览图像,则为空。

(6)说明视图区

位于预览视图区下面,显示选定项目的文字说明。用户可通过"树状视图区"、"内容区"、"预览视图区"以及"说明视图区"之间的分隔栏来调整其相对大小。

(7)标题栏

标题栏位于设计中心的左侧,用于控制"设计中心"选项板的尺寸、位置、外观形式和开关状态。

(8)目录栏

目录栏位于设计中心的最底部,用于显示当前所选择的文件或文件夹的具体目录地址和所包含的内容项目总数等。

三、设计中心的使用

1. 查找项目

利用 AutoCAD 设计中心的查找功能,可以根据指定条件和范围来搜索图形和其他内容(如块和图层的定义等)。

单击设计中心的"搜索"按钮 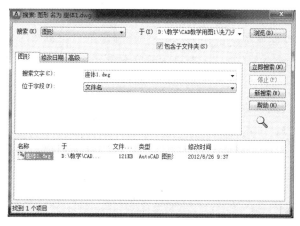,或在内容区或树状视图区单击鼠标右键,在弹出的快捷菜单中选择【搜索】命令,可弹出"搜索"对话框,如图 13-4 所示。在该对话框中的"搜索"下拉列表中给出了该对话框可查找的对象类型;在"于"文本框中显示了当前的搜索路径;完成对搜索条件的设置后,用户可单击【立即搜索】按钮进行搜索,并可在搜索过程中随时单击【停止】按钮来中断搜索操作。如果查找到了符合条件的项目,则将显示在对话框下部的搜索结果列表框中。用户可通过以下三种方式将其加载到内容区中:

图 13-4 "搜索"对话框

(1)直接双击指定的项目;

(2)将指定的项目拖到内容区中;

(3)在指定的项目上单击鼠标右键,在弹出的快捷菜单中选择【加载到内容区中】命令。

2. 使用收藏夹

AutoCAD 系统在安装时,自动在 Windows 系统的收藏夹中创建一个名为"Autodesk"的子文件夹,并将该文件夹作为 AutoCAD 系统的收藏夹。在 AutoCAD 设计中心中可将常用内容的快捷方式保存在该收藏夹中,以便在下次调用时进行快速查找。

如果选定了图形、文件或其他类型的内容,并选择右键快捷菜单中的【添加到收藏夹】命令,就会在收藏夹中为其创建一个相应的快捷方式。

用户可通过以下三种方式来访问收藏夹,查找所需内容:

(1)单击"收藏夹"按钮 ;

(2)在树状视图区中选择 Windows 系统收藏夹中的"Autodesk"子文件夹;

(3)在内容区上单击鼠标右键,在弹出的快捷菜单中选择【收藏夹】命令。

如果用户在内容区或树状视图区中单击鼠标右键,在弹出的快捷菜单中选择【组织收藏夹】命令,将弹出 Windows 的资源管理器窗口,并显示 AutoCAD 的收藏夹内容,用户可对其中的快捷方式进行移动、复制或删除等操作。

3. 打开图形文件

对于内容区中或"搜索"对话框中指定的图形文件,用户可通过以下三种方式将其在 AutoCAD 系统中打开:

(1)在图形文件的图标上单击鼠标右键,选择右键快捷菜单中的【在应用程序窗口中打开】命令;

(2)按住 Ctrl 键,将图形文件的图标拖放到绘图区域的空白处;

(3)将图形文件的图标拖放到绘图区域以外的任何位置。

4. 共享图形资源

通过 AutoCAD 设计中心,用户可以将图形文件以及图形文件的内部资源,以块、参照、复制粘贴的形式应用到当前图形中。常用的共享形式有以下几种:

(1)插入图层、线型、文字样式、标注样式等

利用 AutoCAD 设计中心,能够将已有图形中的图层、表格样式、文字样式、标注样式等添加到当前图形中,其方法是:首先打开 AutoCAD 的"设计中心"选项板,再打开"文件夹"选项卡,在"文件夹列表"中找到含有图形符号的文件,然后在内容区中找到对应的内容,直接双击指定的内容或者将它们拖至当前打开图形的绘图窗口中即可。

(2)插入块

通过设计中心,能够将其他图形文件以块的方式共享到当前图形中,其方法通常有两种:

①插入块时自动换算插入比例。

通过树状视图区找到并选中包含所需要块的图形,在内容区双击对应的块图标,并找到要插入的块,将其拖至 AutoCAD 绘图窗口,即可实现块的插入,且插入时 AutoCAD 按定义块时确定的块插入单位自动转换插入比例,块的插入旋转角度为 0。

②按指定的插入点、插入比例和旋转角度插入块。

从设计中心的内容区选中要插入的块,单击鼠标右键,在弹出的快捷菜单中选择【插入为块】命令,AutoCAD 打开"插入"对话框。用户可利用该对话框确定插入点、插入比例、旋转角度等,并实现插入。

注意:将 AutoCAD 设计中心中的块或图形插入到当前图形时,块中的标注值可能会失真或丢失。

(3)附着光栅图像

附着光栅图像方法有两种:一是将要附着的光栅图像文件拖放到当前图形中;二是在图形文件上单击鼠标右键,在弹出的快捷菜单中选择【附着图像】命令。

(4)附着外部参照

将图形文件中的外部参照对象附着到当前图形文件中的方法有两种:一是将要附着的

外部参照对象拖放到当前图形中；二是在图形文件上单击鼠标右键，在弹出的快捷菜单中选择【附着外部参照】命令。

（5）利用剪贴板插入对象

对于可添加到当前图形中的各种类型的对象，用户也可以将其从 AutoCAD 设计中心复制到剪贴板，然后粘贴到当前图形中。具体方法为：选择要复制的对象，单击鼠标右键，在弹出的快捷菜单中选择【复制】命令。

（6）自定义工具选项板

通过 AutoCAD 设计中心，用户可以自定义工具选项板或者将设计中心中的图形、块和图案填充添加到当前工具选项板中。具体方法如下：

①在树状视图区中选择某文件夹，然后单击鼠标右键，在弹出的快捷菜单中选择【创建块的工具选项板】命令，如图 13-5 所示。结果系统将此文件夹中的所有图形创建为新的工具选项板，如图 13-6 所示。

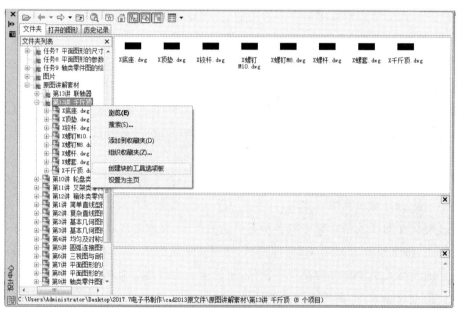

图 13-5　选择【创建块的工具选项板】命令

图 13-6　创建块的工具选项板

②在设计中心的内容区中选择需要添加到工具选项板中的图形、图块或图案，并将它们拖动到工具选项板中即可添加这些项目。

任务实施 >>>

绘制装配图视图采用两种方法：一种是直接利用绘图及图形编辑命令，按手工绘图的步骤，结合"对象捕捉""极轴追踪"等辅助绘图工具绘制装配图视图。这种方法不但作图过程繁杂，而且容易出错，只能绘制一些比较简单的装配图视图。另一种是"拼装法"。即先绘出各零件的零件图，然后将各零件以块或复制粘贴的形式"拼装"在一起，构成装配图视图。下面介绍绘制图 13-1 所示的千斤顶装配图的实施步骤。

第 1 步：根据零件的结构形状和大小确定表达方法、比例和图幅。

第 2 步：打开相应的样板文件，设置作图环境，绘制图 13-2(a)、图 13-2(b)所示的各零件图，并分别以"底座.dwg""螺套.dwg""螺杆.dwg""顶垫.dwg""铰杆.dwg""螺钉 M8.dwg""螺钉 M10.dwg"为文件名保存在"千斤顶"的目录下。

第 3 步：采用四种"拼装法"绘制装配图视图

方法 1：基于设计中心拼装装配图视图

(1)打开"底座"文件并进行编辑

通过键盘输入 ADCENTER↙或按"Ctrl＋2"组合键或单击菜单栏【工具】→【选项板】→【设计中心】命令，打开"设计中心"选项板，在"文件夹列表"中找到"千斤顶"的存储位置，在内容区选择"底座"，单击鼠标右键，选择右键快捷菜单中的【在应用程序窗口中打开】命令，如图 13-7 所示；打开"底座"文件，如图 13-8 所示；冻结标注、图框标题栏和文字等图层，结果如图 13-9 所示；使用"另存为"命令将打开的"底座"文件另存到"千斤顶"目录中，文件名为"千斤顶装配图 1"。

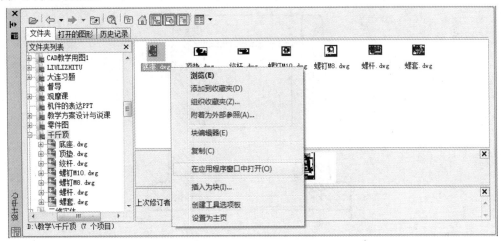

图 13-7 用"设计中心"打开底座

(2)装配螺套

在设计中心的内容区选择"螺套"，单击鼠标右键，选择右键快捷菜单中的【插入为块】命令，如图 13-10 所示；打开如图 10-6 所示的"插入"对话框，在"插入点"选项区域和"旋转"选项区域选择"在屏幕上指定"复选框，在"比例"选项区域选择"统一比例"复选框，单击【确定】按钮，返回绘图区域，单击命令行中"基点(B)"选项，然后向后滚动鼠标中键，出现"螺套"图形时单击图上的 A 点，移动光标将"螺套"图形移动到"底座"图形附近的合适位置时

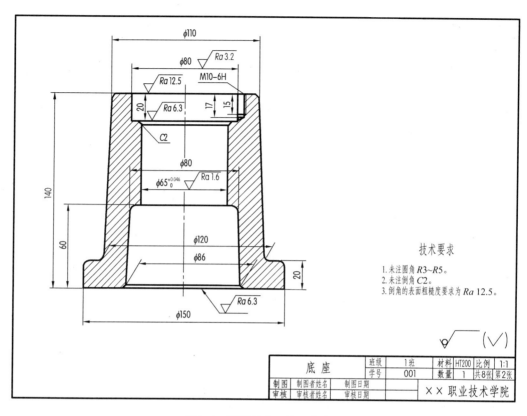

图 13-8 用"设计中心"打开的底座

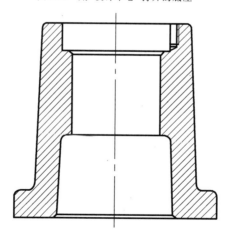

图 13-9 冻结图层后的底座

单击,激活状态栏上的【正交】按钮,向下移动光标使图形竖直放置时单击,从而将"螺套"的图形以块的形式插入到"千斤顶装配图1"文件中,如图 13-11 所示;用"分解"命令分解插入的螺套块,用"删除"命令删除多余视图,再用"移动"命令分别以 A 点和 B 点为基准点和目标点将"螺套"图形移动到"底座"图形上,结果如图 13-12(a)所示;删除剖面线,修剪多余图线,完成"螺套"的装配,结果如图 13-12(b)所示(本任务图中的"×"均表示基准点、目标点或插入点)。

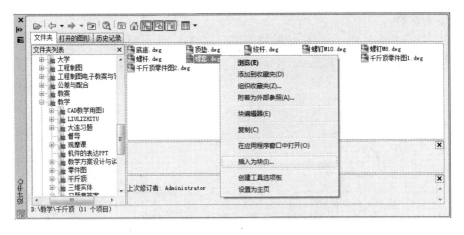

图 13-10 用"设计中心"插入螺套

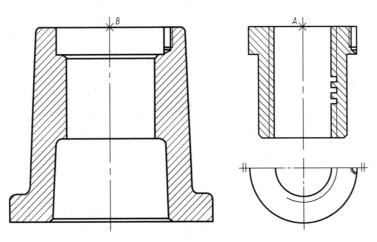

图 13-11 插入并旋转后的螺套块

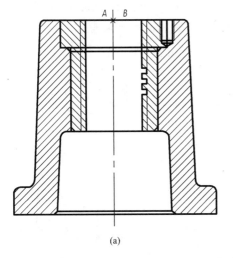

(a)

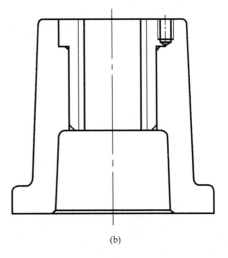

(b)

图 13-12 装配螺套

（3）装配螺杆

用装配螺套的方法插入螺杆,结果如图 13-13(a)所示;分解图块,删除、修剪多余线条,置换图层,按国家制图标准调整大、小径的图线,完成"螺杆"的装配,结果如图 13-13(b)所示。

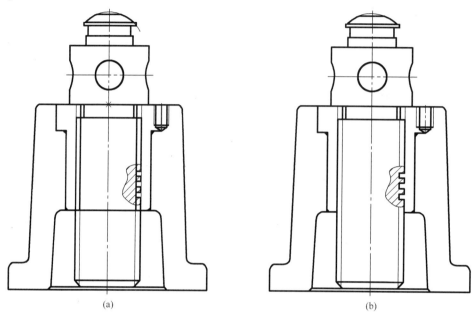

图 13-13　装配螺杆

（4）装配螺钉 M10

在"设计中心"选项板的内容区选择"螺钉 M10",单击鼠标右键,选择右键快捷菜单中的【插入为块】命令,打开如图 10-6 所示的"插入"对话框,在"插入点"选项区域和"旋转"选项区域均选择"在屏幕上指定"复选框,在"比例"选项区域选择"统一比例"复选框,并在"X"文本框中输入"0.2",单击【确定】按钮,返回绘图区域,使用装配螺套的方法插入螺钉 M10,如图 13-14(a)所示;分解图块,删除、修剪多余线条,按国家制图标准调整大、小径的图线并重新填充剖面线,完成"螺钉 M10"的装配,结果如图 13-14(b)所示。

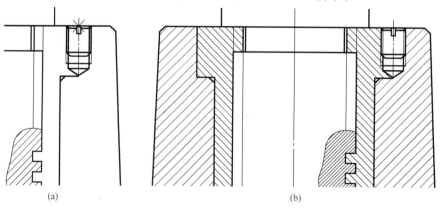

图 13-14　装配螺钉 M10

（5）装配顶垫

打开"设计中心"选项板，使用"插入为块"命令打开如图 10-6 所示的"插入"对话框，在"插入点"选项区域选择"在屏幕上指定"复选框，"旋转"选项区域不选择"在屏幕上指定"复选框，在"比例"选项区域选择"统一比例"复选框，其他采用默认值，单击【确定】按钮，返回绘图区域，单击命令行中的"基点（B）"选项，然后向后滚动鼠标中键，出现"顶垫"图形时单击图上的"×"点，再单击"螺杆"图上的"×"点，如图 13-15（a）所示；分解图块，删除剖面线，修剪多余线条，完成"顶垫"的装配，结果如图 13-15（b）所示。

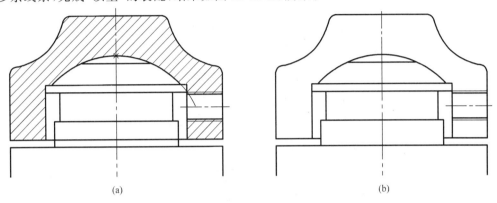

（a）　　　　　　　　　　　　　　（b）

图 13-15　装配顶垫

（6）装配螺钉 M8

该操作与装配螺钉 M10 的不同之处是，将"螺钉 M8"图形移动到"底座"图形附近的合适位置单击后，向左移动光标使图形中的非螺纹部分在左侧且中心线水平放置时单击，从而将"螺钉 M8"的图形以块的形式插入到"千斤顶装配图 1"文件中，移动后如图 13-16（a）所示；分解图块，按国家制图标准调整大、小径的图线并重新填充剖面线，完成"螺钉 M8"的装配，结果如图 13-16（b）所示。

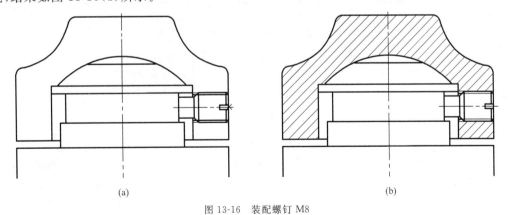

（a）　　　　　　　　　　　　　　（b）

图 13-16　装配螺钉 M8

（7）装配铰杆

用装配顶垫的方法插入铰杆，结果如图 13-17（a）所示；分解图块，删除、修剪多余图线，置换图层，填充剖面线，完成"螺杆"的装配，结果如图 13-17（b）所示。

（8）保存文件，完成"千斤顶装配图 1"绘制，结果如图 13-18 所示。

方法 2：基于工具选项板拼装装配图视图

（1）使用"设计中心"创建工具选项板

打开"设计中心"选项板，在"文件夹列表"中找到"千斤顶"文件夹，单击鼠标右键，选择

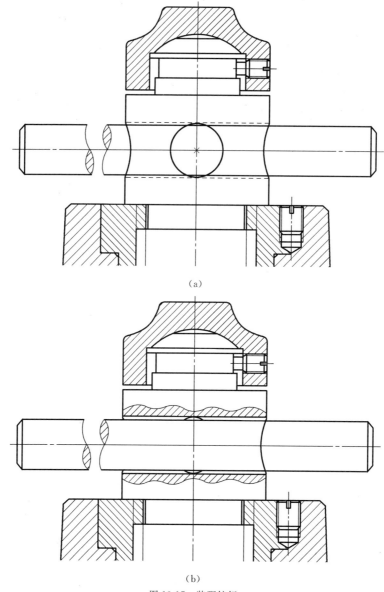

（a）

（b）

图 13-17　装配铰杆

右键快捷菜单中的【创建块的工具选项板】命令，即可创建工具选项板，如图 13-5 所示。

（2）在工具选项板的"千斤顶"选项卡中单击"千斤顶"装配图所需的某个零件图标后再单击绘图区的合适位置，即可将这个零件图形以"块"的形式插入到绘图区，这样依次单击所需的各个零件图标，将各个零件图形以"块"的形式共享到同一个文件中，然后输入"Z↙"，再输入"A↙"，使所有图形块显示在绘制区中。

（3）分解各图块，冻结标注、图框标题栏和文字等图层，再将零件移动到适当位置，结果如图 13-19 所示。

（4）按照装配关系，首先利用"旋转""缩放""移动"等命令，将各零件拼装在一起，然后利用"删除"和"修剪"命令删除剖面线或修剪多余图线，按国家制图标准重新填充剖面线。为保证插入准确，应充分使用"对象捕捉"和"对象追踪"功能，修改后的图形如图 13-18 所示。

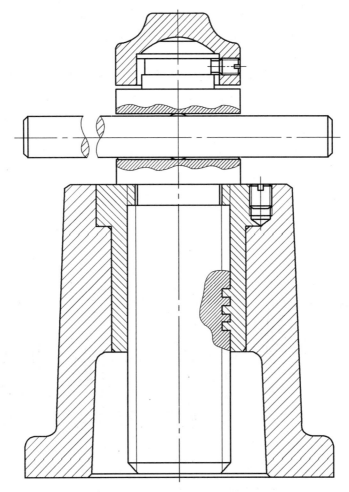

图 13-18　完成后的千斤顶装配图 1

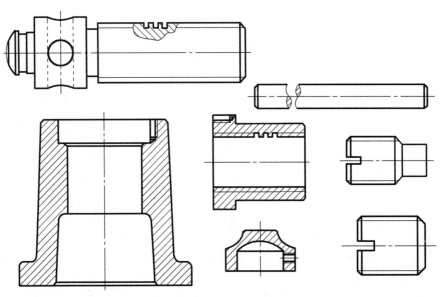

图 13-19　移动后的零件图

（5）以"千斤顶装配图 2"为文件名保存到"千斤顶"目录中，完成"千斤顶装配图 2"的绘制。

方法 3：基于块功能拼装装配图视图

（1）打开"底座"文件，如图 13-8 所示，冻结标注、图框标题栏和文字等图层，并将它以"底座"为文件名做成外部块，如图 13-20 所示。

（2）用同样的方法将千斤顶的所有零件做成块，组成零件图形库。千斤顶零件图形库中除底座外的零件块及插入点如图 13-21 所示。

（3）关闭除"底座"文件之外的各个零件图文件的应用窗口，并将"底座"文件以"千斤顶装配图 3"为文件名保存到"千斤顶"目录中。

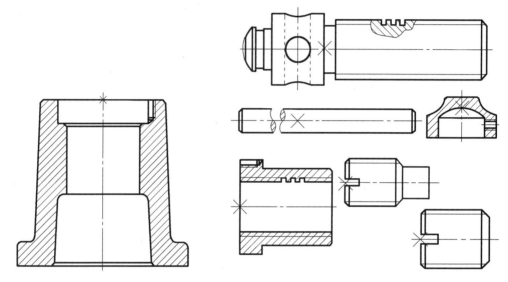

图 13-20　将底座做成块　　　　　　　图 13-21　千斤顶零件图形库

（4）利用"插入块"命令，按照装配关系依次将各零件装配在一起，操作方法与方法 1 相同，结果如图 13-18 所示。

（5）保存文件，完成"千斤顶装配图 3"的绘制。

方法 4：基于复制粘贴功能拼装装配图视图

（1）打开"底座"文件，冻结标注、图框标题栏和文字等图层，以"千斤顶装配图 4"为文件名另存到"千斤顶"目录中。

（2）依次打开"千斤顶"装配图所需的其他零件的零件图，与打开的"底座"文件做同样的处理后，选中所需图形，从右键快捷菜单中执行【带基点复制】命令，捕捉图 13-21 中的"×"点为复制的基准点，然后切换到"底座"文件的窗口，在绘图区单击鼠标右键，在弹出的右键快捷菜单中选择【粘贴】命令将剪贴板上的图形粘贴到"底座"文件的窗口中，移动后的结果如图 13-22 所示。

（3）按照装配关系，首先利用"旋转""缩放""移动"等命令将各零件拼装在一起，然后利用"分解""删除""修剪"命令删除剖面线或修剪多余图线，按国家制图标准重新填充剖面线，调整大、小径的图线，结果如图 13-18 所示。

（4）保存文件，完成"千斤顶装配图 4"的绘制。

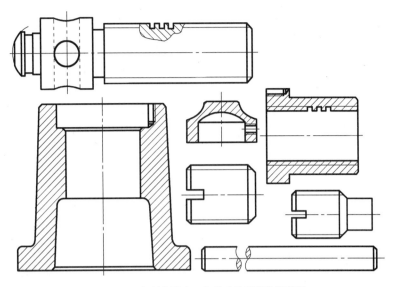

图 13-22 复制粘贴在一起的千斤顶零件图形库

第 4 步：标注装配图尺寸

装配图一般只标注性能、装配、安装、总体尺寸和其他一些重要尺寸，如图 13-1 所示。

第 5 步：绘制零件序号

(1)创建零件序号的多重引线样式

创建零件序号的多重引线样式的方法与任务 9 中建立标注倒角的多重引线样式的方法基本相同，不同的是在图 9-10 所示的"创建新多重引线样式"对话框的"新样式名"文本框中输入"零件序号"，在"修改多重引线样式：零件序号"对话框的"引线格式"选项卡中将箭头的符号改为"小点"。

(2)标注零件序号

标注零件序号的方法与任务 9 中标注倒角的方法相同，标注结果如图 13-1 所示。

第 6 步：绘制图框、标题栏并填写标题栏与明细栏及书写技术要求并填写标题栏。

绘制或者调用样板图或者使用"外部块"的知识创建和插入图框、标题栏；使用"表格"命令完成明细栏的创建与填写；采用"单行文字"或"多行文字"命令书写技术要求，并填写标题栏。

第 7 步：保存图形文件，完成"千斤顶装配图"的绘制。

任务检测与技能训练 >>>

1. 根据图 13-23 所示的螺纹紧固件连接装配图视图尺寸和螺纹连接的比例画法，绘制装配图。要求：图形正确，线型符合国家标准规定，标注尺寸和零件序号，填写标题栏和明细栏。

2. 绘制图 13-24～图 13-26 所示的各零件图，然后"拼装"成图 13-27 所示的装配图。要求：图形正确，线型符合国家标准规定，标注尺寸和零件序号，画图框、标题栏和明细栏，并填写文字。

3. 绘制图 13-28～图 13-31 所示的各零件图，选择合适图幅绘制图 13-32 所示的装配图。要求：图形正确，线型符合国家标准规定，标注尺寸和零件序号，填写标题栏和明细栏。

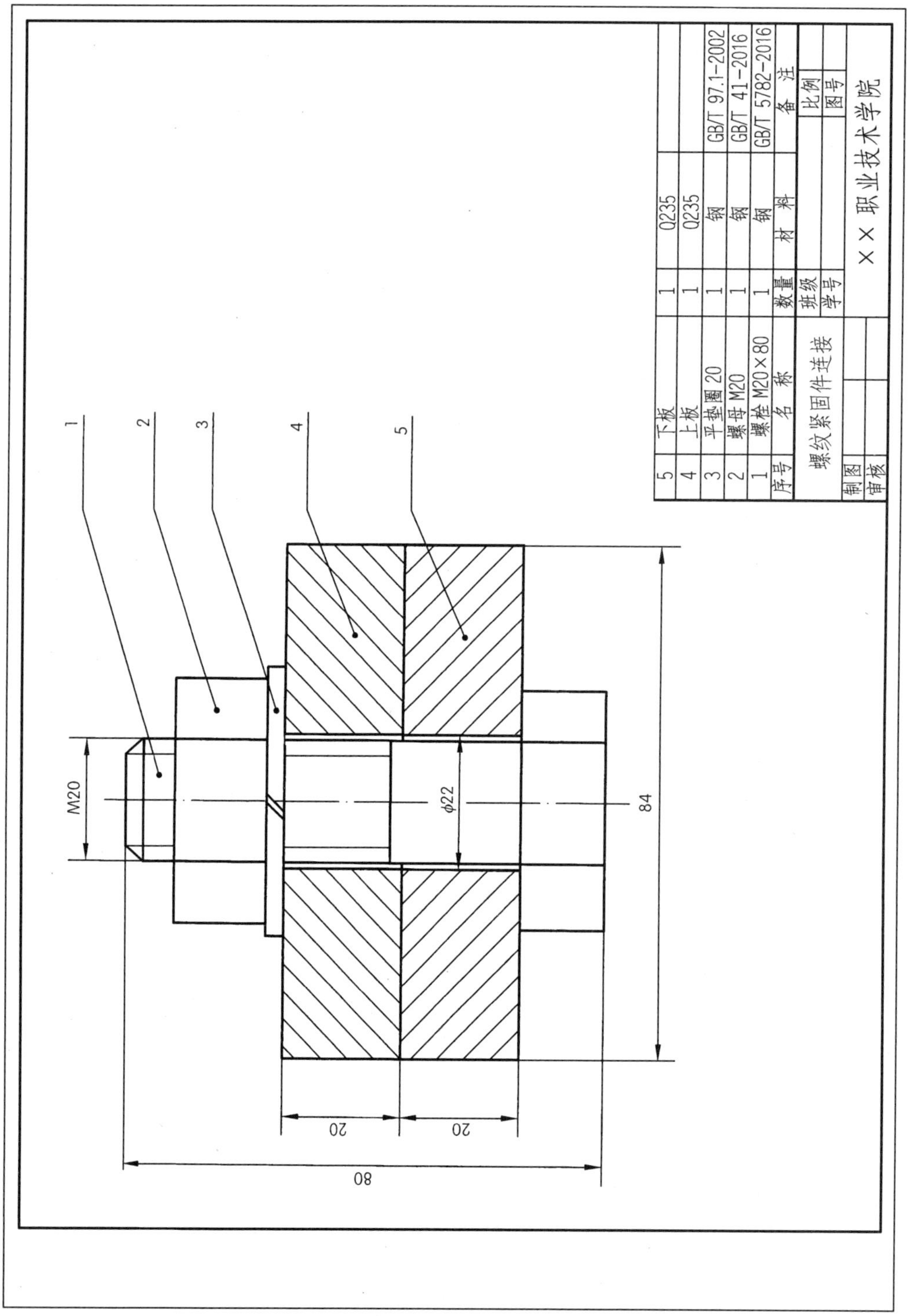

5	下板	1	Q235	
4	上板	1	Q235	
3	平垫圈 20	1	钢	GB/T 97.1-2002
2	螺母 M20	1	钢	GB/T 41-2016
1	螺栓 M20×80	1	钢	GB/T 5782-2016
序号	名 称	数量	材 料	备 注
螺纹紧固件连接		班级		比例
		学号		图号
制图			××职业技术学院	
审核				

图 13-23 螺纹紧固件连接的装配图

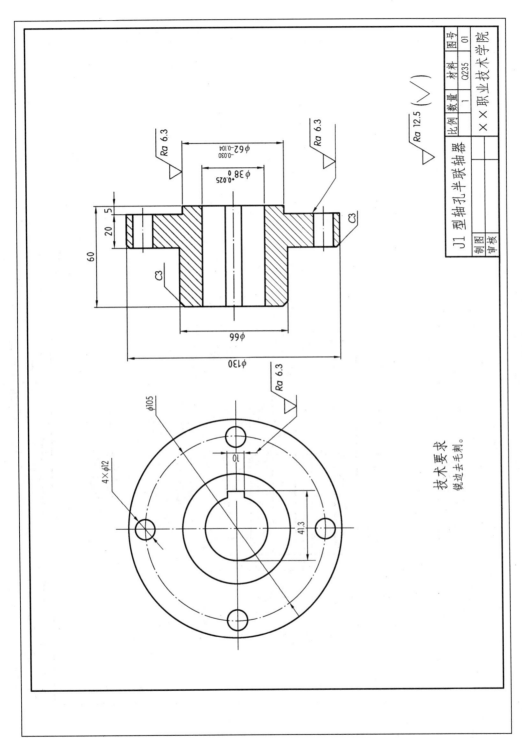

图 13-24 J1 型轴孔半联轴器零件图 (1)

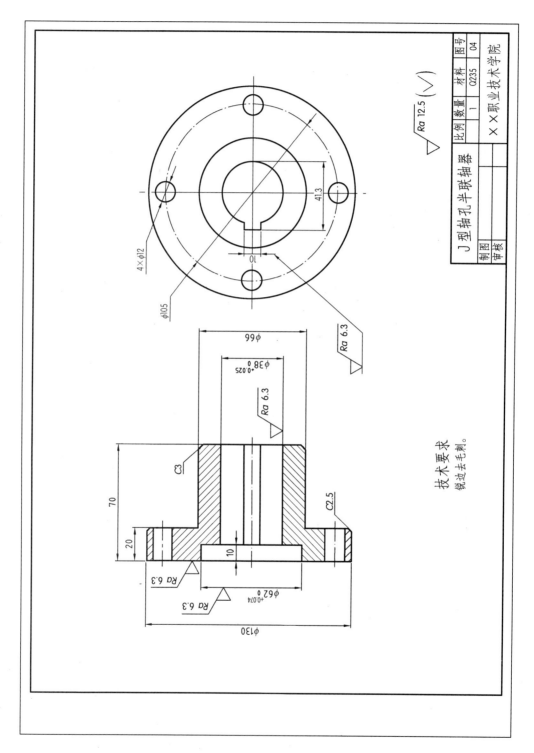

图 13-25　J 型轴孔半联轴器零件图 (2)

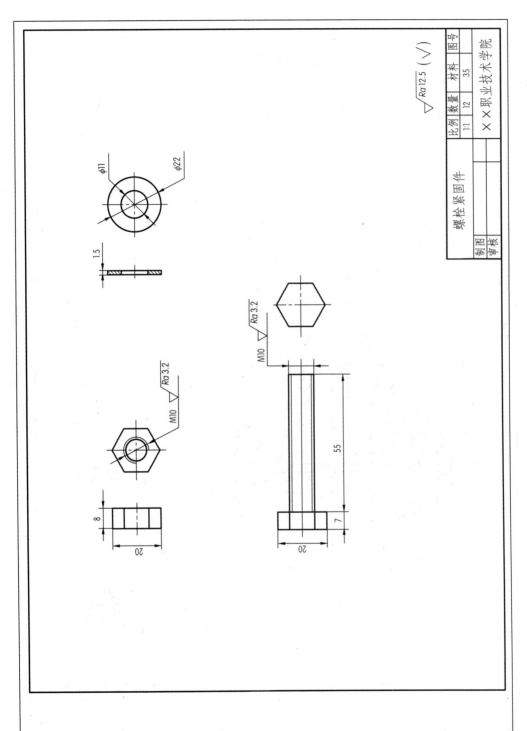

图 13-26 螺母、垫片、螺栓零件图

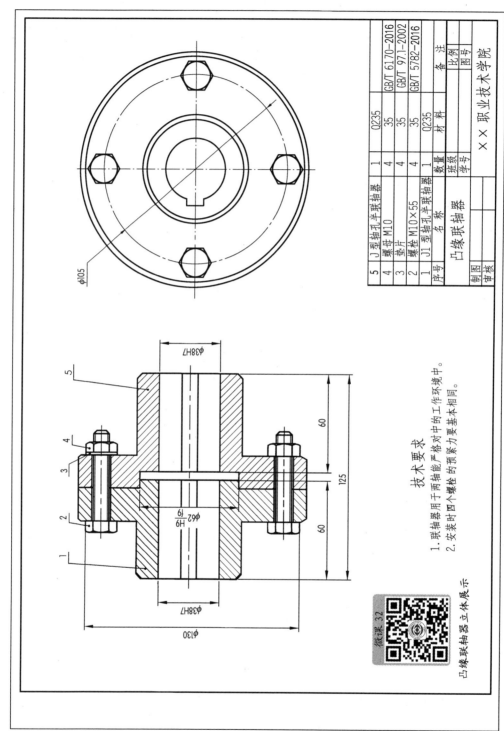

5	J 型轴孔半联轴器	1	Q235	
4	螺母 M10	4	35	GB/T 6170-2016
3	垫片	4	35	GB/T 97.1-2002
2	螺栓 M10×55	4	35	GB/T 5782-2016
1	J1 型轴孔半联轴器	1	Q235	
序号	名 称	数量	材 料	备 注

凸缘联轴器

××职业技术学院

技术要求

1. 联轴器用于两轴能严格对中的工作环境中。

2. 安装时四个螺栓的预紧力要基本相同。

凸缘联轴器立体展示

微课 32

图 13-27　联轴器装配图

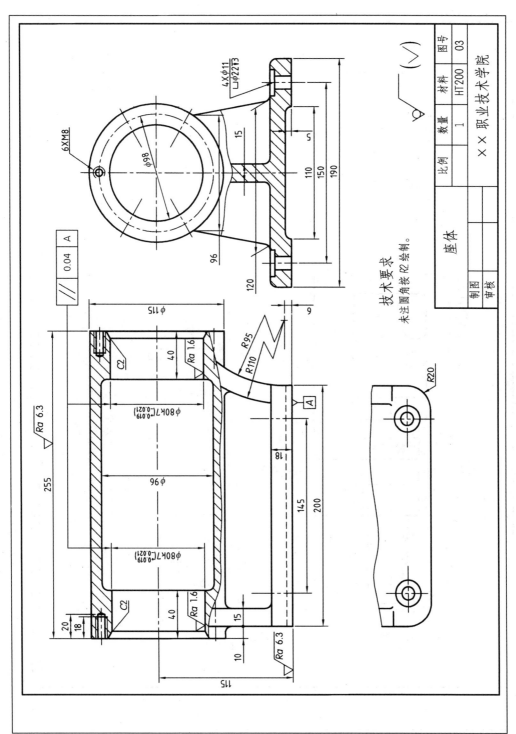

图 13-28　座体零件图

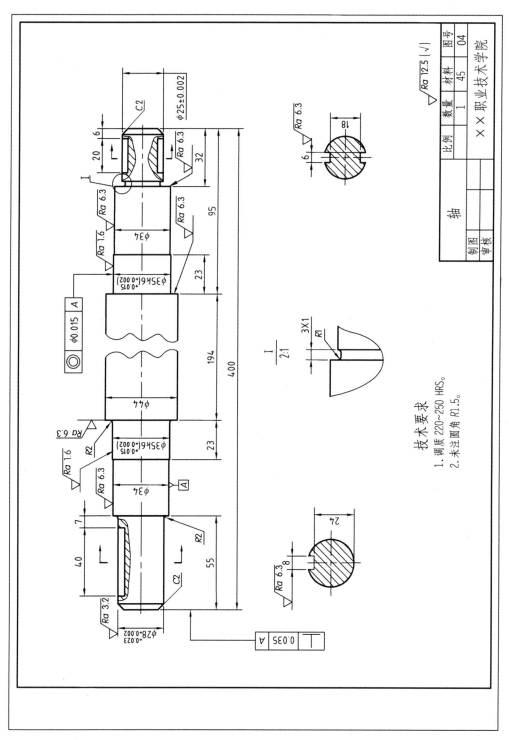

图 13-29 轴零件图

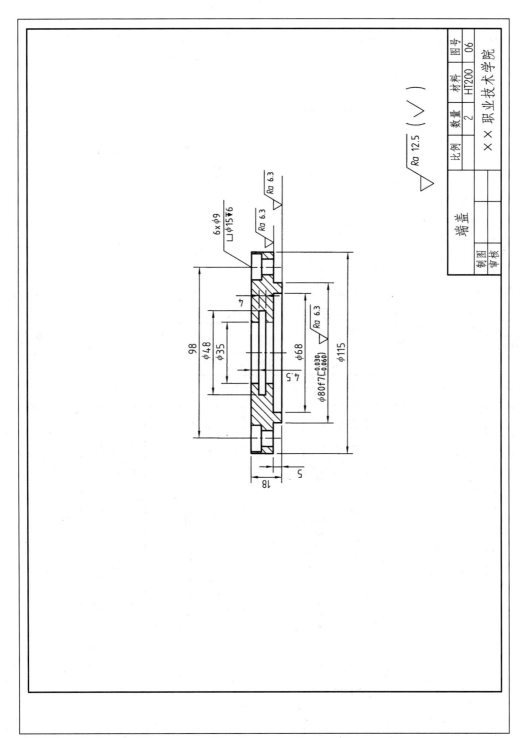

图 13-30 端盖零件图

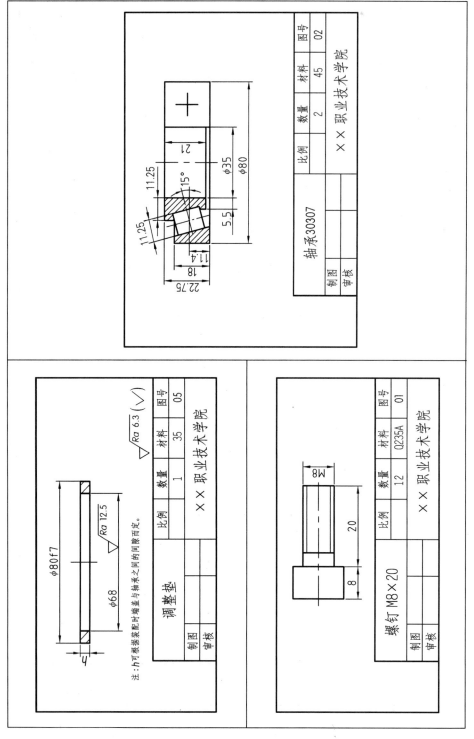

图 13-31　调整垫、螺钉、承轴零件图

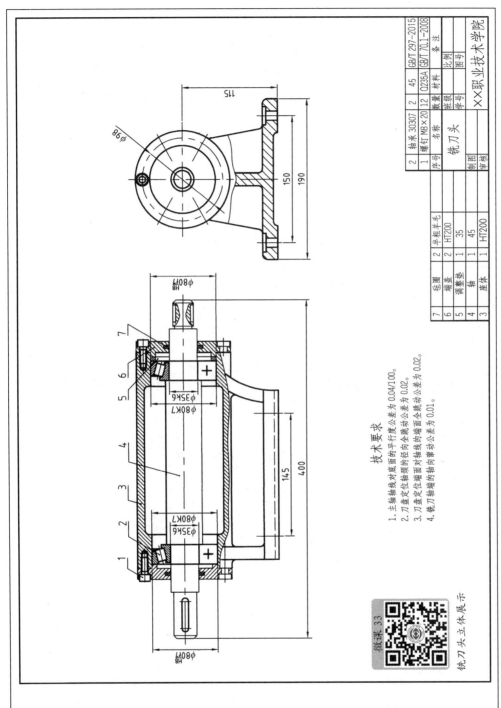

图 13-32 铣刀头部分零件的装配

参 考 文 献

［1］王技德,胡宗政.AutoCAD 机械制图教程［M］.大连:大连理工大学出版社,2010.

［2］刘哲,刘宏丽.中文版 AutoCAD 2006 实例教程［M］.大连:大连理工大学出版社,2010.

［3］武晓丽,刘荣珍,王欣.AutoCAD 2010 基础教程［M］.北京:中国铁道出版社,2010.

［4］马立波,景桂荣.AutoCAD 2008 实用教程［M］.北京:科学出版社,2009.

［5］GB/T 4457.4—2002.机械制图 图样画法 图线［S］.

［6］GB/T 14665—2012.机械工程 CAD 制图规则［S］.

［7］GB/T 4458.4—2003.机械制图 尺寸注法［S］.

［8］GB/T 14689—2008.技术制图 图纸幅面和格式［S］.